热带农业实用技术

李 军 主编
凌 斌　邓小果　副主编

国家开放大学出版社·北京

图书在版编目（CIP）数据

热带农业实用技术 / 李军主编. —北京：国家开放大学出版社，2019.12（2025.2重印）
ISBN 978-7-304-10118-3

Ⅰ. ①热… Ⅱ. ①李… Ⅲ. ①热带-农业技术 Ⅳ. ①S

中国版本图书馆 CIP 数据核字（2019）第 291975 号

版权所有，翻印必究。

热带农业实用技术
REDAI NONGYE SHIYONG JISHU

李军　主编
凌斌　邓小果　副主编

出版·发行：国家开放大学出版社	
电话：营销中心 010-68180820	总编室 010-68182524
网址：http://www.crtvup.com.cn	
地址：北京市海淀区西四环中路 45 号	邮编：100039
经销：新华书店北京发行所	

策划编辑：武洪敏	版式设计：李　响
责任编辑：王　可　沈海哲	责任校对：吕昀豁
责任印制：武　鹏　马　严	

印刷：天津嘉恒印务有限公司
版本：2019 年 12 月第 1 版　　2025 年 2 月第 3 次印刷
开本：787mm×1092mm　1/16　　印张：13.75　字数：304 千字

书号：ISBN 978-7-304-10118-3
定价：34.00 元

（如有缺页或倒装，本社负责退换）
意见及建议：OUCP_ZYJY@ouchn.edu.cn

"海南省农村干部大专学历教育"
项目系列教材编委会

主　　　　任：孔令德

常务副主任：温　强

副　主　任：张君玉　符成彦　官业军　黄惠清

　　　　　　莫少文　曾纪军

委　　　员：（按姓氏笔画排序）

　　　　　　邢谷若　吉　雯　孙铁玉　李　军

　　　　　　杨哲昆　张玉秀　张艳敏　潘正昌

序 PREFACE

2018年4月13日，习近平总书记出席庆祝海南建省办经济特区30周年大会并发表重要讲话，赋予海南新时代全面深化改革开放的新使命。重任在肩，砥砺前行，一年多来，海南省深入学习贯彻习近平总书记"4·13"重要讲话和2018年中央12号文件（《中共中央 国务院关于支持海南全面深化改革开放的指导意见》）精神，按照中央推进海南全面深化改革开放领导小组的部署，推进自贸试验区（港）建设，为加快建设经济繁荣、社会文明、生态宜居、人民幸福的美丽新海南努力奋斗。

在推进海南自贸试验区（港）建设的队伍中，有一股不容忽略的坚实力量——农村基层干部。他们在加快推进海南自贸试验区（港）建设、实施乡村振兴战略、打赢脱贫攻坚战等方面发挥了重要的作用。他们是党的路线、方针、政策在农村的贯彻者和执行者，是农村全面建成小康社会的引领者和组织者，是推动乡村振兴的"主力军"，是推进现代农业化进程和社会主义新农村建设的核心力量。

乡村发展是党中央一直持续关注的重大问题，也是建设社会主义现代化强国的重要内容。党的十九大报告把乡村发展提到了少有的历史与时代高度，提出要培养造就一支懂农业、爱农村、爱农民的"三农"工作队伍。2019年中央一号文件（《中共中央 国务院关于坚持农业农村优先发展做好"三农"工作的若干意见》）也明确要求，"把乡村人才纳入各级人才培养计划予以重点支持。建立县域人才统筹使用制度和乡村人才定向委托培养制度，探索通过岗编适度分离、在岗学历教育、创新职称评定等多种方式，引导各类人才投身乡村振兴""实施新型职业农民培育工程。大力发展面向乡村需求的职业教育，加强高等学校涉农专业建设。抓紧出台培养懂农业、爱农村、爱农民'三农'工作队伍的政策意见"。

2010年和2015年，中共海南省委组织部、海南省财政厅、海南省教育厅、海南广播电视大学分别联合下发了《关于印发〈海南省2010—2015年农村干部大专学历教育实施方案〉的通知》（琼组通〔2010〕25号）和《关于印发〈海南省2015—2022年农村干部大专学历教育实施方案〉的通知》（琼组通〔2015〕22号），由海南广播电视大学实施"海南省农村干部大专学历教育"项目。在该项目中，要求改革教学内容，将"农村基层党建实务教程"等10门课程列入培养计划。

海南广播电视大学组织专门机构和人员，调拨专项经费，编写了包括《农村基层党建实务教程》等10本教材在内的"海南省农村干部大专学历教育"项目系列教材。在编写过程中，中共海南省委组织部组织二处郑文权处长、官业军处长、吴永忠副处长、莫少文四级调研员等参加了大纲研讨、教材评审等工作，提供了其他文献和案例资料，并给予了具体的指导。《海南大学学报》原主编陈传汉教授为本系列教材进行了审稿，在此一并表示感谢。

我们希望本系列教材能够为新形势下海南农村基层干部建设发挥更大的作用，为新时代培养政治过硬、勇于担当、廉洁务实、具备高效服务能力的农村基层干部做出更大的贡献。

海南广播电视大学党委委员、书记

前 言

多年来，中央一号文件都聚焦于"三农"（农村、农业和农民）问题；党的十九大报告提出："构建现代农业产业体系、生产体系、经营体系，完善农业支持保护制度，发展多种形式适度规模经营，培育新型农业经营主体，健全农业社会化服务体系，实现小农户和现代农业发展有机衔接。促进农村一二三产业融合发展，支持和鼓励农民就业创业，拓宽增收渠道。"由此说明，发展现代农业是我国现代化建设和推进新农村建设的客观要求，也是实现传统农业根本转型的必然选择。

农业是人类生存与发展的最根本活动，是对自然环境的依赖性和影响最大的物质生产部门。发展现代农业有利于解放和发展农村生产力，提高农业综合生产能力和效益，促进农村经济社会全面发展，并可引导农民使用高效低毒农药，降低农药、化肥的用量，提高利用率，减少对土壤的污染以及合理引导农村节约集约用地，防止破坏耕作层的农业生产行为；有利于加强农业面源污染监测，加快重点流域的农业面源污染综合治理；有利于加大农村生产和生活污水治理力度，做好养殖场粪便无害化处理，努力控制和减轻农业面源污染。

本书共分为六章。第一章介绍种植类，包括粮食作物种植技术、瓜菜种植技术、无公害蔬菜种植技术、热带经济作物种植技术、热带水果种植技术和热带花卉种植技术。第二章介绍养殖类，包括猪生产技术、家禽生产技术、山羊养殖技术和水产养殖类，其中水产养殖类包括淡水罗非鱼养殖技术和凡纳滨对虾海水养殖技术。第三章介绍食用菌种植类，包括白玉菇种植技术、柱状田头菇种植技术、平菇种植技术和真姬菇种植技术。第四章介绍南药种植类，包括槟榔树种植技术、牛大力种植技术和益智种植技术。第五章介绍果蔬贮藏保鲜类，包括果蔬贮藏保鲜方式与管理、果蔬贮藏保鲜技术、常见水果贮藏保鲜方法、常见蔬菜贮藏保鲜方法。第六章介绍生态循环农业，包括生态循环农业及其模式、海南生态循环农业的发展模式。每个章节都有知识目标、技能目标和思考题，便于学生在学习中抓住重点，巩固所学知识。本书不仅可作为园艺与畜牧专业学生的学习用书，而且可为从事热带农业生产的农民朋友提供指导和参考。

本书具有如下特点：

（1）在内容选取和编写上，涵盖了海南现有的主要农业生产品种，紧贴海南实际。

（2）根据"一村一名大学生计划"学生的学习特点，结合海南现代农业生产的需求，对内容进行筛选和精简，以基础理论够用为度，突出技术操作方法。

（3）各章节内容按生产的工作过程导向进行编写，贴近生产实际，使学生根据书中顺序即可完成相关项目的生产操作。

（4）书中内容体现了近几年农业生产中所采用的新技术和新方法，对学生具有很好的指导作用。

本书由海南广播电视大学的教师共同编写。李军教授担任主编，凌斌和邓小果担任副主编，全书由李军教授统稿。海南职业技术学院白永莉副教授对本书进行了审阅，并提出了宝贵的修改意见，在此对其表示衷心的感谢。

由于时间和编者水平有限，书中难免存在疏漏和不足之处，敬请读者批评指正。

编者
2019 年 11 月

目 录 CONTENTS

第一章 种植类 ... 1

第一节 粮食作物种植技术 ... 1

第二节 瓜菜种植技术 ... 9

第三节 无公害蔬菜种植技术 ... 18

第四节 热带经济作物种植技术 ... 28

第五节 热带水果种植技术 ... 39

第六节 热带花卉种植技术 ... 72

第二章 养殖类 ... 92

第一节 猪生产技术 ... 92

第二节 家禽生产技术 ... 114

第三节 山羊养殖技术 ... 142

第四节 水产养殖类 ... 159

第三章 食用菌种植类 ... 164

第一节 白玉菇种植技术 ... 164

第二节 柱状田头菇种植技术 ... 167

第三节 平菇种植技术 ... 170

第四节　真姬菇种植技术 ………………………………………… 173

第四章　南药种植类 …………………………………………………… 176

第一节　槟榔树种植技术 ………………………………………… 176

第二节　牛大力种植技术 ………………………………………… 181

第三节　益智种植技术 …………………………………………… 183

第五章　果蔬贮藏保鲜类 ……………………………………………… 187

第一节　果蔬贮藏保鲜方式与管理 ……………………………… 187

第二节　果蔬贮藏保鲜技术 ……………………………………… 190

第三节　常见水果贮藏保鲜方法 ………………………………… 191

第四节　常见蔬菜贮藏保鲜方法 ………………………………… 193

第六章　生态循环农业 ………………………………………………… 195

第一节　生态循环农业及其模式 ………………………………… 195

第二节　海南生态循环农业的发展模式 ………………………… 197

参考文献 ………………………………………………………………… 200

附录 ……………………………………………………………………… 202

第一章　种植类

第一节　粮食作物种植技术

知识目标

1. 了解水稻和甘薯的生物学特性。
2. 掌握水稻和甘薯移栽定植要点。
3. 掌握水稻和甘薯的田间管理方法。

技能目标

掌握水稻和甘薯育秧或育苗操作技能。

海南的粮食作物种类繁多。通过推广良种和高产栽培技术等，海南已经基本上形成了以水稻、陆稻为主粮，甘薯、玉米、木薯、毛薯、高粱、粟、豆类等为杂粮的粮作结构。截至2018年，海南的粮食作物播种面积约为429万亩（1亩≈667 m^2），粮食总产量约为147万吨。下面重点介绍水稻和甘薯的种植技术。

一、水稻种植技术

（一）品种选择

品种选择的原则如下：根据当地生长环境、栽培方式和播种时间等的不同，选择以优质、高产杂交水稻为主，早中迟搭配、丰抗优相结合的品种。根据《海南省志·农垦志（1991—2010）》记载，海南早稻推广的杂交水稻组合主要有特优128、特优721、粤杂922等；晚稻组合主要有博Ⅱ优15、博优225、博Ⅱ优134等；常规品种主要有特籼占25、桂农占、科选13等。2004年，超级杂交水稻进入海南水稻生产历史，Ⅱ优128、博Ⅱ优15等优质、高产、抗性好的杂交水稻得到了重点推广。

(二) 种子处理

为了提高杂交水稻种子的发芽率，播种前要进行晒种。一般在阳光下晒 1～2 d，晒种时要做到薄摊、勤翻、晒匀、晒透，并防止破壳、断粒。晒种可打破种子休眠，增强酶的活性，提高种子的发芽势和发芽率，同时也能起到一定的杀菌作用。杂交水稻的种子中常有一部分不够饱满的半饱满谷，半饱满谷与饱满谷一样有发芽能力，同样也有杂交优势，但其发芽速度较饱满谷要慢一些。为了节省种子和促使催芽整齐，浸种前，先用清水选种，把饱满谷和半饱满谷分开，分别进行浸种催芽、播种育秧。

(三) 育秧

1. 种子消毒

用 50% 的多菌灵可湿性粉剂 350 倍液，在室温下浸种 24～36 h，每天搅动数次，然后用清水浸种催芽，或用 50% 的甲基托布津可湿性粉剂 500 倍液浸种 24 h，然后用清水洗净，或用 0.1%～0.2% 的高锰酸钾溶液浸种 10～15 min，然后用清水洗净再浸。

2. 浸种催芽

早稻浸种 24～30 h，晚稻浸种 18～24 h，浸种时间含药物消毒的时间。对于吸足水分的水稻种子，其米粒易折无响声，折断的米粒中间无粉白，以此为标准调整浸种时间。

（1）早稻催芽。将吸足水分的种子用清水洗净，盛在网袋或箩筐内，然后用 50 ℃ 的温水预热 15～20 min，再用干稻草或湿麻包覆盖，保温、升温，使种谷堆的温度保持在 32 ℃～38 ℃，便于破胸。24 h 后，将破胸露白的种谷用清水淋透，待滤干，继续用干稻草或湿麻包覆盖，使温度保持在 25 ℃～30 ℃。当芽长半粒谷、根长一粒谷时，在室内摊晾芽 3 h，即可播种。

（2）晚稻催芽。将吸足水分的种子用清水洗净，盛在网袋或箩筐内，然后用干稻草或湿麻包覆盖，保温、升温，使种谷堆的温度保持在 32 ℃～38 ℃。待种谷破胸露白后，用清水淋透，在常温下保湿催芽。当芽长半粒谷、根长一粒谷时，在室内摊晾芽 3 h，即可播种。

3. 育秧方式

在实际中，可以灵活采用湿润育秧、塑料软盘机插育秧和塑料软盘育秧 3 种方式。这 3 种方式的要点分别如下：

（1）湿润育秧。

① 早稻培育壮秧措施。

A. 选择背风向阳、排灌方便、土层深厚、土质疏松的田块为秧地。

B. 整好田，下足基肥，抓住"冷尾暖头"，抢晴起畦播种。

C. 防寒保苗。当气温连续 2 d 低于 11 ℃ 时，要盖膜保温。在"干冷型"天气，灌深水达秧丫；在"湿冷型"天气，排干田间积水。

D. 用好水。现青前保持畦沟内有浅水，一叶一尖后保持畦面湿润，有水层施肥。

E. 施好"断奶肥"和"送嫁肥"。

F. 在稀播、匀播的基础上，于一叶一尖期，用200～300 mg/L的多效唑（生长调节剂）进行喷洒，促使秧苗矮化多蘖。

G. 注意防草、防鼠、防治病虫害。

② 晚稻培育壮秧措施。

A. 选择肥力高、排灌方便、土质疏松的田块为秧地。

B. 选择晴天下午播种，播种后3 d内注意防止大雨、暴雨冲刷。

C. 下足基肥，巧施"断奶肥"和"壮苗肥"。

D. 湿润灌溉，及时排出大雨、暴雨积水。

E. 在一叶一尖期，用200～300 mg/L的多效唑（生长调节剂）进行喷洒，促使苗矮、蘖多而壮。

F. 注意防草、防鼠、防治病虫害。

（2）塑料软盘机插育秧。

① 采用机插育秧的塑料软盘旱育秧技术。

② 选用的秧盘数量和播种量。每亩水稻田用长度×宽度为60 cm×30 cm的塑料软盘25片，用杂交水稻种子1.25～1.5 kg。

③ 选地与整平秧床。尽量选择交通方便、靠近水源、排灌方便、土壤肥沃、背风向阳、土质疏松、无病虫害的旱地、闲置地或水田为秧地。将秧地机耕、耙平整，开好环田沟。

④ 营养土的配制和消毒。选择黏性较强的肥沃旱地或水田土、火烧土，水和土按5∶1的比例配制，每立方米土加腐熟有机肥0.5 kg、复合肥0.05 kg并混合搅拌均匀，粉碎后过筛，沤肥6～7 d。用50%的多菌灵可湿性粉剂0.07 kg与每立方米半干细土拌匀，盖膜闷72 h后使用。

⑤ 装盘播种。在平整好的秧地，按东西行向摆放，横放2张、竖放1张秧盘为一畦，并压稳。畦与畦之间留40 cm宽的工作行，先向已摆放平整的秧盘填充2/3经过消毒的营养土，然后将催芽露白的种子均匀地播入秧盘。播种后覆盖营养土，达到谷不见天，用压板压实，并刮去秧盘面上多余的营养土。再用细眼喷壶浇足水分，吸干后再喷，使盘孔内的水分达到饱和。然后喷施除草剂（乙草胺或丁草胺）封闭畦面。

⑥ 水分管理。在摆放秧盘前1 d，先浇足水，让土壤充分吸收，直至育秧地面起浆。在二叶前期，秧盘面以湿润为主；在二叶后期，要控制水分，以旱为主。一般以保持盘土不发白或叶片不萎蔫为宜，尽量少浇水，以充分发挥旱育的优势。需水时，早晨喷水较好，中午或晚上不宜喷水。最后一次喷水要在起秧前1～2 d进行，以保证秧苗根部携带泥坨，有利于机插。

⑦ 科学、合理施肥。秧苗长至二叶期时，根据苗情施追肥，每60盘喷施1%的复合肥水4 kg，起秧前3～5 d施"送嫁肥"。

⑧防寒、防暴雨。对于早稻，当气温连续2 d低于14 ℃时，要盖膜保温；对于晚稻，在一叶一尖期前，要盖遮阳网，防大雨、暴雨冲刷。

⑨注意防草、防鼠、防治病虫害。

（3）塑料软盘育秧。

①每亩水稻田用561孔塑料软盘60片。

②起畦前1 d，每亩秧田施复合肥10 kg。

③整平秧畦，将塑料软盘两两并排平放在秧畦上，再用畦沟里不含杂质的泥土敷在盘孔中，盘孔与盘孔之间的泥土不相连，然后播种（用破胸露白的种子为好），尽量使每孔有1～2粒种子，最后用手将种子压入盘孔的泥土中。

④播种后保持盘孔中的泥土湿润。

⑤对于早稻，要做好防寒措施；对于晚稻，在一叶一尖期前，要防止大雨、暴雨冲刷。若天晴，应每天11 h时浇"跑马水"。

⑥注意防草、防鼠、防治病虫害。

（四）备耕

选择排灌良好、土层深厚、土质疏松、保肥保水性好的田块。水稻适宜的土壤环境的pH为6～7.5，对其他一般要求不高，水稻具有较强的适应性。当土壤耕层的含水量下降到25%左右，耕垡起泥条时即可开始作业。整地时，稻田耕作应采取翻地、旋耕、深松等相结合的耕作体制，深度一般要因地制宜，灵活采用内翻法、外翻法、小区套耕法等耕作方法。整地完成后，应保证地面平整，施上基肥。

1. 早稻

晒田，在移栽前3～4 d用拖拉机滚打2遍，然后用手扶拖拉机整平，开好环田沟，在较大的田块要开十字沟，以利于排水。

2. 晚稻

在移栽前7～8 d用拖拉机滚打沤田，移栽前1～2 d用手扶拖拉机整平，开好环田沟，在较大的田块要打格开沟，在过水田应修防水沟。

（五）移植

移植方式包括人工插秧、机械插秧和抛秧。这3种方式的要点分别如下：

1. 人工插秧

（1）移植秧龄。早稻的移植秧龄为25～30 d，有4～5片叶。晚稻的移植秧龄为15～18 d，有5～6片叶。

（2）插植规格。早稻采用行株距为13.32 cm×16.67 cm、16.67 cm×20 cm的规格进行插植，每亩水稻田插2万～3万穴，对于常规品种，每穴插3～4颗谷苗，每亩水稻田插植基本苗8.5万～12万颗；晚稻采用行株距为13.33 cm×20 cm、16.67 cm×20 cm的插植规格，每亩水稻田插

2万～2.5万穴，对于常规品种，每穴插4～5颗谷苗，每亩水稻田插植基本苗9万～13万颗。

（3）插秧要求。在薄水层插秧，插浅、插稳，这样有利于水稻早生快长、低位分蘖，提高成穗率。

2. 机械插秧

（1）移植秧龄。早稻的移植秧龄为20～25 d，有3.5～4片叶。晚稻的移植秧龄为12～14 d，有4～4.5片叶。

（2）插植规格。早稻采用行株距为13.33 cm×33.33 cm的插植规格，每亩水稻田插植基本苗9.5万～11万颗；晚稻采用行株距为16.67 cm×33.33 cm的插植规格，每亩水稻田插植基本苗9万～10万颗。

（3）插秧要求。用塑料软盘育秧，带泥插植，皮泥水插秧，插植深度为1～2 cm，插稳、插直，减少漏插、漂秧和勾伤秧。

3. 抛秧

（1）移植秧龄。早稻的移植秧龄为18～20 d，有3.5～4片叶。晚稻的移植秧龄为15～17 d，有3～3.5片叶。

（2）抛秧苗规格。每亩水稻田插2万～2.7万穴。

（3）抛秧要求。

①每亩水稻田抛60片盘数的秧苗数。

②选择晴天下午抛秧。抛秧时，将秧苗抛到高于人头2 m的空中，使带泥秧苗在重力的作用下，垂直栽于田泥中，减少睡秧和倒秧。

③皮泥水抛秧，抛秧后3 d内，田间保持薄水层，减少漂秧，有利于秧苗稳植。

（六）田间管理

田间管理主要以"促前、稳中、保后"的原则进行，即前期促根长蘖，中期壮根稳长，后期养根保叶，灵活运用肥水等管理措施，以获得高产。

1. 科学管水

要采取前浅、中晒、后湿润，生理用水和生态用水够用的原则，即插秧后，要保持田面不露地，分蘖期以寸水为好，分蘖末期要晒田、透气、输氧，这样能增强根部的活力。肥田或长势旺盛的要多晒几天；反之，则少晒或不晒。然后灌5～6 cm水层，此时植株开始拔节，肥水不能过大，否则植株易贪青、感病、倒伏。第一、第二节拔出后，要加深到3寸（1寸≈3.33 cm）水层，深水孕穗。抽穗前2 d适当排水、透气、输氧，保持后4片叶的活力。从开始出穗到齐穗期间不可缺水，否则会影响出穗。从齐穗后到蜡熟期，可间歇灌溉，即前水不见后水，干干湿湿，谷粒黄熟后开始排水。

（1）早稻。在插秧后的30 d内保持薄水层，够苗露晒田。晒田后的复水时机应选在晴天中午，禾苗心叶10%卷缩的当日或次日。晒田复水后，湿润灌溉。收获前5 d排干水，有利于机械收割。

（2）晚稻。在插秧后的 25 d 内保持浅水层，够苗露晒田。晒田后的复水时机应选在晴天中午，禾苗心叶 5% 卷缩的当日或次日。晒田复水后，湿润灌溉。收获前 7 d 排干水，有利于机械收割。

2. 测土配方施肥

（1）施肥原则。一般每亩施纯氮 10～12 kg，氮、磷、钾的比例为 2∶1∶2。氮肥中底肥、分蘖肥和穗肥的比例为 6∶3∶1，磷肥作为底肥，钾肥中的底肥和穗肥各占 50%，增施有机肥。

（2）追肥。栽后 5～7 d，每亩施尿素 5～8 kg 或碳酸氢铵 15～20 kg。在迟栽田块可进行 2 次追肥：第一次在栽后 3～5 d，每亩施碳酸氢铵 8～10 kg；第二次在栽后 7～10 d，每亩施碳酸氢铵 8～10 kg。晒田复水后，每亩施钾肥 10 kg；抽穗前，每亩施尿素 3～5 kg 作为穗肥。

3. 化学除草

栽后 10 d 左右，用 40% 的氰氟草酯（30～52 g/亩）或 100 g/L 的双草醚（20～30 g/亩）进行化学除草。

4. 防治病虫害

（1）防治原则。坚持"预防为主，综合防治"的方针，监控、预测重大杂草、鼠、病虫害发生动态，集成农业防治、生物防治、物理防治、化学防治措施，实施各田块的统防统治。

（2）防治要点。

① 对杂草，侧重于在秧苗返青 7～10 d 后进行田间化学除草。

② 对鼠类，重点在秧田播种前后 10 d 和本田的孕穗期、灌浆乳熟期实施化学防治。

③ 对病虫害，下列几种应采用化学防治：对于早稻，主要防治稻瘟病、纹枯病、三化螟、稻蓟马等；对于晚稻，主要防治稻白叶枯病、细菌性条斑病、稻曲病、纹枯病、水稻矮缩病、三化螟、稻纵卷叶螟、稻飞虱等。

（七）采收

一般以谷粒九成黄时收获较好。若收获过早，则青米多，籽粒不饱满，产量低，且碾米时碎米多，出米率低；若收获过迟，则容易脱落损失或穗上发芽。由于海南的风雨较多，所以要注意观察天气，收听天气预报，抢在晴天及时收割，确保丰产、丰收。

二、甘薯种植技术

甘薯，又名红薯、地瓜、番薯、甜薯等，是旋花科、番薯属一年生或多年生蔓生草本植物。甘薯喜温、怕冷、不耐寒，适宜的生长温度为 22 ℃～30 ℃，低于 15 ℃ 时甘薯就会停止发育。甘薯在不同的生长期对温度的要求不同。甘薯喜光，为短日照作物，每天的日照长度以 8～10 h 为宜，充足的光照有利于促进其开花、结果。在海南省澄迈县桥头镇，因其沙土中富含硒元素，种植的富硒红薯带有淡淡的板栗香味，故它又名富硒板栗红薯，远近驰名。

（一）品种选择

选择优质、高产、食用口感好、抗病性强的脱毒良种，如广薯 87、农林甘薯 47 号等，其具有发棵早、结薯多、分枝多、皮色纯、无病块等多种优势，也可从上一年种植比较好的贮藏品种中选择皮色鲜艳、薯块健壮、大小适中（200 g 左右），且无明显破皮、无病害、无明显脱水的薯块作为种薯。为预防种薯带病，可用温水或 50% 的多菌灵可湿性粉剂 300 倍液或 70% 的甲基硫菌灵可湿性粉剂 500 倍液等浸种。

（二）育苗

要想获得高产、优产，选用良种是关键，而培育壮苗是基础。对于甘薯常见的育苗方式，专业户可用加温式塑料大棚育苗、温室大棚育苗等，普通农户可用加热温床育苗，夏季多建立苗圃进行育苗。甘薯主要采用薯块育苗的方式。按照每亩大田需 3 m² 苗床的比例建立育苗地，可先用石硫合剂或石灰对苗床土壤进行消毒处理。苗床准备好后，将种薯头部朝上、尾部朝下排放在苗床上，间隔 1～2 cm。大块的种薯可以栽深一些，小块的种薯可以栽浅一些，保证种薯头部在一条水平线上即可，这样有利于出苗整齐划一。排好种薯后，用细土填满间隙，再用沤制过的农家肥、复合肥与细泥混匀覆盖，厚度一般为 2～5 cm，以稍微盖没种薯为宜。浇水后，采用地膜覆盖，晴天气温在 20 ℃以上时，要适时打开地膜两端通风，防止烧苗，保持地温为 25 ℃～30 ℃，湿度以苗床土壤稍湿为宜。当 60% 的薯块出芽后，即可揭开地膜。当薯苗长到 20～25 cm，有 6～8 个完整叶片时，即可剪下薯苗，将其移栽至大田生长。

（三）整地

选择背风向阳，地势平坦，土壤疏松、肥沃，排水良好的地块。新的开垦地最好，如果是种植过作物的地块，则以前茬种植水稻的地块为宜。由于甘薯是块根作物，故应深翻地块，这样有利于块根生长。一般翻土 30～40 cm，深耕后，每亩施有机肥 500～1 000 kg、复合肥 30 kg、硫酸钾 10 kg，再耙平。然后对土壤进行处理，方法与苗床土壤消毒一样。起垄栽培是提高甘薯产量的有效方法，能增加土壤的受光面积，扩大根系的活动范围，有利于同化物质的积累和转运，促进块根膨大。一般土壤肥力高的地块采用高垄，垄高 20～30 cm，宽 80～120 cm；其他地块采用低垄，一般垄高 17～20 cm，宽 70～80 cm。垄距均匀，为 70～90 cm。垄要直而平，垄面呈小拱形。要做好排水沟，防止渍涝灾害。

（四）定植

一般在育苗后 30～35 d，选择叶片肥厚、色泽浓绿、苗长 20～25 cm、节间短、无病虫害的新苗进行移栽定植。栽插选用的薯苗时，要严密封土，深浅一致，一般深度为 5~6 cm，确保叶片露出地面，露头要直，但不宜过长，以防风大甩苗，影响幼苗成活。合理密植对于提高甘薯的产量非常重要，所以一般栽插方式是单垄双株栽插，每垄栽插 2 行，株距为 25~33 cm，每亩栽插 4 000~5 000 株。栽插后，要及时浇足压根水，使土壤和薯苗紧密结合，以利于薯苗成活。为防止浇过水，可每亩用 50% 的敌草胺可湿性粉剂 150 g 定向喷雾。

（五）田间管理

1. 合理施肥

甘薯属于喜钾作物，其次喜氮和磷，三者的施用比例为 2∶1∶0.7。施肥时，坚持"前期养分足，中期不过量，后期不脱肥"的原则，同时结合土壤肥力、天气、植株长势等多方面情况，合理调整施肥。施肥的种类以农家肥为主、化肥为辅，氮、磷、钾肥合理配套。具体施用多少肥料，要依据土壤的实际情况而定。一般在高肥水地，控制氮肥用量，重点施磷钾肥。在起垄时施基肥，每亩用农家肥 1 500~2 500 kg，施在 2/3 垄高处，盖上薄土，再施氮肥 25 kg、磷肥 50 kg、钾肥 12 kg，清沟覆盖土层，整平垄面。同时，每亩施 5% 的辛硫磷颗粒剂 2 kg，拌沙 15~20 kg，防治地下害虫。

2. 生长管理

在不同的生长时期，对甘薯进行不同的管理。一是发根分枝结薯期，是长根、分枝培育壮苗的时期。从栽插到有效薯数基本上稳定，春薯约需 45 d，夏秋薯需 35 d 左右。要及时补苗、中耕松土、增温保墒、除草。注意施用提苗肥，打顶促分枝。二是蔓薯并长期，是盛长茎叶、分枝薯块膨大的时期。从结薯数基本上稳定到茎叶生长达到高峰，栽插后需 40~70 d，要看苗追施促薯肥，以钾肥为主，配施适量氮肥，一般每亩施草木灰 100 kg 或硫酸钾 6 kg、尿素 5 kg；注意防止徒长，对于茎叶旺长、叶色浓绿、叶柄过长、毛根和柴根过多的徒长苗，普遍采用提蔓来抑制茎节根发生和降低土壤湿度，提高地温，即将薯蔓轻轻地从地面上提起，扯断不定根后不要打乱方向，仍将其放回原处。另外，要控制主茎生长，可适时摘取顶端生长点，促进侧枝发生和分枝生长。待分枝生长至 1~2 节时，同样摘去其生长点，以利于块根膨大。可喷施多效唑 2~3 次，控制茎叶生长。三是薯块盛长期，属于薯块成熟期。从茎叶生长高峰直至成熟基叶生长渐慢，叶色转淡，继而停止生长，生长中心转为薯块盛长。对于叶片发黄早衰田块，及时施用长蔓肥，一般来说，施粪水 15~20 担，顺垄顶裂缝浇灌，或用磷酸二氢钾 200 g 加尿素 500 g 兑水 40 kg，根外喷施 2 次。同时，还要做好枯枝烂叶的清理工作，以免造成块根污染。

3. 水分管理

栽插的薯苗淋 3~4 d 定根水，确保成活。生长 25 d 后要控制水分，确保叶片不萎蔫即可，防止茎叶徒长。若栽插后 50~90 d 遇旱，则在垄高 1/2 处浇"跑马水"，保持土壤湿润。收获前半个月不宜灌水。雨季要做好排水工作，防止积水。

4. 病虫害及其防治

危害甘薯的主要病害有黑斑病、根腐病、时斑病等，主要虫害有蚜虫、茎线虫、卷叶虫、斜纹夜蛾、蝼蛄、蛴螬等。病害发生时，可用 50% 的多菌灵可湿性粉剂 1 000 倍液喷洒，每隔 5～7 d 喷 1 次，连续喷 2～3 次，同时立即拔掉并烧毁病株，彻底清除病株残株，通风透气，适当增施石灰和草木灰。按照"以预防为主、化学防治为辅"的原则，在虫害发生高峰期，选用 2% 的阿维菌素 20 g 兑水 60～70 kg 进行喷雾。

（六）采收

采收时间对甘薯的产量、品质都有很大影响。一般选择在气温为 20 ℃ 的天气时进行采收。刨挖甘薯时动作要轻，搬运要小心，避免磕碰、损坏薯皮。

思考题

1. 水稻的品种有哪些？
2. 如何对水稻进行种子处理？
3. 塑料软盘机插育秧的要点有哪些？
4. 人工插秧的要点有哪些？
5. 如何对水稻进行田间管理？
6. 甘薯的生长特性有哪些？
7. 如何对甘薯进行剪苗移栽？
8. 如何做好甘薯的生长管理？
9. 如何防治甘薯病虫害？

第二节　瓜菜种植技术

知识目标

1. 了解黑皮冬瓜、黄瓜和苦瓜的生物学特性。
2. 掌握黑皮冬瓜、黄瓜和苦瓜的田间管理操作技能。

技能目标

掌握黑皮冬瓜、黄瓜和苦瓜的选种搭架与整蔓操作技能。

海南的瓜菜产业起始于20世纪80年代后期，最初由农民自发无序地进行生产，后来，在政府的宏观指导下，产业规模迅速扩大，特别是冬季瓜菜的种植面积和产量增长迅速。经过多年的发展，海南的冬季瓜菜主要形成了三大产业带：一是琼南的三亚、陵水、乐东、东方等市县，以种植大棚甜瓜、苦瓜、豇豆、紫茄子等为主；二是琼北的海口、澄迈、定安、临高、儋州等市县，以种植椒类、小南瓜、冬瓜、节瓜、樱桃番茄等为主；三是琼东的琼海、文昌、万宁等市县，以种植辣椒、青皮冬瓜、毛豆等为主。海南瓜菜的主要种类包括辣椒、苦瓜、丝瓜、节瓜、葫芦瓜、豇豆、四季豆、毛豆、长茄、樱桃番茄、冬瓜、南瓜、黄瓜、西瓜、甜瓜等。海南在国内比较适销的产品主要有豆类、椒类、茄类、菜用瓜类和果用瓜类五大类，其中豇豆、四季豆、甜瓜、苦瓜、丝瓜、樱桃番茄等因为在冬春季节北方大棚和广东、广西地区较难生长或产量较少，所以很受市场欢迎。

一、黑皮冬瓜种植技术

冬瓜，别名为东瓜、白瓜、水芝等，是葫芦科、冬瓜属一年生攀缘草本植物，原产于我国南部和东印度，现在我国各地都有种植，以广东、广西、湖南、海南等地比较普遍。

黑皮冬瓜的嫩瓜呈青绿色，成熟瓜呈黑色，呈炮弹形。黑皮冬瓜的身长一般为60 cm左右，横径为20～25 cm，肉质厚而致密，瓜重一般为10～15 kg，重者可达20 kg以上。黑皮冬瓜喜温耐热、忌冷湿、耐贮运，是海南种植面积较大的蔬菜品种。

（一）品种选择

选择抗病性强、丰产、优产、商品性好的优良品种。海南文昌地区的主栽品种有三水黑皮冬瓜、粤科黑皮冬瓜、特选黑皮冬瓜等。这些品种的植株蔓长450～500 cm，主蔓第11～18节着生第一雌花，果实呈圆柱形，本地品种的生长期为140～150 d。

（二）选地和整地

黑皮冬瓜的根系发达，宜选择向阳、排水良好、土层深厚、富含有机质的沙壤土田块。为防止土传病害的发生，最好选择上一年未种植过葫芦科瓜类作物的地块栽培。选好的田块要在秋冬时节进行精细整地，为了让根系有足够的生长土层，要深翻35 cm以上，进行晒白，再开沟做畦，畦宽（包沟）约120 cm，沟深约35 cm，以南北走向为佳。然后施足基肥，每亩施腐熟农家肥1 500～2 000 kg、过磷酸钙50 kg、豆饼50～60 kg、三元复合肥40～50 kg，堆沤后拌匀，沟施或穴施，肥料与土壤充分混匀后再进行播种或定植。建议最好在施足基肥后，在种植畦上覆盖地膜。除了能够提供更合适的生长条件外，地膜还能防止杂草生长。

（三）选种育苗

黑皮冬瓜种植采用直播和育苗均可，海南主要以育苗为主。把种子放在阳光下晾晒1 h

后，经过温汤浸种（在 50 ℃～ 55 ℃的温水中浸泡 15 min，不断搅拌，捞起后放入常温水中浸种 12 ～ 24 h，滤干后用干净的湿纱布包好）或药剂消毒后，置于约 30 ℃的环境下进行常规催芽至其露白，再进行播种。

采用塑料育苗盘或者塑料营养袋育苗，播种前 1 d，把盘或者袋中的营养土浇透水，挖好深 1.5 ～ 2 cm 的播种穴，然后播入露白种子 1 粒，种子平放，露白牙尖朝下，覆 1 ～ 1.5 cm 厚的细土盖种，再在上面搭起简易小拱棚，盖上薄膜保温、保湿。

（四）苗期管理

盖膜保温，白天温度控制在 25 ℃～ 30 ℃，夜间温度控制在 18 ℃～ 20 ℃。出苗后及时补充水分，保持土壤湿润，切勿多施。当 70% 的幼苗展开第一片真叶后，及时揭开薄膜，通风炼苗。

（五）移栽定植

经过 15 d 左右的苗期发育，当幼苗长出 3 ～ 4 片真叶时，即可将其移栽到大田里。移栽前 2 ～ 3 d，施用 1 次稀薄人粪尿，并喷洒 80% 的代森锌可湿性粉剂 800 倍液或 75% 的百菌清可湿性粉剂 600 倍液。定植后，及时浇足定根水，同时可施用 45% 的甲霜·噁霉灵可湿性粉剂 3 000 ～ 3 500 倍液，预防枯萎病。

在栽培畦上，以 50 ～ 60 cm 的株距挖好定植穴，浇足水后移苗，或先移苗再浇水。

（六）田间管理

1. 肥水管理

肥水采用"保、控、攻"的技术措施进行管理。定植后的几天要时刻保持土壤湿润，确保幼苗成活。定植后，植株开始抽蔓，需要薄肥勤施，并保持土壤湿润。一般每隔 7 ～ 10 d 追施 1 次腐熟人粪尿，随着瓜蔓的伸长，追肥的浓度可以稍微增加一些。当幼瓜长至拳头大小时，及时重施坐果肥，每亩追施氮磷钾 15-15-15 硫酸钾复合肥 40 ～ 45 kg，分 2 次施用，间隔 7 ～ 10 d。随着瓜果的长大，植株的需水量也增加，注意及时浇水。

2. 搭架与整蔓

在植株旁，按每株苗 2 根竹竿搭建"人"字架，架高 1.3 ～ 1.5 m，"人"字架用横竹竿连接固定，再用绳系紧。引蔓时，要让茎叶分布均匀，当主蔓长到 50 cm 时，要及时盘蔓和压蔓，进行双蔓整枝，及时去除侧蔓，整理主蔓的生长方向，固定瓜蔓的走向。选择最适宜的雌花坐果，进行定瓜，每株只留 1 个瓜。最好选择第 2 朵雌花，留瓜节位保留 15 ～ 20 片叶时摘心，确保养分供给集中，并能利用叶片进行遮盖，以免灼伤。黑皮冬瓜在坐果期遇不良天气时易落花、落果，可在授粉后喷施 1 次坐果灵。

3. 病虫害及其防治

危害黑皮冬瓜的主要病害有枯萎病、白粉病、疫病和霜霉病，可用 75% 的百菌清可湿性粉剂1 600～2 200倍液、70%的甲基硫菌灵可湿性粉剂500～800倍液、80%的代森锌可湿性粉剂500～800倍液、45%的甲霜·噁霉灵1 500～2 500倍液等进行防治。为害黑皮冬瓜的主要虫害有蚜虫、美洲斑潜蝇、蓟马和甜菜夜蛾，可以灵活选用10%的吡虫啉4 000～6 000倍液、25%的杀虫双水剂400～800倍液、2.5%的乳油高效氯氟氰菊酯1 000～2 000倍液等进行喷雾防治。

（七）采收

黑皮冬瓜一般在坐果后60 d左右，当表皮发亮、变粗硬，出现白粉，果毛脱落时，即可采收。采收时，将果柄一起拧下。

二、黄瓜种植技术

黄瓜，别名为王瓜、胡瓜等，是葫芦科、黄瓜属一年生蔓生或攀缘草本植物。黄瓜属于浅根系作物，根系不发达，要求土壤疏松、肥沃，水分充足。黄瓜适宜的地温为20 ℃～25 ℃，当地温低于12 ℃时，其生长会受到抑制。当土壤的相对湿度较大，且温度低时，黄瓜的根系较难发育。如果排水不畅，则还会沤根，导致死苗。黄瓜肉质脆嫩，汁多味甘，清爽可口，含有人体所需的蛋白质、脂肪、糖类、多种维生素、纤维素以及钙、磷、铁、钾、钠、镁等多种元素，具有抗肿瘤、防酒精中毒、降血糖、抗衰老、减肥健体、健脑安神的作用。

（一）品种选择

黄瓜品种繁多，在海南栽培的主要品种有津优系列、绿丰系列和万吉类型等。在海南四季都可以种植黄瓜，冬季可在大棚内栽培，夏季因温度太高，可以搭建遮阳网进行种植，其他季节可以正常地露地种植。

（二）选地和整地

黄瓜不宜连作，要选择疏松、肥沃，且3～5年没有种植过瓜类作物、pH为5.5～7的弱酸性沙壤土进行种植，一般选择地势较高、向阳、透水性好、排水方便的田块或具备灌溉条件的旱坡地种植。深翻土地25～30 cm，施足基肥，每亩施腐熟有机肥5 000～7 000 kg。同时，耙平地面，做深沟、高畦，畦沟宽50 cm，畦高30 cm，畦面宽80 cm，再由畦中部剖沟，沟深20 cm，筑成拱形畦，中间高、两边低，条条深沟，便于排水和灌溉。

（三）选种育苗

黄瓜种植可采用直播和育苗两种方式。海南夏季多采用直播，冬季阴雨多、气温低，多采用营养袋或穴盘育苗。黄瓜的根系细弱，吸收能力差，维管束木栓化较早，再生能力不强，因此，播种前，要进行种子处理。把种子放入 50 ℃ 的温水中，不停搅动，水温变凉后，撇掉瘪籽，剩下的种子继续泡 4～5 h。用手搓洗种子，去掉其表面上的附着物，捞出后清洗一遍，滤干，用布包好，置于 25 ℃～30 ℃ 的环境下催芽，经 20～25 h 后待种子露白时即可播种。在垄背开好的小沟里播种子，用手稍加压实，补苗必须在 1 片真叶时进行，带土移苗，并浇 1 勺定根水，视土壤的干湿情况灵活浇水，有利于培育壮苗。需要注意的是，沟灌不宜高过畦面，待幼苗大部分出土后，要用细土覆土 1 次，因为幼苗出土时土壤有裂痕，会散失土壤水分，影响根系生长。定苗时间应控制在 4 片真叶前进行，即在播种后 18 d 左右，间弱苗，留壮苗。壮苗的标准是脚矮、茎粗、节短、叶片厚且深绿、无病虫害。

一般来说，挑选健壮的瓜苗在其幼芽长至 1～3 mm 时即可进行育苗播种。播种前，先向营养钵中的营养土或泥土喷水，浇透，水渗下后即可播种。取瓜苗时，手法要轻，并且尽量保持营养土完整。在晴天午后，将瓜苗放入事先备好的定植穴中，上面盖 1 cm 厚已经消毒的营养土，轻轻按压。然后加盖一层薄膜，及时浇水，水量不宜过大，以小水为主，然后封严。一般每亩种植 3 000～4 000 株瓜苗，株距为 30 cm 左右。

（四）田间管理

1. 肥料管理

黄瓜对营养物质消耗的特点是"一快二大"，其中"快"是指黄瓜消耗营养物质很快，"大"是指黄瓜对氮、磷、钾的需求量大。特别是在结瓜期，营养生长与生殖生长同时进行，黄瓜对肥水要求特别高，因此，要重施基肥，其以人畜粪、草木灰、过磷酸钙沤熟而成。追肥以复合肥为主，有条件的可用人畜粪尿。追肥一般至少施 3 次：第一次在齐苗后，每亩施复合肥 10 kg；第二次在初花期，每亩施 15 kg；第三次在第一批采收后，每亩施 10 kg。以后追肥可酌情施用，注意同时灌水。黄瓜的子叶和真叶还可以直接吸收营养素以及其他化学元素，在苗期或成株期喷施尿素或者磷酸二氢钾，可以改善植株的营养状况。另外，也可以进行激素处理，以利于黄瓜的性型分化。当幼苗生长至 2～4 片真叶时，用乙烯利 150 mg/L 喷洒叶面，可明显增加雌花数量；用赤霉素 50 mg/L 喷洒，则可明显增加雄花数量。因此，在海南秋冬季种植黄瓜，采用乙烯利处理不但可以早收，而且可以提高产量。

2. 用水管理

根据黄瓜的生长特性，其前期需水少，要少灌，从播种至齐苗前，保持土壤稍湿即可；中期要适当灌溉，从齐苗至结果前，保持土壤较湿润状态；后期要多浇水，保持土壤湿润。浇水时只能沟灌，切忌漫灌或串灌，避免土壤沉实和传播枯萎病。在无条件的地区，可采用人工淋水。

3. 中耕除草

中耕除草松土，可提高土壤的透气性，有利于土壤中的微生物活动，增加土壤的养分。黄瓜是浅根作物，要以浅耕为主，避免伤害幼根。因此，一般选择在出苗后进行中耕，既可以疏松土壤、防止板结，又可以铲除杂草、助长幼苗。搭架前，要先进行 1 次中耕除草，待瓜蔓上架后，不宜再进行。对于一般杂草，可用手拔除。

4. 搭架绑蔓

黄瓜茎为蔓性，当开始抽蔓时，需要搭架绑蔓。搭架可用竹竿或者小木条，长度为2.25 m左右。将竹（木）竿插在瓜苗旁，深度为10 cm，一苗一竿，交叉呈"×"架形，再在交叉处用绳或者铁丝固定。搭好瓜架后，即可绑蔓和引蔓上架。每隔2～3节绑一次，选择在晴天下午进行。根据植株的长势，尽可能保持植株顶端处于同一高度。对于长势弱的植株，可直立一些绑；对于长势强的植株，可弯曲一些绑。每次绑蔓时，尽量让植株的生长点朝向同一方向，并逐次交替变换方向，有利于相互遮阴和更好地采光。另外，绑蔓时，应顺手摘除卷须，节约养分，保证瓜的营养供应。当主蔓长到架顶时，要及时摘心，减少营养损耗，注意出现"回头瓜"。由于摘心后会出现大量花和瓜，必须施大肥，重施复合肥，并进行根外追肥1～2次，用0.2%的尿素+0.5%的磷酸二氢钾喷施。在生长中后期，要及时剪除基部的老叶、黄叶或病叶，有利于通风、透光和减轻病虫害。

5. 病虫害及其防治

危害黄瓜的主要病害有霜霉病、枯萎病、白粉病、炭疽病、疫病、细菌性、角斑病、花叶病毒病，主要虫害有黄守瓜、蚜虫、甜菜夜蛾等。在上述主要病害中，危害最大的是霜霉病、枯萎病和白粉病。霜霉病主要发生在生长期，其发病速度快，会严重损伤植株。叶片感病后会出现褐色斑点，背面出现黑紫色霉层，感染较为严重时会直接导致叶片大幅度掉落，引发植株死亡。可用甲霜灵、代森锰锌等喷洒。枯萎病多发生于生长后期，采收时叶片枯萎，茎部有褐色条裂，植株覆盖粉红色霉状物，严重时霉状物会转变成褐色，最后植株干枯而死。一般来说，在发病初期，用50%的多菌灵可湿性粉剂500倍液防治，每株灌兑好的药液0.3～0.5 L，或用12.5%的增效多菌灵浓可溶剂200～300倍液，每株灌100 mL，隔10 d后再灌1次，连续防治2～3次，做到早防、早治。白粉病会蔓延至黄瓜的叶片和茎部，在感染初期，叶片会产生白色斑点，随着病情加重，会形成大面积的白色霉状物。在发病初期，可喷洒15%的三唑酮（粉锈宁）可湿性粉剂1 000倍液或40%的福星乳油4 000倍液。

（五）采收

黄瓜从播种到第一次采收，一般需要40 d左右，即一般在第一批雌花凋谢后2周左右。初瓜期每隔4 d左右采收一次，盛瓜期隔天采收一次，采收期可延续1个月左右。采收一定要及时。当瓜长至0.2～0.3 kg时，要及时采摘，否则会影响黄瓜品质，消耗养分，阻碍结瓜，造成减产。若发现畸形瓜和病虫瓜，要及时摘除。采收时，不要硬拉强扯，以免损坏瓜蔓，建议用剪刀或者小刀割断瓜柄，轻放黄瓜，防止碰伤而导致其腐烂。

三、苦瓜种植技术

苦瓜，别名为凉瓜、锦荔枝等，是葫芦科、苦瓜属一年生攀缘草本植物。苦瓜喜温、喜光、耐热、耐湿、不耐阴,对光照长短的要求不严格,较长时间的光照有利于其良好生长。苦瓜对土壤湿度和空气湿度要求较高,不耐涝。油绿苦瓜是海南苦瓜的主栽品种,其瓜面油绿,果肉厚,适宜南菜北运。但长期以来,由于连续种植单一品种,其产量逐年下降。苦瓜广泛分布于海南省各市县,各地的种植管理模式也不尽相同,主要有以下3种:屯昌地区主要采取合作社的形式,组织统一育苗,集约化程度较高;保亭一带虽然同样苦瓜连片,但基本上是各家各户单独种植,当地政府每年免费发放苦瓜种苗;屯昌枫木镇、三亚崖州区等地主要是外地人承包种植,大户较多。

(一)品种选择

苦瓜根据色泽的不同,可分为绿皮苦瓜和白皮苦瓜,其中以绿皮苦瓜居多;根据形状的不同,可分为长圆锥形苦瓜、短圆锥形苦瓜和长圆筒形苦瓜;根据果实大小的不同,可分为大型苦瓜和小型苦瓜,市面上常见的是大型苦瓜。一般选择品质好、产量高、抗病性强的品种,适合海南栽培的主要优良品种有翠绿1号大顶苦瓜、丰绿苦瓜、琼2号苦瓜、严选槟城苦瓜等。

(二)种子处理及催芽

由于苦瓜种皮坚硬,播种前,要用50 ℃～60 ℃的温水烫种、搅动,当水温降到30 ℃时,浸种12 h(若把种子轻轻嗑开一条缝,有利于种子吸水,则浸种时间为8 h)。取出后沥干水分,用干净的纱布包好,置于30 ℃～35 ℃的温箱内催芽,每天用温水搓洗1次,催芽4～5 d,待80%以上的种子露白时即可播种。

(三)播种育苗

最好选择播种移栽。当日平均气温稳定在10 ℃以上时即可播种育苗。尽量早播,以延长营养生长期。在播种的前一天,把准备好的营养土(可以通过复合肥和其他农用肥料配比得到)装入深度×宽度为10 cm×10 cm的营养钵(或育苗畦)内,浇透水,使其充分湿润。第二天再用水把营养土喷一遍,撒一薄层过筛细土后即可播种。把催好芽的种子放在小眼内,根尖朝下,轻轻将种子放在营养钵中央,覆盖厚1.5 cm左右的小土堆,苗龄为30 d左右,再定植露地。

(四)整地

栽植地要以肥沃、疏松、有机质丰富、土层深厚、排灌方便的沙壤土和黏壤土为宜,及时进行深翻炕土,耙碎整细,施足基肥。注意沟施时,要与沟土混匀,并在覆土后才播种或移植。切忌种子或幼苗与肥料接触,以免灼伤种芽或幼根。然后整垄。

(五)移栽

选择在幼苗生长至4～5片真叶时移栽,也可直播。选在晴天下午进行移栽,移植密度如下：早春苦瓜平棚架栽培以行距为120～130 cm、株距为50～60 cm为宜，"人"字架栽培一般畦宽200～240 cm（包沟），双行植，株距为50～60 cm；夏秋季栽培，由于生育期短，株距宜密一些，一般株距为40～50 cm，每亩种植2 000株左右。

（六）田间管理

1. 中耕、除草和培土

从苦瓜苗期开始，即应及时进行中耕、除草和培土，以防瓜头土壤板结。一般在定植浇过缓苗水之后，待表土稍干、不发黏时进行第一次中耕。在第一次中耕时，若发现缺苗或弱病苗，要及时补栽，以保全苗。第二次中耕可在第一次中耕后10～15 d进行，注意保护新根，宜浅不宜深。每次中耕时，可结合施一些优质农家肥，如饼肥、各类禽毛和腐熟鸡粪、猪粪等。搭架后，当瓜蔓伸长到50 cm以上时，根系基本上布满全行间，一般不宜再进行中耕。注意及时拔除杂草，防止野草丛生，以改善田间的通风透光条件和减轻病虫害。

2. 搭架和整枝

当幼苗长到20 cm左右时，需进行搭架引蔓，一般搭架的方式有平棚架和"人"字架两种。平棚架的通风透光性好，结瓜多，产量高。平棚架又分为连栋平棚架和分栋平棚架。连栋平棚架一般是在瓜行中，每隔3～4 m竖一个木桩，上面用小竹竿、小木棍或尼龙网等将整块田的木桩连成一片，棚顶离地面约2 m；分栋平棚架一般是以每2行瓜为一个棚，棚高1.5～2 m。搭分栋平棚架时，植株的受光面大，通风透光性良好，方便管理，比连栋平棚架好。不管哪一种平棚架，搭架时都要力求牢固，以避免被风吹倒而损害瓜苗，影响产量。苦瓜的分枝力很强，主蔓与侧蔓均可结瓜，一般情况下，不必进行整枝。但冬春苦瓜由于长势强，侧蔓较多，距离地面50 cm以下的侧蔓以及过密和衰老的枝叶要及时摘除，以利于通风透光，提高光能利用率。在生长中期，如果瓜蔓过于疯长，则要及时摘心打顶，以抑制其生长，促进结瓜。如果肥水条件好，后期可留几个侧蔓，或当主蔓长至1 m时摘心，留2个侧蔓结果。当苦瓜抽蔓长卷须时，要及时搭"人"字架或拱形棚，在晴天下午及时引蔓。

3. 追肥与灌溉

苦瓜的结瓜轮次多，收获时间长，消耗水肥量大。苦瓜虽喜肥，但苗期耐肥性弱，所以一般在抽蔓、开花、结果时重施追肥，苗期追肥可少一些。第一次追肥是在定植后7 d左右（直播地瓜苗长出2片真叶时），可施用10%的腐熟人粪尿或0.5%的复合肥水，以后每隔5～7 d施1次，其浓度逐渐加大，待开花结果时，人粪尿的浓度可增加至30%左右。开花、结果期间，要追施2～3次重肥，以延长其收获期。一般在初花时，用饼肥25～30 kg、复合肥15～20 kg、尿素10 kg，结合培土追施1次。第一次采收后，继续用饼肥25～30 kg、复合肥20 kg再追施1次，以后每采收1次，都要追施30%～40%的人粪尿或复合肥10～15 kg。追肥时还要看天气和叶色的情况，灵活掌握。

苦瓜虽喜潮湿，但忌积水。若根部受浸，叶片会萎黄，果实会腐烂，还可能引起根腐而致植株枯萎。冬春苦瓜生长前期气温较低，应适当控制水分，以增强植株的抗寒能力。在开花至采收前的晴天，应适当浇水，一般每隔 2～3 d 浇水 1 次。采收期间的需水量较大，应每天浇水 1～2 次。浇水应在日出后或日落前进行，不能让土壤过湿。夏秋苦瓜处在气温高、蒸发量大的环境中，应加强浇水或灌水，予以调节温度、湿度。前期以浇为主，即以清水浇足、淋透。瓜蔓满架后，可采取沟灌的方法，以保持土壤湿润。但沟灌时应以半沟水为宜，做到润而不渍。在雨季，要及时做好排水工作，以免积水使畦面过湿而引起烂根发病。

4. 病虫害及其防治

危害苦瓜的主要病害有白粉病、疫病和枯萎病，防治方法是在合理轮作的基础上，加强田间管理。可以在采收期间注意做好田园清洁，彻底清除遗留在田间的枯枝败叶、病株残体，以免病原传播和蔓延。同时，还要注意合理施肥和浇水，在发病初期，及时喷洒火菌类低毒农药，以防病害扩散。对白粉病，多选用 15% 的三唑酮可湿性粉剂 1 500 倍液或 45% 的石硫合剂 500 倍液等对中下部叶片进行喷施，每隔 7～10 d 喷 1 次，连续喷 2～3 次。对疫病，多选用 25% 的瑞毒霉可湿性粉剂 800～1 000 倍液或 80% 的代森锌可湿性粉剂 700 倍液，或 75% 的百菌清粉剂 500～600 倍液等进行喷洒。对枯萎病，可选用 50% 的多菌灵可湿性粉剂 500～1 000 倍液或 15% 的三唑酮可湿性粉剂 4 000 倍液等进行灌根处理。

为害苦瓜的主要虫害有瓜实蝇和瓜绢螟，一般发现时要及时摘除被害瓜，并进行喷药处理和深埋。喷药时间以傍晚为佳，连续喷 3 次左右。对瓜实蝇，主要选用 90% 的敌百虫 1 000 倍液或 2.5% 的溴氰菊酯 3 000 倍液等喷洒植株，每隔 3～5 d 喷 1 次，连续喷 2～3 次。对瓜绢螟，可选用 20% 的氰戊菊酯 3 000 倍液或 10% 的氯氰菊酯 1 500 倍液喷洒植株。除了用药剂防治外，还可在苦瓜田块设置防虫网来防止蚜虫等害虫入侵，安装频振式杀虫灯来诱杀鳞翅目害虫，悬挂黄板来诱杀瓜实蝇、白粉虱、蚜虫和美洲斑潜蝇等害虫，利用银灰膜驱赶蚜虫，利用糖醋液诱杀地下害虫。

（七）采收

采收要及时，一般在花后 12～15 d，果实充分长大，即可采收。苦瓜在温度为 1 ℃～2 ℃、相对湿度为 85%～90% 的条件下，能保存 20～30 d。

思考题

1. 如何进行黑皮冬瓜的水肥管理？
2. 如何采收黑皮冬瓜？
3. 如何对黄瓜进行营养袋或穴盘育苗？
4. 如何为黄瓜搭架绑蔓？
5. 根据色泽的不同，苦瓜可以分为哪些类型？
6. 根据形状的不同，苦瓜可以分为哪些类型？
7. 苦瓜搭架的方式主要包括哪些？

8. 如何对苦瓜进行水肥管理？

9. 苦瓜的主要病虫害有哪些？如何防治？

第三节 无公害蔬菜种植技术

知识目标

1. 了解黄秋葵、豇豆和辣椒的生长特性。
2. 掌握黄秋葵、豇豆和辣椒种子处理的有关知识。

技能目标

1. 掌握黄秋葵、豇豆和辣椒的水肥管理操作技能。
2. 掌握豇豆和辣椒的地膜覆盖栽培操作技能。

一、黄秋葵种植技术

黄秋葵，别名为秋葵、咖啡黄葵等，是锦葵科、秋葵属一年生草本植物。黄秋葵属于短日照蔬菜，性喜温暖，耐热怕寒，不耐霜冻。其生长适温为25 ℃～30 ℃，要求光照时间长，并且有一定的光照强度。黄秋葵耐旱、耐湿、不耐涝，结果期要求水分充足，有利于果实发育。黄秋葵对土壤的适应性广，以土层深厚，土质肥沃、疏松，保水保肥力强的壤土或沙壤土为宜，忌连作，也不宜选择果菜类作物（如黄瓜、冬瓜、丝瓜、豇豆、茄子、辣椒等）为前茬，否则易发生根结线虫病。黄秋葵对肥料要求氮、磷、钾齐全，生长前期以氮肥为主，中后期以磷钾肥为主。若氮肥过多，则植株易徒长，延迟开花、结果；若氮肥不足，则植株会因生长不良而减产。黄秋葵的营养十分丰富，具有健胃、润肠、保肝、强肾等功效。近年来，黄秋葵在海南广泛种植，成为发展潜力巨大的保健特色蔬菜。

（一）品种选择

选择抗病性和抗逆性强、优质、高产的新品种。目前在海南主要推广的品种有清福、热研1号、南洋、翠娇、北京黄秋葵等。

（二）种子处理及催芽

常用的种子处理方式有两种：一是温汤浸种。播种前，用种子量5～6倍的55 ℃温水浸泡种子 15 min，并随时补给温水，保持 55 ℃的水温，不断搅拌种子，然后在常温水中浸泡 22～24 h。二是药物浸种。先用清水浸种 4～10 h，再将种子放入 10% 的磷酸三钠溶液中浸泡 20 min，捞出洗净，在常温水中浸泡 14～20 h，可杀灭种子表面的病毒。

把经过浸泡的种子用纱布包好，置于 25 ℃～30 ℃的环境下催芽，约 70% 露白后播种。

（三）播种育苗

黄秋葵种植多采用直播，每亩用种量约为 200 g，也可选择育苗移栽。因为育苗移栽需带土移栽，且移栽后缓苗重，故一般采用直播，省工、省时。有条件的可以在直播前 20 d 左右采用营养钵育苗，成活率将大大提高。

（四）整地作畦

选择通风向阳，排灌方便，土质疏松，肥沃且富含有机质的壤土或沙壤土，忌连作，最好选择根叶菜类作物为前茬。前茬作物收获后，及时深翻晒土 10～15 d，耙平做深沟高畦，露地栽培多采用高畦双行种植，畦宽 0.9～1.2 m，畦高 25～30 cm，沟宽 30 cm，株行距为 45 cm×70 cm。整地时备足基肥，每亩用农家肥 1 500～2 000 kg、复合肥 30～40 kg，肥料与土壤应充分混合。

（五）定植

根据品种的株形和土壤肥力确定密度，行距约为 70 cm，株距约为 45 cm，一般栽植 3 万～3.8 万株 /hm^2。定植时尽可能带土移栽，以保护其根系，移植后浇透定根水。等苗出齐后，幼苗生长至 2～3 片叶时间苗。间苗时，要留大去小、留壮去弱。

（六）田间管理

1. 肥水管理

黄秋葵喜肥，因此，要在施足底肥的基础上及时多次追肥。重施基肥，以腐熟农家肥为主，辅以饼肥、氮磷钾复合肥、过磷酸钙、尿素。生长前期以氮肥为主，中后期以磷钾肥为主，增施硼、锌等微量元素。一般施腐熟农家肥 22～30 t/hm^2、饼肥 450 kg/hm^2、氮磷钾复合肥 750 kg/hm^2、过磷酸钙 600 kg/hm^2、尿素 375 kg/hm^2。一般基肥的施用量占生长期总肥料用量的 2/3。在定苗完成后需追施第一次提苗肥，一般施尿素 60～75 kg/hm^2。1 周之后可施 1 次壮棵肥，以保证植株继续生长，有利于提高早期产量。壮棵肥以氮磷钾复合肥为主，一般施 300～450 kg/hm^2。开花前期可追施 1 次复合肥，将肥料施在株间或行间。生长中、后期根据长势，及时多次追肥，防止植株因营养不良而早衰。进入采收期后，主要选择生物有机肥、沼气肥、腐熟粪水，结合喷施叶面肥。

黄秋葵虽属耐旱耐湿作物，但在高产、高效栽培中，必须除渍、防旱，苗期怕渍水，结果期保持土壤湿润。

2. 中耕除草

在移植过程中，要始终保持田间无杂草，每次施肥后均要及时中耕。

3. 病虫害及其防治

在海南，危害黄秋葵的主要病害有疫病、病毒病，为害黄秋葵的主要虫害有美洲斑潜蝇、夜蛾类、蚜虫等。合理使用生物农药和生化制剂农药，如农用链霉素、井冈霉素等。

防治黄秋葵疫病，可在发病初期，用64%的恶霜·锰锌可湿性粉剂500倍液，或58%的甲霜灵·锰锌可湿性粉剂500倍液。防治黄秋葵病毒病，可在发病初期，用15%的植病灵1 000倍液或83%的增抗剂100倍液喷施，隔7 d喷1次，连续喷3次。

防治美洲斑潜蝇、夜蛾类，可选用5%的氯虫苯甲酰胺悬浮剂1 500倍液；防治蚜虫，可选用10%的蚜虱净2 000倍液，或用10%的吡虫啉可湿性粉剂1 000倍液喷洒。此外，也可以选择用黑光灯诱杀夜蛾、菜蛾等，用银灰色农膜驱避蚜虫，用黄板涂机油诱杀美洲斑潜蝇、白粉虱和蚜虫。

（七）采收

黄秋葵的嫩果长到长6～8 cm、重12 g左右时即可采收上市，采收过早、过晚对产量和质量的影响都很大。建议在采收期内，每1～2 d采收1次，将采收的嫩荚及时放置在阴凉处，最好在早晨或傍晚采收。采收时，在果柄处剪下，以免伤害枝干。

二、豇豆种植技术

豇豆，俗称角豆、姜豆、带豆、挂豆角，是豆科一年生植物，以嫩豆荚供食，是夏秋季的主要蔬菜种类之一。豇豆要求高温，耐热性强，生长适温为20 ℃～25 ℃，在夏季35 ℃以上高温时仍能正常结荚，且不落花，但它不耐霜冻，所以豇豆非常适合在海南种植。特别是海南的冬季气候温和，阳光充足，使得冬春季海南豇豆有着其他地区没有的生长优势，目前海南的豇豆种植面积很广。

（一）品种选择

豇豆根据生长习性的不同，可分为蔓生、半蔓生和矮生3种类型。海南栽培的豇豆多为蔓生，因此，常选择抗病性强、丰产、耐储运、商品性好的优良品种。如果是出口的豇豆，还要考虑选择豆荚不易老化和耐运输的品种，如冬春季栽培时，可选择高产4号、新青豆角、黑籽油青豆角等；夏秋季栽培时，可选耐热湿品种夏宝2号、白仁豆角等。

（二）选地和整地

豇豆对土壤的适应性较广，但忌重茬，前茬宜选择白菜、葱、蒜，或在2～3年未种过豆类作物的田块种植。以土层深厚、肥沃、疏松及排水、透气性好的沙壤土或壤土为佳。

选好田块后，要实行早耕深翻，提前 15 d 深翻 30 cm 进行晒土，以提高土壤的保水、保肥能力。深翻前，每亩撒石灰 75～100 kg，然后做成高畦，并开好深沟，以便排水。豇豆的根瘤菌不太发达，加之植株生长初期根瘤菌的固氮能力较弱，为了促进前期植秧生长发育，必须施足底肥。一般每亩施腐熟农家肥 2 500 kg、过磷酸钙 30 kg、硫酸钾 10 kg。

（三）种子处理

挑选饱满、无病虫害、无损伤的种子，在播种前晾晒半天或 1 天，严禁暴晒。可用种子质量 0.5% 的杀菌剂（如 50% 的多菌灵可湿性粉剂等）拌种，条件允许的，最好采用根瘤菌拌种。

（四）播种育苗

豇豆在海南适宜的播种期一般为 8 月中旬至来年 2 月初，最适播种期为 9 月至来年 1 月。播种时间宜选择晴天或"冷尾暖头"，干籽播种，可直播，也可育苗移栽。在一般情况下，育苗移栽比直播能够增产 25%～30%。选择直播时，要事先确定穴距，注意合理密植，不能太密，否则不利于开花结荚，病虫害发生也会较重。播种株距一般为 20～40 cm，每穴播种 2～3 粒，播深 2～3 cm。播种后覆盖一层 2～3 cm 厚的细土（经消毒的营养土更佳），并盖上干稻草或其他干杂草等，及时浇足水。若土壤过干，可在播种后灌半沟水。若采用滴灌供水，以土壤刚好湿润为宜。

在海南北部地区，早春播种时常遇低温阴雨天气，容易造成种子霉烂，建议采取育苗移栽。豇豆根系的再生能力差，最好采用育苗袋或穴盘育苗，以减少对根系的伤害。当出现 3～4 片真叶时，可适时移栽。豇豆的壮苗标准是子叶完好，无病虫害，叶色浓绿，叶片肥厚、健壮、适应性强，第一对真叶微展。

（五）搭架引蔓

在豇豆甩蔓后，应及时插架，一般选择用"人"字架。在每个定植穴边插上 1 根竹竿，把相对的 2 根竹竿沿种植畦的横向两两交叉呈"人"字形，再用铁丝固定即可，一般架高 2.5 m。当主蔓长到 30 cm 左右时，应及时人工辅助引蔓上架。当侧蔓伸到一定程度（约 50 cm）时，再次引蔓上架。引蔓工作要在晴天的下午进行，引蔓方向为逆时针方向。

（六）田间管理

1. 肥水管理

合理的肥水管理能促进豇豆丰产。根据豇豆的营养特点和土壤肥力确定施肥方案，应以有机肥为主、化肥为辅，禁用未经发酵腐熟、重金属超标的有机肥和城市生活、工业垃圾肥料。根据豇豆具有固氮特性这一特点，应减少高氮化肥，增施磷钾肥和适当使用微量元素。

具体来说，在开花初期，视田间情况，每亩追施尿素 5～7.5 kg；在结荚盛期，每亩再追施尿素 2.5～5 kg；中后期肥水比较充足，可使植株形成较多的侧蔓花序，并使主蔓上原有的花序继续开花坐荚，延长采收期。

对于水分管理，抽蔓前要尽量控水，一般采取"浇荚不浇花"的原则。在植株现蕾时若遇干旱，可浇 1 次小水，初花期不浇水。当第一花序坐果，其后几节花序显现时，浇足头水；在中下部豆荚伸长，中上部花序再现后，再浇第二次水；以后，地表稍干就浇水，保持地面湿润，做到雨过地干，地表不积水。

2. 中耕除草

豇豆苗出齐后，露地栽培的，一般每 10 d 进行 1 次中耕除草，植株开花结荚后不宜再进行中耕，而用手拔除杂草；覆盖地膜的，当畦侧面长出一层嫩草后，要及时喷洒草铵膦等药剂进行灭除。

3. 病虫害及其防治

危害豇豆的主要病害有锈病、炭疽病、枯萎病和煤霉病等，为害豇豆的主要虫害有蚜虫、豆荚螟等。主要防治措施如下：

（1）实行轮作，与非豆类轮作间隔 3 年以上。

（2）加强肥水管理，培育健壮植株，提高其抗病性。

（3）及时清除田间及周边的杂草、枯叶、病叶，减少发病源。

（4）合理密植，防止郁蔽，加强通风、透光，降低空气湿度，控制发病条件。

（5）在发病初期，采用化学防治。

防治锈病，可在发病初期，全田喷保护性杀菌剂，如 50% 的福美双可湿性粉剂 500 倍液或 75% 的百菌清可湿性粉剂 500 倍液进行保护。对发病中心，可选用以上药剂的任一种加上 250 g/L 嘧菌酯悬浮剂 1 000 倍液或 20% 的三唑酮乳油 2 000 倍液进行均匀喷雾。注意叶片正、背面都要喷到，一般 7～10 d 喷 1 次，连续喷 2～3 次。

防治炭疽病，可在发病初期，全田喷保护性杀菌剂，如 80% 的代森锰锌可湿性粉剂 600 倍液或 75% 百菌清可湿性粉剂 500 倍液进行保护。对发病中心，可选用以上药剂的任一种加上 250 g/L 嘧菌酯悬浮剂 1 000 倍液或 70% 的代森锌可湿性粉剂 600 倍液进行均匀喷雾。注意叶片正、背面都要喷到，一般 7～10 d 喷 1 次，连续喷 2～3 次。

防治枯萎病，可选用 50% 的多菌灵可湿性粉剂 1 500 倍液定根水灌根。在发病初期，用 70% 的甲基托布津可湿性粉剂 800 倍液或 80% 的多菌灵可湿性粉剂 800 倍液等灌根，隔 7 d 再灌 1 次，每次 250～400 mL/株。

防治煤霉病，可在发病初期，喷洒 50% 的多菌灵可湿性粉剂 600 倍液或 70% 的代森锌可湿性粉剂 400～500 倍液，或 80% 的代森锰锌可湿性粉剂 800 倍液等。

防治蚜虫，可用黄色板或糖醋液诱杀，也可用辣椒水喷洒植株，两者都有显著效果。

防治豆荚螟，可用 90% 的敌百虫 800～1 000 倍液或 10% 的高效氯氰菊酯悬浮剂 2 500 倍液等，在植株现蕾以后，3～4 d 喷 1 次，连续喷 2～3 次，有显著效果。当每株虫口达 3~5 只时，选用 10% 的吡虫啉可湿性粉剂 1 500 倍液或 2.5% 的多杀霉素悬浮剂 1 000~1 500 倍液等，4~5 d 喷 1 次，连续喷 3~4 次，喷雾重点在幼嫩组织上，如花、幼果、顶尖和嫩梢。

（七）采收

豇豆冬春播开花后 8~10 d 即可采收，夏秋播开花后 6~8 d 即可采收。嫩荚的采收标准为种子刚刚显露，未明显膨大。采收宜在早晨或傍晚进行，注意不要损伤花芽、花序。采收结束后，及时将田间的残枝败叶、杂草等清理干净，集中进行无害化处理，保持田园清洁，以减少病虫源。

三、辣椒种植技术

辣椒，别名为番椒、海椒、秦椒等，是茄科、一年或多年生草本植物。辣椒的原产地是中拉丁美洲热带地区，原产国是墨西哥，后传入中国，最先在广东、广西、浙江、湖南和贵州等地种植。目前，它已成为仅次于豆类、番茄的第三大蔬菜作物。辣椒喜温，生长适温为 15 ℃~34 ℃，在不同的生长发育时期，其对温度的要求不同。辣椒比较耐旱，要求空气湿度较小，所需水分相对较少，在各生长阶段的需水量也不同。辣椒喜肥，需要充足的氮、磷、钾。辣椒在海南分布广泛，其富含维生素 C、胡萝卜素、叶酸、镁和钾，具有抗炎、抗氧化作用，是海南种植的主要蔬菜之一。

辣椒栽培有多种方式，不同的方式在技术选择和处理上有所区别。

（一）露地栽培技术

1. 品种选择

露地栽培主要是在无霜期内进行的栽培方法。选择适应当地生态条件且经审定推广的优质、高产、抗病虫、抗逆性强、适应性广、耐贮运、商品性好的品种。例如，青黄皮尖椒类有茂椒 4 号、茂丰 5 号、吉祥、富贵黄皮尖椒、新丰 5 号、海椒 109、特选黄皮尖椒、海椒 4 号、南财、金福 5 号；小果红尖椒类有红丰 404、红丰特选 411、粤红 1 号、红艳、红秀 2004、韩香朝天椒；泡椒类有湘研 13 号、海椒 3 号、中椒 6 号；普通圆椒（甜椒）类有西圆椒、中椒 5 号、富人、京甜 3 号、甜星、红英达；彩色甜椒类有红苏珊、紫贵人、白公主、黄欧宝等。

海南夏秋时节高温、多雨，病虫害比较流行，不宜进行辣椒生产。因此，一般选择冬春季进行栽培，即 9—10 月播种，10—11 月定植，来年 2—3 月采收。冬季栽培要选耐低温、果实发育快的中、早熟品种，如海椒 4 号、特选黄皮尖椒、茂椒 4 号、吉祥、富人、中椒 5 号或热辣 2 号黄灯笼辣椒等；夏季栽培要选择高抗病毒病、耐热耐涝性能好的中、晚熟品种，如亚华 106、宁椒 5 号。

2. 种子处理

辣椒栽培一般有直播和育苗移栽两种方式。

（1）直播。直播是在深耕翻土的地块上，以 0.7～1 m 的标准开沟做垄，再沿垄条行直播，稀撒种子，均匀盖上 1 cm 厚的土，以看不到种子为标准。当幼苗长到 2～3 片真叶时，间苗 1 次；当幼苗长到 7～8 片真叶时，再间苗 1 次。根据不同的品种，选择 15～16 cm 的株距定苗。

（2）育苗栽培。先做好苗床，苗床一般为东西走向，做成平畦。播种前，先进行种子技术处理，包括晒种、浸种、消毒和催芽等。具体做法如下：首先，将种子放在 50 ℃～55 ℃ 的温水中浸泡 10～15 min，并不断搅拌。当水温降到 30 ℃ 后停止搅拌，继续浸泡 6～8 h。然后放入 10% 的磷酸三钠 20 倍液中，浸泡 20 min 后捞出洗净，晾干后用纱布包好，外面再包上浸湿的麻袋片或毛巾，放置在盆钵内进行催芽，或置于温度为 25 ℃～30 ℃、湿度为 75% 的培养箱内保湿催芽。种子在这样的环境下，表面容易产生黏液，注意定期用清水清洗种子，以防种子发霉腐烂，促进种子早发芽。经 4～5 d，当出芽率达 60%～70% 时即可播种。播种前，要注意去除病虫害，提高出苗率。可用新高脂膜拌种，然后将种子均匀地撒播在苗床上，覆盖细土，喷施少许水，盖好拱棚，以防寒保温。

3. 播种育苗

准备育苗的苗床所需的营养土可采用肥沃园土 6 份、腐熟农家肥 2 份、谷壳灰 2 份混配，每 100 kg 营养土用 50% 的多菌灵可湿性粉剂 200 倍液或 40% 的三枯剑可湿性粉剂 200 倍液进行消毒，可防止猝倒病和立枯病。采用穴盘或营养袋育苗，这种育苗方法有利于培育壮苗，具有移栽时伤根少、生长快、防治病虫害和适合远距离运输等优点。

海南辣椒的最佳播种期为每年 9 月或 10 月，若播种过早，则易受热带风暴影响，造成幼苗受损；若播种过迟，则会导致后期温度低，植株后期生长的果实生长期和积温不够，影响产量和品质，还会延误最佳的上市时间。

辣椒的播种密度以 20 g/m^2 为宜，每平方米苗床可出苗 1 500 株左右。当种子有 70% 露白时即可播种。播种时，不宜把种子放得太深，以 0.5 cm 左右为宜，覆上薄土，轻轻压实。播种完毕后，将遮阳网或稻草覆盖于苗床上，浇足底水。

4. 整地

辣椒是茄科作物，应选择没有种过茄科类、瓜类，且排水良好、浇水方便、地势较高的地块作为育苗床，北面最好有挡风物。选择土层深厚、疏松肥沃的壤土或沙壤土，pH 以中性偏碱性为宜。定植前，需提前 15～20 d 进行整地。辣椒地应深翻大约 1 尺（1 尺 ≈ 0.33 m），对沙质地和沙壤熟地，可以深翻 1 次；而对土质较紧的生地，应深翻 2 次，最好有太阳光暴晒至土色变白。海南大多数土地为酸性土，pH 为 4.89～5.58。为了给辣椒提供弱碱性土壤，深翻前，应在土壤中撒适量生石灰，以提高土壤的 pH。同时，要整平地面，做深沟、高畦，畦高不超过 15 cm，筑成拱形畦，中间高、两边低，条条深沟，以便大雨后及时排水,遇到天气干旱时也利于灌水。

5. 定植

关于定植期的选择,原则上是在当地晚霜过后及早定植,10 cm 深处的地温稳定在 16 ℃以上时即可定植。若定植过早,则会出现幼苗纤弱、营养不足,不利于后期生长;若定植过晚,则在高温来临前,植株尚未封垄,致使地温过高,影响根系生长,吸收能力减弱,进而导致植株的生理失调,诱发病毒病,严重时会影响产量,甚至绝产。

定植最好选择在气温较低的傍晚或阴天进行。定植时强调浅栽,以根颈部与畦面相平或稍高于畦面为宜。在移苗的当天早晨或前天傍晚对椒苗进行灌溉。水分充足时可以缩短移植后椒苗的恢复期,也可以在取苗时保持营养土的完整。定植后,要尽快浇水,并用干细土封口。水量不宜过大,防止引起沤根。辣椒采用单行栽培,行距为 35～50 cm,株距为 18～25 cm,每亩宜栽 3 000～3 500 株,行向宜选东西走向,这样光照充足。辣椒栽后半个月左右,需要结合浇水施 1 次复合肥。

6. 田间管理

(1) 营养生长期管理。定植后 7～10 d 宜浇水肥,施复合肥。适当喷洒植物生长调节剂,促进植株抽梢展枝。

(2) 开花结果期管理。及时摘除门果(第一个枝杈上长出的果实),结合整枝,去除徒长枝和弱势枝,以免消耗养分。此时期的肥水管理要以追施复合肥为主,严格控制氮肥的追施。过量的氮肥会造成落花、落果。水分也不宜过多或过少。注意叶面喷施植物生长调节剂,促进植株生长和催花保果。

(3) 果实成熟期管理。在果实膨大期至成熟期,应多施钾肥,结合叶面喷施全营养型高钾叶面肥,提高果实的品质。

为防止表土板结和杂草丛生,要及时进行中耕除草。每浇水 2 次后要中耕 1 次。第 1～2 次中耕宜深,有利于改善土壤的透气状况,促进根系生长。中后期中耕宜浅,以尽量减少对根系的损伤。

危害辣椒的主要病害有猝倒病、疫病、炭疽病、青枯病、白粉病、病毒病,为害辣椒的主要虫害有棉铃虫、烟青虫、甜菜夜蛾、蚜虫、蓟马、螨类等。在病虫害防治上,要贯彻"预防为主、综合防治"的方针,以农业防治方法为基础,结合化学防治办法。同时,还要注意交替使用农药,以免其产生抗药性。防治虫害要在幼虫孵化高峰期和虫龄为三龄前进行。

7. 采收

一般开花后 25～30 d,果实充分膨大、色泽青绿时即可采收,也可在果实变为黄色或红色成熟时再采收。一般每隔 2～3 d 采收 1 次,注意尽量分多次采收。采收时,连果柄一起摘下,留较多果实在植株上,可提高产量。采收前,在辣椒果实上喷施 75 mg/L 的 5% 寡糖疫苗水剂或 7.6 mg/L 脱落酸 1～2 次,以提高果实的光泽、硬度和耐储运性。

（二）地膜覆盖栽培技术

1. 品种选择

地膜覆盖栽培技术具有明显的增产效果。在品种选择方面，应以早熟、产量高为目的，所以可选择一些早熟品种，如湘研1号、海花3号、中椒2号等。

2. 育苗

地膜覆盖栽培的育苗方法和步骤与露地栽培差不多，唯一不同的是，地膜覆盖栽培更强调早熟性，所以在育苗上，要重点培育壮苗。一般来说，育苗方法有温室育苗、营养钵或营养土育苗。营养钵或营养土育苗能够保护根系不受损，有利于培育壮苗。定植后，幼苗能快速生长，促进早熟。

3. 整地

定植前的田间准备是地膜覆盖栽培的一个重要环节，包括整地、施肥、做畦、铺膜等，每个环节都要认真处理，目的是提供一个土层深厚、水肥充足的土壤环境，然后盖上地膜进行保护。覆盖地膜要及时，这样能够保持土壤中的水分。盖膜时，要用土压紧、压严，发挥地膜保水、增加地温、抑制杂草生长的作用。需要注意的是，垄沟底不用盖膜，要留作灌水和追肥用。高产栽培辣椒一般选用90 cm宽的地膜。

4. 田间管理

地膜覆盖栽培的定植方法和步骤与露地栽培区别不大。定植后，要加强田间管理，除了一般的方法外，覆盖地膜时要注意对薄膜的保护。辣椒幼苗定植后，受大风、大雨等气候原因和人工与技术管理的影响，薄膜容易遭到破坏，常常出现膜面裂口、跑风、漏风等问题，导致地温下降，水分蒸发，不利于幼苗成长。

5. 采收

一般选择在晴天露水干后进行采收。

（三）塑料大棚栽培技术

1. 品种选择

一般选择早熟、抗病性强、耐病、耐湿、耐弱光的品种，如海花3号、中椒2号等。

2. 育苗

塑料大棚栽培的育苗方法参见"（二）地膜覆盖栽培技术"。

3. 整地与选地

选择土壤肥沃、土质疏松的地块，尽早深翻，暴晒，然后施基肥。

4. 定植

选择在晴天上午进行定植。由于棚内高温、高湿，故辣椒大棚的栽培密度不能太大，每亩定植4 000坑，每坑栽2株。为便于通风，最好采用宽窄行栽培，宽行的行距为66 cm，窄行的行距约为33 cm，株距为30～33 cm。

5. 田间管理

采用塑料大棚栽培时，要重点加强田间管理。

（1）温度。定植后的 5～6 d，要保持棚温为 30 ℃～35 ℃。当夜间温度低时，要覆草保温，以加速缓苗。缓苗后，要及时通风，使棚温降至 28 ℃～30 ℃，防止植株疯长。辣椒开花坐果的适温为 20 ℃～25 ℃，其间需要较大的通风量和较长的通风时间，若通风做得好，则植株节间短，生长矮壮，坐果多。为防止高温危害，应及时拆去四周的膜，保留顶膜，同时，日夜加大通风。另外，还可以在顶膜上加盖遮阳网，越夏后撤去。

（2）水分。辣椒的叶片小，水分蒸腾量小，早春前期要控水，避免棚内低温、高湿，影响辣椒生长。定植时，不能浇太多水，4～5 d 后浇 1 次缓苗水，连续中耕 2 次，即可蹲苗。至门椒采收前，灵活浇水，一般不轻易浇水，否则容易落花、落果。待第一层果实采收时，即辣椒进入结果期，要充分供水，尤其是在盛果期，浇水 2～3 次。撤去顶膜后，要浇大水 1 次，以后的管理与露地栽培相同。实行滴灌技术，可降低棚内的湿度，提高地温，省水、省时，有利于辣椒生长和减少发病。

（3）施肥。辣椒喜肥、耐肥，所以追肥很重要。可多追农家肥，增施磷、钾肥，有利于丰产和优产。坐果前，若植株发绿，则不需施肥；若植株稍微发黄，则酌情轻施 1 次提苗肥。到采收期，要多施肥，每隔 10～15 d 追施 1 次，复合肥和尿素交替使用，每次每亩施 10 kg 左右，同时可叶面喷施 1% 的磷酸二氢钾 2～3 次，促进果实膨大。

（4）病害。危害辣椒的主要病害有煤烟病、灰霉病、病毒病和菌核病等。具体防治措施是，播种前，要对种子和苗床进行消毒，尤其是连作大棚。定植前，再进行 1 次土壤消毒。另外，还要注意大棚的通风排湿，可降低病害发生。

6. 采收

一般选择在晴天露水干后进行采收。

思考题

1. 黄秋葵有哪些营养价值？
2. 黄秋葵种子处理的方式有哪些？分别如何操作？
3. 如何对黄秋葵进行肥水管理？
4. 黄秋葵的主要病害有哪些？如何防治？
5. 如何对豇豆进行种子处理？
6. 如何对豇豆进行搭架引蔓？
7. 辣椒栽培的主要品种有哪些？
8. 怎样对辣椒地膜覆盖栽培进行田间管理？
9. 辣椒的主要病虫害有哪些？如何防治？

第四节　热带经济作物种植技术

知识目标

1. 了解海南热带经济作物的种植情况。
2. 掌握海南热带经济作物的选择和规划。
3. 掌握海南热带经济作物的种苗处理和播种。

技能目标

1. 掌握海南热带经济作物的移栽定植操作技能。
2. 熟知海南热带经济作物的种植日常管理技能。

海南的土地面积为 3.54 万 km^2，约占全国热带土地面积的 42.5%。海南的光热资源丰富，雨量充沛，适宜各种热带、亚热带作物生长。海南的植物种类繁多，除了水稻、小麦、玉米、高粱、甘蔗、花生、芝麻、麻类、茶叶等粮食作物和经济作物外，还有椰子树、槟榔树、胡椒树、咖啡树、橡胶树、南药、油棕树、腰果树等热带作物。下面介绍其中几种。

一、茶树种植技术

茶树是山茶科、山茶属被子植物，是灌木或小乔木。海南的茶园地处低纬度地区，阳光辐射量大，日照时间长，雨量充沛，土壤的物理和化学风化强烈，淋溶快，解体强烈，钙、镁和有机物易淋失，氧化物相对积聚，富铝化作用明显，因而使大多低丘台地、阶地成为富铝铁的砖红壤土，有利于茶树的快速生长，且茶叶产量高，生长期长。海南的茶树品种主要是海南大叶种和云南大叶种，还有一些海南独特的添香茶和特种茶。海南的茶区按种茶面积大小排列有定安、琼中、五指山、琼山、屯昌等。茶树栽培面积依海拔高度降低而减小，海拔在 50 m 以下的台地上没有茶树种植。

（一）品种选择

海南现有茶树品种（系）80 余个，其中引进品种约为 50 个，本省品种为 30 余个。海南茶叶中最具代表性的是五指山的海南野生茶。早在 20 世纪 50 年代末，海南农垦开辟茶园时，就是从深山中采摘已有近千年历史的海南野生茶，并引进云南大叶种进行繁殖的。目前,海南茶叶的种类主要包括红茶、绿茶、苦丁茶和添香茶。

选取优良的茶树品种是提升茶叶产量和品质的关键。要根据茶园的气候条件和土壤特性,选择稳产、高产、高抗的优质茶树品种,可以将不同的品种搭配种植。

(二)茶园选择和规划

茶园最好选择空气清新、水源洁净且坡度小于25°、海拔在1 500 m以下的地区,同时要求水量充足,土壤的透水性好,pH保持在4.5~5.5,土质疏松且无其他树根。开挖种植沟,深50 cm,宽70 cm。开沟时,表土和心土分别堆放,特别是坡地茶园,在开梯地时做好表土全部回沟,然后每亩施饼肥1 000 kg(或施猪粪、牛粪、鸡粪3 000 kg)、磷肥300 kg、复合肥200 kg,与表土拌匀后施入种植沟,下足基肥。

(三)种苗处理和播种

茶树种苗的繁育分为无性繁育和有性繁育两种。无性繁育是通过茶树营养体,如茶根和枝条开展育苗;有性繁育是通过茶籽播种育苗。茶籽繁育技术简单,适合大面积种植。当茶果呈黑褐色、种仁饱满且呈乳白色时,说明种子已成熟,应开始采收。之后,把茶果平铺在干爽的地面上暴晒2~3 h,每30 min翻动1次,果壳开裂、茶籽脱出后即可。种植前,应该采选出形态沉实、饱满、颜色呈深褐色且有光泽,无破损、霉变和蛀虫的种子。把种子放在温度为20 ℃~30 ℃、干净的水中浸泡7 d,经常搅动,每天换水,进行保湿催芽。在常温下,用细砂和稻草覆盖,每天洒水,当一半的茶籽露出胚根时,即可播种。

最好选择冬播,这样出土早,可节省费用和人力。可采取单粒条播和穴播,单粒条播的行距为20 cm,株距为3~4 cm;穴播的行距为20 cm,穴距为15 cm,每穴播籽4~5粒。播种后随即覆土,覆土厚度为2~3 cm。冬播覆土稍厚,春播覆土宜浅。

(四)移栽定植

种植茶苗时,要求做到不折根、不露根、茶苗不倒伏,种植后必须压实根部泥土。

目前,移栽茶苗多采用开沟或开穴种植法,开穴大小(深度×宽度)一般为12 cm×20 cm,穴大适于根系伸展,有利于根系发育。移栽时,先用黄泥浆蘸茶苗根部(带土移的不用蘸根),然后把茶苗分放在穴中,种植茶苗根颈与土表距离为3 cm左右,根系离底肥10 cm以上,一边分发,一边种植。种植时,要把茶苗的根系舒展开,盖上细土,用手或脚将土压紧,使茶苗的根系与湿土接触良好。种植后,一定要淋足定根水,然后在根部四周撒上一层细土。有条件的可以铺草保湿,减少水分蒸发。同时,在种植后一个月内均要加强淋水,确保全苗、壮苗。

(五)田间管理

田间管理对茶树的丰产、优产非常重要,主要包括合理施肥、树冠培养、病虫害防治、土壤管理、抗旱等方面。下面文要介绍施肥管理、修剪管理、病虫害及其防治。

1. 施肥管理

茶树的施肥要以有机肥为主，严禁使用化肥。同时，使用的有机肥必须经过堆积腐熟、高温发酵，达到无公害处理要求之后才能够使用。合理追肥，可提高土壤中有机质的活力，增强植株抗寒能力，诱发新芽的萌发。每年追肥 2～3 次，用量占全年肥料总用量的 45% 左右。为了让茶树能够更好地生长，还可以采用腐熟的农家肥水在茶树的根部进行浇灌，但禁止使用硝态氮肥作为追肥。

2. 修剪管理

茶树修剪是茶树拥有优质树冠的标准方法。对幼龄茶树来说，务必从定植时开始抓起，根据品种分枝性进行定型修剪，即茶苗移栽后，应立即进行定型修剪，留下 3～4 片真叶，在距离地面 15～20 cm 处剪去顶芽。当腋芽萌发长到一芽四五片叶，枝条基本上成熟时，留 2～3 片大叶，采一芽二叶，夏秋季用同样的方法留叶分次连续采养，用"以采代剪"的方法培养树冠。在此基础上，来年春夏秋茶继续用"以采代剪"的方法培养树冠，冬季进行 1 次平剪，保留高度 30 cm，为来年正式投产培养广阔、密集的采摘面。以后，待茶树的高度达到 50～60 cm 时，在茶苗 40～45 cm 处下剪，继续培养树冠和采摘面。轻修剪要求每年实行 1 次，宜轻不宜重，只修剪树冠面上多出的枝条和表层的枝叶；深修剪主要是修剪树冠内部、下部的枯枝和病枝，茶树之间适当修剪得稀疏一些，有利于通风和透光。

3. 病虫害及其防治

茶树要求多雨、日照充足、高温湿热的生存条件，而在不满足这些条件的情况下容易发生病虫害。危害茶树的主要病害有茶白星病和茶饼病等，为害茶树的主要虫害有茶毛虫、假眼小绿叶蝉等。这些病虫害的出现使得茶叶的质量变差，因此，防治病虫害很重要。尽量采用无害化的防治措施，主要运用物理、生物防治，创造不适合病虫寄居、繁衍的环境，增加生物种类，利用其相生相克原理，保持茶园的生态平衡。选择抗病性强的树种，也可以采用双行双株的种植方法。生物防治主要是利用病虫的天敌来保护茶树不受损害，利用一些生物制剂、农用抗生素来预防病虫害的发生，减少农药的使用，保持良好的生态环境。

（六）茶叶采摘

根据茶树特有的"早采早发"特点，茶叶采摘的部位通常处于"中开面"或"小开面"的中间，不管在春秋季节还是在冬夏季节，采摘部位均无太大的差异。实际上，人们通常在春季把茶叶的采摘稍微提前，这种茶叶采摘方法对于延长茶树的生长周期，以及处理好茶叶采摘与生长、数量与质量之间的关系有很大益处。

针对产地条件、茶树品种、种植方式、树冠培养、管理水平和茶类结构等，茶叶采摘主要坚持如下几个原则：

1. 采养结合

幼龄茶园在采摘技术方面，必须注意留养，坚持以养为主、采摘为辅，保证年生长期内有一批新叶子留养在树冠上，树冠的高度和幅度明显增加。

2."五采五养、量质兼顾"

成龄茶园的茶叶采摘以采为主，以采摘面为标准线，采取在采摘面上集中采、在采摘面下集中养的采养技术，即"采面养底、采中养侧、采高养低、采密养稀、采大养小"。这种技术由于采摘界限分明，既能保持树冠上有一定叶面积进行光合作用，又为在采摘面上集中采摘提供了养分，促进了多发芽和增加分枝数，扩大树冠采摘面，从而达到产量、质量、养树三者兼顾的目的。因此，在采摘方法上，手工采茶要使用清洁、通风性良好的竹篓盛装鲜叶，采下的茶叶应及时运送到茶厂，防止鲜叶变质和混入有毒有害物质。采摘时，要求提手采，不宜抓采，要采匀、采净，不夹带鳞片、鱼叶、茶果与老枝叶。春茶宜早采、嫩采，多采高中档茶，以留鱼叶采为主；夏茶留一叶采；秋茶适当留叶采。同时，还要注意及时采下对夹叶，否则不仅影响茶叶的产量，而且会给茶树的生长发育带来较多弊端。这是一项增产增收的重要措施。另外，有条件的还可以用机采，但采茶机应使用无铅汽油和机油，防止污染茶叶和土壤。

二、胡椒种植技术

海南的胡椒自 1951 年试种成功后，经过 60 多年的发展，种植面积和总产量位于世界前列，胡椒种植是海南的优势产业。

胡椒是胡椒目、胡椒科、胡椒属木质攀缘藤本植物，具有散寒、健胃的功效。海南的胡椒主要分布在琼东市县，以琼海市为中心，文昌市、万宁市紧紧环绕的胡椒种植带占全省胡椒种植面积的 70% 以上，是胡椒的主产区。胡椒的初产品分为黑胡椒和白胡椒，两者的加工工艺不同。黑胡椒是由胡椒鲜果直接晒干而成的，白胡椒是由胡椒鲜果经浸泡脱皮后晒干而成的。海南以生产白胡椒为主。

胡椒主要有扦插和种子繁殖两种方法，在生产上常用插条进行无性繁殖，其方法简单，结果早，变异小，能保持母株的优良性状。

（一）插条选择和切割

选择优良的插条是胡椒生产中一个关键的步骤。在胡椒园中，选择树龄为 2～3 年、健壮的主蔓作为种苗。用于扦插的苗长度为 30～40 cm，自然分枝 5 个节左右，枝蔓生长大概 6 个月，粗度达 0.6 cm 以上，气生根发达且能明显看见。顶端 2 个节上各带 1 个分枝，并保留 10～15 片叶，腋芽发育饱满，无病虫害和机械损伤。

在海南，割蔓季节选择在早春 3 月或入秋 9—10 月为宜，割蔓时间以在阴天或晴天上午露水干后或傍晚为好，可减少插条失水。另外，在割蔓前半个月，要将主蔓顶端 4～5 个节的多余枝条切除，待主蔓腋芽萌动，抽出约 1 cm 后再割，这样有利于提高成活率。注意观察割取的插条是否节节都有气生根，特别是基部两节的气生根要长势好，这样定植后，根系才发达，抽蔓生长才快。切取时，要先解开或切断绑蔓的绳子，用小刀由下而上将气生根从支柱上切开，切口要平滑，防止气生根破裂、损伤。切割下来的插条要置于水中浸泡约 0.5 h，之后放于阴凉处保持湿润，等待育苗。

（二）育苗

事先准备好苗圃地，最好用河沙，按 20～30 cm 的行距开沟，每个沟穴呈"V"形。将种苗放在一个成 45°角的坡面上，按 10 cm 的株距进行排列，使气生根紧贴土壤，顶端 2 节露出地面，盖土后稍微压实，立即浇水。在育苗过程中，要时常保持土壤湿度，注意遮光，保持 50% 的遮光度。

（三）胡椒园选择和规划

胡椒种植地宜选择年均温较高、降水量充足且分布均匀、光照充足、有水源、静风、排水良好、交通方便的缓坡地或平地。胡椒怕积水，所以最好选择排水良好、土层深厚、土质疏松、pH 为 5.5～7、富含有机质的沙壤土、红壤土或中壤土。

胡椒园的面积不宜过大，一般以 3～5 亩为宜。园地最好为长方形、东西走向，且周围营造防护林或保留原生林带。环园挖排水沟，沟距胡椒树 2 m，距林带 2 m，沟宽 0.7～0.8 m，深 0.8～1 m，行间每隔 15 株左右开一条纵沟，宽 0.5～0.6 m，深 0.4～0.5 m，低处设缺口，防止污水带菌进园，以免菌类与胡椒争水肥。定植前 1～1.5 个月，先除净杂草、树根、石块等，然后进行挖穴。穴长、宽各 80 cm，深 60 cm。挖穴时，表土和底土分开放置，暴晒 1 个月后回土，施充分腐熟、干净、细碎的有机肥 30 kg，过磷酸钙 0.25～0.5 kg，与表土充分混匀、踏紧，做成比地面稍高一些的土堆，准备定植。定植前，还要竖立支柱，柱高 2.5～2.8 m，埋入土中 0.7～0.8 m。

（四）定植

采用壮苗双苗或 3～4 苗定植，定植的角度（种苗和地面之间的夹角）为 45°～60°，这样有利于形成大冠幅，加快丰产树形的形成。春季应采用"熟"苗种植，即先把种苗放在荫棚里培育成活。秋季可直接采用"生"苗种植。种植时，先在原土堆上挖一个小穴，宽 40 cm，深度依种苗的长度而定。小穴面一边倾斜 45°，斜面方向与梯田（垄）的走向一致，但其不能向西，并稍微压实。采用双苗种植时，将种苗放在斜面上呈"八"字形，2 棵种苗露出地面的蔓端距离 10 cm 左右，使根系朝下舒展，顶下第二节稍露于地面。随后，先由下而上压细碎表土，最后回土填满穴面，小心压实，并在种苗周围做一个土兜，淋足定根水。定植穴周围要插上蒙蔽物，切勿让太阳晒坏椒头，引起幼苗死亡。

（五）胡椒园管理

1. 合理施肥

在幼龄期，胡椒主要是营养生长，要贯彻勤施、薄施、生长旺季多施的原则，应以含氮较多的水肥为主，配合干肥，肥料以氮肥为主，配合磷钾肥。每20～30 d施水肥1次，每担淋8～12株。随着椒龄的增大，肥料的浓度和分量逐渐增加，肥水比为1∶（6～8）。施水肥时，每株加0.1 kg过磷酸钙混合施；施干肥时，每株加0.8～1 kg过磷酸钙混合施。在剪蔓后和补苗时多施肥，以促进新蔓生长与植株平衡。

在生长正常期，每隔20～30 d施水肥1次，水肥由人畜粪尿和绿叶沤制而成。1龄椒每次每株施2～3 kg。如果水肥的浓度低，则每担可加复合肥0.2 kg。水肥一般在植株正面和两旁轮换沟施。在每次割蔓前，施1次质量较好的水肥和每株加强复合肥0.1 kg，以促进植株生长。

结果树施肥时，应根据胡椒开花结果的各个物候期对养分的需求进行。一般每个结果周期施肥4～5次。每株的施肥量大致如下：牛粪或堆肥为30～40 kg，饼肥为1 kg，水肥为40～50 kg，尿素为0.2～0.3 kg，过磷酸钙为1.5 kg，氯化钾为0.4 kg，复合肥为1 kg。

2. 科学管水

胡椒怕积水，在雨季，必须及时做好胡椒园的排水工作；在干旱季节，应及时灌水，最好采用喷灌，起畦栽培的，也可进行沟灌。沟灌水位不能超过垄沟的2/3，让水慢慢渗透。胡椒园的湿度以保持在20%为宜。

3. 整形剪蔓

采用多蔓少剪，剪蔓3～4次，留蔓6～8条，每条主蔓以保持有效枝序20～22个为宜。这样的整形剪蔓比少蔓多剪早投产一年左右。剪蔓应选择在春、秋季进行。在最初的剪蔓之后，要把基部的"送嫁枝"和低垂枝条剪除（在切口上涂波尔多液等进行伤口保护），使椒头通风、透光，有利于防病和丰产。另外，在植株生长旺盛期，还要将基部的老叶摘除，以控制营养生长，调节生理活动，促进胡椒多开花结果。在梳叶的同时，还要剪除徒长蔓和去顶。开花后，若顶部长出新蔓，要再剪除，使养分集中于结果枝上，满足果实发育需求和防止落果。

4. 防治病虫害

危害胡椒的主要病害有胡椒瘟病、胡椒细菌性叶斑病、胡椒花叶病和胡椒炭疽病，为害胡椒的主要虫害有胡椒根结线虫病等。

（1）胡椒瘟病。胡椒瘟病的主要症状是胡椒植株的根系、主蔓基部、枝蔓、叶、花、果都受害，以胡椒头受害造成的损害最大，常引起整株胡椒萎蔫和死亡。胡椒瘟病的一个特点是，胡椒头在发病时变黑、发臭，并且它的叶边缘会产生黑点，这些黑点呈放射状，一旦发现，就要及时处理。胡椒瘟病主要在于预防，雨季要做好排水工作，定期喷施1%的波尔多液。

（2）胡椒细菌性叶斑病。胡椒细菌性叶斑病是胡椒种植区的重要病害之一，以大、中椒发病较多，叶、枝、蔓、花序和果穗均受害，该病主要侵害老熟叶片。胡椒细菌性叶斑病发生后，重病植株的叶片落光，枝蔓干枯而失去生产能力，直至整株死亡。其症状主要是叶片上会出现水渍状斑点，可喷施1%的波尔多液。喷药前，将病叶及其四周的叶片摘除，隔

7~10 d 喷 1 次，连续喷多次。

（3）胡椒花叶病。在管理水平低、肥害、水害、虫害或者高温干旱季节割蔓的情况下，植株容易出现胡椒花叶病。该病一般表现出两种症状：一种是植株的主蔓节间缩短，叶色斑驳，叶片皱缩变厚、变小、变狭、卷曲、畸形，果穗短，果粒少，结果不正常，生长受到抑制，产量很低；另一种是植株生长正常，叶片大小正常，只是表现为叶色浓淡不均。在选用健康无病种苗、加强田间管理的情况下，选用氯氰菊酯、氰戊菊酯等喷杀蚜虫，可以控制病害传播。

（4）胡椒炭疽病。病斑多发生在老叶的叶尖和叶缘，较大，呈灰褐色或灰白色，边缘有黄晕，病斑上有许多小黑粒排列成同心轮纹（病菌分生孢子盘）。嫩叶感病时出现暗绿色、水渍状病斑，后变黑、干枯。发病严重时，病叶脱落。要及时摘除病叶，再用 75% 的百菌清 500 倍液或 40% 的多菌灵 200 倍液喷洒。

（5）胡椒根结线虫病。胡椒根结线虫病是一种土传病害，定植前，应使胡椒园的土壤充分暴晒，利用高温杀灭根结线虫。对已感病植株，可用 10% 的噻唑膦颗粒剂 10~15 g/株或 0.5% 的阿维菌素颗粒剂 20~35 g/株，每隔 60 d 施药 1 次，连施 2 次。方法如下：沿着胡椒枝干开挖环形施药沟，沟宽 15~20 cm，深 15 cm，将药剂均匀地撒施于沟内，施药后及时回土，也可沿根盘四周松土 5~10 cm 深施药。

（六）采收

胡椒种植后，一般 3 年成熟，第 4 年便可收获。当每穗有 3~5 个果变红、大部分果变黄时即可采收。

三、咖啡树种植技术

我国的咖啡树最早是于 1884 年引种于台湾的，1908 年华侨自马来西亚带回大粒种、中粒种到海南。目前，我国主要的咖啡树栽培区分布在云南、广西、广东和海南，海南省内主要在万宁、白沙、琼中等地种植。

咖啡树是茜草科常绿灌木或小乔木。咖啡是将咖啡树果实里面的果仁咖啡豆，经过适当的方法烘焙制造的饮料，与可可、茶同为流行于世界的主要饮品。常见的两种咖啡树种是阿拉比卡种和罗布斯塔种。阿拉比卡种咖啡树适合种植在高海拔地区，这种咖啡的风味比其他咖啡精致得多，而且咖啡因含量只占咖啡全部质量的 1%；罗布斯塔种咖啡的滋味醇厚，咖啡树抵抗病虫害的能力强，单株产量也很高，这种咖啡树生长在低海拔地区。

（一）品种选择

光照强度是选择适种品种、获得高产和减少病虫害的重要因素。大粒种、埃塞尔萨种较耐强光，小粒种和中粒种不耐强光，尤其是幼苗和幼龄树要求有较多的荫蔽。海南的气候湿热,适宜种植中粒种,主推品种为中国热带农业科学院香料饮料研究所选育出的中粒种咖啡树的8个优良无性系。

(二)选地和整地

选择土壤疏松、肥沃,有机质含量高,土层深厚,交通方便,靠近水源,静风、无霜,排水良好,无根结线虫病污染源,pH为5~6的平地或缓坡地作为苗圃。

选择咖啡树种植园地后,要进行开挖种植沟,规格一般为口宽60 cm,底宽40 cm,深50 cm。开挖时,将沟面的表土挖起,堆放在沟上方,再把沟内的底土挖出,堆放在沟下方。沟深度以下口边为准,注意将种植沟内的树根、石头全部清理出去,开挖时间应以10月至来年2月为宜。在定植的半个月前,进行第一次回土,厚度为20 cm,每亩施农家肥1 500 kg、磷肥100 kg,搅拌均匀。第二次回土要回满,要求台面宽120 cm,台面内倾斜2°~3°。均匀撒上石灰粉,调节土壤的pH,增强土壤中微生物的活性,提高土壤中矿物质养分的有效性。

(三)种子处理和催芽

种子应挑选籽粒饱满、大小均匀的成熟鲜果,其树龄在5年以上,无病虫害、生长健壮。采摘后,及时脱去外壳,发酵、清除果胶,用清水将胶质清洗干净,去掉不饱满的种子,将剩下的种子摊晒晾干,不能暴晒,直至将水分含量控制在20%~30%,再进行催芽。

常用的咖啡树种子催芽方法是沙床播种催芽法,即在苗圃地建立催芽床,在宽80 cm、长10 m、比地面高1 cm催芽床内铺上河沙,厚度为10 cm,将沙面整平。将浸泡的咖啡树种子撒在床面上,播量控制在0.8 kg/m^2。将咖啡树种子压入沙内,做到种子与沙面齐平,上面铺一层薄沙,厚度为0.5 cm,以看不到咖啡树种子为佳,再铺上一层稻草,厚度为3 cm。然后均匀浇透水,沙床上铺塑料薄膜保湿、保温,同时适当控制淋水次数,让种子提前发芽。从播种至出苗需要55~60 d,到80 d时出苗率最高。当少量种苗已经露出沙面时,需要揭掉盖草,并搭设荫蔽度为80%的小荫棚。当大部分细苗展开叶子时进行间苗,并直接将苗移植到苗床上。在沙床上间苗之前需要淋水,间苗之后对沙面进行整理并淋少量水,能确保继续出苗。

(四)定植

育苗后需要及时定植。定植前,需要做好病虫害防治工作。当幼苗的真叶露顶时,选用子叶健壮、稳定的小苗,用桶等容器盛10 cm深的水,将苗木放到容器内保鲜,作为备用,并进行修苗,保留主根3~4 cm,防止出现弯根现象。在营养袋中心使用竹签打6 cm假植孔,并将幼苗插入营养袋之后轻提,做到苗正根直、深度合适。使用竹签打的假植孔两侧需覆盖土,避免幼苗出现吊根。假植后浇定根水。在苗圃期,要及时拔除杂草,并做好病虫害防治工作。在幼苗返青之后,适当增施有机肥2次。在幼苗植株长到15 cm、真叶达到

4～5对、顶叶全部稳定后，即可进行移栽定植。

定植前，需施肥。每穴施腐熟农家肥3～5 kg、钙镁磷肥150～250 g，将肥料与穴土充分搅拌均匀。定植最好在6—8月中旬的晴天进行。在定植过程中，首先用刀将塑料底部切除2～3 cm，避免弯根，然后用手撕去营养袋，把苗木放到定植穴适中的地方，同时让营养土与台面的高度保持一致，再分层回土、压实。适当种植一些荫蔽树，可以选择三叶豆、猪屎豆等。

（五）田间管理

1. 水肥管理

一般采用滴灌和喷灌相结合的方式进行浇水，施肥要按照勤施、薄施的原则进行。定植1～2年后，可在种植沟内侧台面开挖压青沟，宽40 cm，深30 cm，将杂草和秸秆等填入沟内，同时每亩添加钙镁磷肥150 kg。在咖啡树幼龄期，主要施氮磷肥，辅以钾肥；在咖啡树成龄期，主要施钾肥和氮肥，再辅以磷肥和其他微量元素即可。

2. 病虫害及其防治

危害咖啡树的病虫害种类繁多，要在强化日常管理的基础上，综合运用多种措施进行防治。

（1）进行农业防治。选育抗病性强的优良品种，在日常管理中，及时中耕、除草，合理施肥、浇水，及时剪除病残弱枝、修枝整形，积极构建良好的生态环境。

（2）进行物理防治。利用颜色、气味、温度等诱杀害虫，及时割掉主干、枝条木栓化糙皮，清理害虫的产卵场所。

（3）进行生物防治。在园地四周种植有利于害虫天敌生长的水源林和生态林，适当释放害虫的有关天敌。

（4）进行药剂防治。选择低毒性、低残留的有机合成农药，对受害面积广、受害程度深的植株进行喷施。

（六）采收

每年10月至来年4月为咖啡树果实成熟季节，要及时采收。由于同一植株上的果实成熟期不一致，一般从初期采收到完全采收，时间可能长达4～5个月。当咖啡树果实呈鲜红色，用手轻轻挤压就可将咖啡豆粒挤出时，即可采收。如果咖啡树果实的颜色呈紫红色或暗红色，说明果实过熟；如果咖啡树果实尚呈绿色或微黄色，则说明果实未成熟。在果实过熟或未成熟时采收均会影响其色泽和品味。

四、橡胶树种植技术

橡胶树是大戟科、橡胶树属植物，是一种典型的热带雨林高大乔木，可高达30 m。其分泌的乳状汁液丰富，最多能收割30～40年，是重要的工业原料。橡胶树的生长最适温度为 25 ℃～27 ℃，能忍受的最低温度为 16 ℃，最高温度为 39 ℃。若温度过低，则橡胶树易受寒害；若温度过高，则其生长会受到抑制。目前，我国橡胶树种植区主要分布在海南、广东、云南。海南是我国天然橡胶生产的主要基地，是我国最大的天然橡胶树种植区，其橡胶产量在全国橡胶产量中占有很大比重。

（一）品种选择

选择品种时，首先要因地制宜，选育出适应当地温度、湿度、光照和土壤等环境条件的，高产、优产、抗病虫害的优良橡胶树品种。2000 年以来，海南育苗的种子全部从优良芽接树中产出。采种一般选择在每年 8 月中下旬至 9 月秋果实成熟季节进行，尽量采集成熟、饱满、花纹鲜明且有光泽的种子。海南农垦对种子、种苗生产和经营实行许可制度，由海南农垦西联农场天然橡胶良种苗木生产基地、海南农垦红光农场天然橡胶良种苗木生产基地、海南农垦文昌橡胶研究所天然橡胶良种苗木生产基地等单位承担种苗基地建设，每年从中购买芽接苗，并提供技术指导。海南的橡胶树育苗仍然采用传统的苗圃培育砧木苗，然后进行芽接，再移栽大田的做法。种植的橡胶树苗要健壮、粗壮、无损伤、无病虫害。一般选择种苗的标准如下：砧木离地 15 cm 处的茎干粗度超过 1.8 cm，主根系的长度超过 40 cm，侧根系的长度超过 20 cm，萌动芽长 1～3 cm，同时检查包装、检疫是否完备。

（二）橡胶园选择和规划

尽可能选择适宜天然生长的大环境地块进行种植，最好是通风、透光，交通便利，土壤疏松、肥沃的缓坡地带。选择好园地之后，要按照山、水、林、路综合协调的原则，对其进行基本建设规划，包括道路规划、排灌沟渠建设、供水供电保障、防护林营造等方面，同时，还要做好防洪、防寒、抗旱等措施。

（三）定植

芽接苗一般选择在 3—6 月进行定植，最好是春季；袋装苗选择在 3—8 月进行定植。定植前，要对园地进行翻土，按照每亩种植 32～37 株的标准，开挖定植穴，将底土和表土分开放置，淋足植穴水。待 1 个月后，可将基肥和表土混合后放入穴内，然后将袋装苗置于穴中央，保持主根垂直、侧根舒展、深度合适，用刀切破袋底，慢慢拉起塑料袋至一半高度，再慢慢回填土，均匀压实，将余下的塑料袋全部拉出，进一步踩实，淋透定根水，再盖一层松土，最后在其周围盖上稻草，进行抗旱。如果天气干旱，则要 3～5 d 淋 1 次水，确保根底部湿润即可。

（四）田间管理

1. 修枝抹芽

对定植不久的苗木，要及时进行抹芽，即及时抹掉芽接桩上的砧木芽、分枝芽、多抽的接穗芽和袋装苗的分枝芽，促进苗木养分供给集中，有利于其生长发育。对已生长 2～3 年的苗木，要及时进行封顶和修枝，对主杆 2.5 m 以下抽生的侧芽侧枝，在其木栓化前要全部抹掉。当苗木高达 3 m 左右时，在主杆 2.8～3 m 处对密节芽进行摘顶，最好在春、夏季进行。摘顶后，及时对抽生的枝条进行修枝，在主杆 2.5 m 以上留 1～2 条分枝，每条分枝在不同方向上留 3～5 条分枝。

2. 除草盖草

采取人工方式定期清除杂草，浅松土层，然后在苗木根圈面上及时盖上稻草，同时做好防火带，每隔一段设置一截长 100 cm 的距离不盖草。每年进行 3 次这样的操作，能有效地遏制杂草生长。第 2 年以后可以采用药剂除草，同时适当地补充肥料。

3. 施肥管理

首先，在施肥时间上，每年 3—9 月，根据橡胶树的生长情况合理安排施肥，每年施化肥 2～3 次。每年 8 月至来年 3 月合理施有机肥。3 年内，树苗每抽生 1～2 蓬叶，施水肥 1 次，每年施 3～4 次。其次，在施肥部位上，1 年幼苗在 20～60 cm 根圈内施肥，2～3 年苗在 60～100 cm 根圈内施肥，4 年以上苗可在肥穴内施肥。最后，在施肥方法及用量上，树苗定植成活后轻施 1 次提苗肥，每亩施复合肥 3 kg。盘下除草后施 1 次复合肥 5 kg。在年底温度下降时，每亩施 1 次腐熟农家肥 800～1 000 kg。在橡胶树开割后，每年要施肥 3 次，每年 3 月抽第一次蓬叶时施第一次肥，施肥量占全年总施肥量的 50%；抽第二次蓬叶时施第二次肥，施肥量占 30%；8—9 月高产期施第三次肥，施肥量占 20%。

4. 病虫害及其防治

危害橡胶树的主要病害有割面条溃疡病、白粉病和炭疽病等，一般可选用甲基硫菌灵、多菌灵、粉锈宁等灭真菌药剂进行防治。为害橡胶树的主要虫害有蝼蛄和蟋蟀等，可以在定植时撒上防治地下害虫的药剂，发现虫害时，也可根施杀虫剂。

（五）割胶

当同批定植的橡胶树苗，芽接树离地 100 cm 处，实生树离地 50 cm 处，50% 以上的树围超过 45 cm 时，即可开始割胶。对刚符合条件可以开割的橡胶树，不宜割太多，以免影响乳胶的后续产量。一般新开割的橡胶树割线高度以离地 130～150 cm 为宜，逆时针倾斜角为 20°～30°，能有效切断乳管。在割胶过程中，要行刀轻、拿刀稳、快速割、接刀准。一般每年 4 月 20 日至 11 月 20 日是割胶期，在每天的凌晨 3：00 时开始割胶，到中午 12：00 前收完胶。在连续下雨天不宜割胶，否则容易滋生病害。

思考题

1. 海南种植茶树的地理生态优势有哪些？
2. 如何进行茶园选择和规划？

3. 如何对茶树进行移栽？
4. 如何进行茶叶修剪？
5. 海南胡椒的主要分布区域有哪些？
6. 如何选择优良的胡椒插条？
7. 如何对咖啡树园地进行科学规划和整理？
8. 种植咖啡树时，如何进行沙床播种催芽法操作？
9. 影响海南橡胶生产的因素有哪些？
10. 如何选择橡胶树苗？

第五节　热带水果种植技术

知识目标

1. 了解热带水果的生长特性和品种的特点。
2. 熟悉热带水果的病虫害及其防治措施。

技能目标

掌握热带水果种植技术。

热带水果生产一直是海南农业的重要支柱。海南具有独特的地理资源优势，热带水果资源丰富。目前，人工栽培和野生的果树有 29 个科、53 个属、400 余个品种，海南一直是我国的"果篮子"。香蕉、荔枝、杧果等是海南种植面积较大的热带水果。本节重点介绍香蕉树、杧果树、荔枝树、龙眼树、绿橙树、莲雾树、百香果树种植技术。

一、香蕉树种植技术

香蕉树是芭蕉科、芭蕉属植物，是大型草本果树，是一种重要的热带果树，果实营养丰富。香蕉树的适应性广，容易栽培。香蕉的生产周期短，产量高，高产时亩产可达 3 000～4 000 kg。香蕉是海南外销的大宗水果之一。

香蕉树喜高温、湿润，不耐干旱、积水，怕强风和霜冻。其生长的适宜气温为 28 ℃～32 ℃；叶片蒸腾量大，必须供给充足的水分，才能促进植株生长和结果。但香蕉树不耐涝，在多雨季节要注意排水；需要较强的光照，日照时数长，植株健壮，果实饱满，但若阳光过强，又会灼伤果实。香蕉树对土壤的要求不严格，土层深厚、土质疏松、有机质含量丰富、排水良好的壤土最适合香蕉树生长，土壤的pH以6～6.5为宜。香蕉树叶大根浅，最忌强风，应选背风的地方种植。

（一）品种选择

根据近几年的试种和生产实践，在海南表现为适应性好、抗病性强、优质、高产的香蕉树品种有以下几个：

1. 泰国蕉

泰国蕉原产于泰国，近年来在海南各地栽培表现良好。该品种株高2 m左右，植株粗壮、长势旺，病虫害少，产量高，在肥水管理较好的情况下，亩产可达3 000～4 000 kg。果指长20 cm左右，熟色好，耐贮运，品质优良，果肉香甜嫩滑，商品价格高。

2. 巴西蕉

巴西蕉原产于巴西，株高2.4 m左右，假茎粗大，抗风力较强，也比较抗叶斑病。果指长25～28 cm，果皮厚，耐贮运。在较好的栽培条件下，亩产可达4 000 kg左右。

3. 高脚顿地雷

高脚顿地雷主产于广东省高州市，植株高大，假茎高3～4 m。叶窄长，叶距大，果穗、果型大，单株果穗重达40～50 kg，单果重150～400 g。其生长期较长，抗风力较弱，对肥水要求较高，需在较好的栽培条件下才能丰产。果实品质为中等，风味稍淡，但熟色好，耐贮运。

4. 广东香蕉1号

广东香蕉1号由广东省农业科学院果树研究所于1974年从高州矮香蕉中的芽变单株选育而成。该品种长势旺，株型较矮，果指长20 cm左右，品质为中上等，亩产可达3 000 kg。

5. 大威廉斯

大威廉斯简称"大威"，引自澳大利亚昆士兰州。该品种是澳大利亚从威廉斯（Williams）中选育成功的，其特性与威廉斯相近，但果条较长，秆围较粗，秆高2.5～3 m，比较耐寒。

6. 8818

8818是从广东新会引进的，是威廉斯的优变无性系。该品种比威廉斯矮30 cm，假茎较粗，果条长25～28 cm，单果重500 g，梳型较好，产量也高。梳间距偏大，有时吐蕾后常见穗抽折断现象，要注意用木条加固。

7. 新北蕉

新北蕉由北蕉体细胞变异选育而成，于2002年命名并推广。该品种高抗黄叶病，发病损失率可降至5%以下，具有丰产特性，单位面积产量可提高40%～50%，株高270～300 cm，其假茎粗壮，可达80 cm以上。叶片宽厚、呈深绿色。果实风味与北蕉相似，略带粉质，并随季节变化，以5—6月口感最佳。该品种的生育期长，约为13.5个月，宜提早种植。

（二）繁殖方法

香蕉树一般以母株上生长的吸芽作为种苗来扩大种植。近年来，香蕉树试管苗繁殖技术已应用于生产。与传统吸芽种苗相比，合格的试管苗具有种性纯、不带病毒、有利于安排种植季节、生长一致、便于管理、产量高的优点。如果较大面积连片种植香蕉树，宜采用试管苗。

（三）栽培管理

下面着重介绍试管苗的栽培管理技术。

1. 香蕉树试管苗的营养杯育苗

购回的试管苗不能直接移植到大田，应先移到营养袋，在育苗棚中育苗（假植炼苗），然后才能移植到大田。

（1）育苗棚的设置。育苗棚宜选择距离现有蕉园和瓜菜 1 km 以外的地方，采用黑色塑料遮阳网遮阴。

（2）营养土的配制。营养袋选用高 12 cm、宽 10 cm、底部打孔的塑料袋，也有的用大袋育苗，以达到晚种植、早收成的目的。营养土一般以肥沃、疏松的表土或塘泥加少量细粪混匀而成，也可用黄土加椰糠与粪肥配制。要求做到营养土既不板结，也不易松散伤根。将配制好的营养土装袋，上面再加一层 1 cm 厚的细砂，摆放在育苗棚里备用。

（3）试管苗的移植和管理。试管苗在移植入营养袋前，应先连瓶（不要开盖）放在育苗棚中炼苗 3～5 d（根据光照强度而定），然后移植入营养袋。操作程序如下：小心取出瓶内的小苗，用清水洗净根部的培养基，将大、中、小苗分级并经过消毒。装袋时，营养土要保持疏松、湿润，将洗净的试管苗小心植入，每天喷水 4～5 次，以后逐渐减少，喷水时以叶片湿润为度。植后约 10 d，小苗一般成活，抽出心叶，这时可淋 0.2% 的尿素溶液或喷叶面肥，一般每隔 5～6 d 淋喷 1 次。注意棚内的温度不要高于 35 ℃、低于 20 ℃。在管理过程中，应注意防治病虫害与剔除变异株。

一般在 2 月或 3 月装袋育苗，约需 2 个月苗可出圃。这时，假植苗高约 15 cm，长有 6～7 片青叶。但在移植到大田前，应先炼苗，即把待出圃的假植苗放在遮光较少的地方 2～3 d，再在自然光下炼苗 2 d，然后移植到大田，这样可提高成活率。

2. 种植季节

海南一年内均可种植香蕉树，海南南、北部香蕉的生长周期相差约 1 个月。

3. 选地定植

（1）选地。大面积连片种植香蕉树时，蕉园一定要选择有水灌溉，而且最好土层深厚、结构疏松、土质肥沃、阳光充足的土地。前茬没有种过香蕉树、瓜类、烟叶和茄科作物的土地可减少香蕉树病害的发生。

（2）整地。蕉园要提前1个月进行深耕（30 cm左右）、风化，然后碎土、起畦、开沟，并在畦上按种植规格挖直径为60 cm、深度为40 cm的定植穴。每穴施土杂肥30～40 kg、过磷酸钙250 g、复合肥150 g，填入部分表土，将其与肥料充分拌匀，再在上面覆加约15 cm厚的表土。另外，也可以先开沟定植，以后再补施基肥。

（3）种植规格。根据蕉园的地力、水源条件、坡度和管理水平、品种确定种植密度，采用计划密植（先密植，待树冠交叉后再进行间伐）。一般株行距为3 m×4.5 m、3 m×5 m、4 m×4 m、4 m×5 m、4 m×6 m，亩植28～50株。

（4）定植。经过移出育苗棚炼苗后的营养杯假植苗应按大小分级，将高度和叶片数量一致的苗种在同一块地里，以方便管理。种植前，要小心撕掉营养袋，保持原杯土完整种入穴中，回土超过原杯面2～3 cm即可，压实，然后淋足定根水。最好在蕉头周围盖草保湿。另外，如阳光太强，前期宜采取遮阴措施护苗。

4. 肥水管理

（1）施肥管理。在新蕉园试管苗前期，施肥要做到勤施、薄施，此时苗小且嫩，施肥宜采用液肥浇淋。在通常情况下，种后10 d左右，当第一片新叶抽出时，可用腐熟人畜粪尿冲5倍水，每株蕉苗淋施5 kg左右（每株可加入10 g尿素同淋施），每7 d左右淋施1次。这样淋施3～5次后，每隔10 d左右淋施1次，但要加大施肥量，每次每株可用复合肥150 g或尿素、氯化钾各50 g，冲水5～10 kg淋施。开始在离蕉头10～15 cm处淋施，以后随着植株长大、根系伸展，施肥位置与蕉头逐渐远离。另外，还应重施攻秆肥、攻穗肥和攻果肥。具体时间和施法如下：

① 攻秆肥。对4月移植入大田的试管苗，一般在6月每株用麸饼250 g、复合肥200 g、尿素和氯化钾各150 g，拌匀，于距蕉头约25 cm处挖一条扇形沟（约长40 cm、宽10 cm、深15 cm）施下，然后回土、淋水（或粪水）。

② 攻穗肥。一般在当年11月，每株用麸饼500 g、复合肥250 g、尿素和氯化钾各150 g，拌匀，于蕉头的另一侧相距约40 cm处挖一条扇形沟（约长40 cm、宽10 cm、深15 cm）施下，然后回土、淋水。

③ 攻果肥。一般在蕉蕾抽出后，每株用复合肥200 g、尿素和氯化钾各100 g，拌匀，于离蕉头约45 cm处挖沟施下，然后回土、淋水。每次挖沟施肥的位置要轮换，以利于肥料被根系吸收。

除了以土壤施肥为主外，在香蕉树生长发育后期（从孕蕾至收果前20 d），宜进行根外追肥。可用0.3%的磷酸二氢钾或其他叶面肥进行叶面喷施，每亩每次喷液肥60～70 kg，每7 d喷1次，连续喷3～4次。

（2）水分管理。若天旱无雨，一般最好每6～7 d灌1次水。可采用喷、滴灌设备进行灌水，也可采取缓水沟灌，让水慢慢渗入土壤中，以防土壤板结。如能结合施肥挑水淋蕉头，既可保持土壤湿润，又可保持土壤疏松，当劳力充足时可这样做。香蕉树在植株营养生长旺盛期和果实发育高峰期需水最多，这时更要保持土壤处于湿润状态。

在雨季，一定要开好排水沟，不能让蕉园受涝。特别是在水田种蕉时，应采取深沟高畦，以降低地下水位，防止积水。

5. 土壤管理

（1）间种覆盖。将假植苗移植到大田后前3个月左右，植株尚未荫闭。为提高土地利用率，可利用株行间的空隙播种花生、大豆等豆科作物或绿肥植物（但不宜离蕉株太近，以距离蕉头50 cm外为宜）。

覆盖是香蕉树栽培管理的一项重要增产措施。覆盖时最好的用料是稻草，其他杂草或树叶亦可，将稻草等均匀铺盖于整个畦面上，厚度为6～7 cm，上面可再覆一层薄土。

（2）中耕除草。在定植后即用稻草覆盖的蕉园，杂草较少，除草时，采用手拔。在间种作物或没有加覆盖物的蕉园，出现杂草时，要及时进行中耕除草。

（3）培土。香蕉树的根系浅生，水平根大多分布在表土下15 cm左右，有些还裸露在地面上。为增强根系的吸收能力和抗旱、抗倒能力，培土是重要措施。一般浅培土可结合中耕除草进行，另外也可结合清沟，将沟底泥（或利用畦上离蕉头较远的碎土）盖在距蕉头50 cm范围内，厚度约为3 cm，通常每个月进行1次。冬季宜进行大培土，每株香蕉树用火烧土或塘泥1～2担覆盖在蕉头周围。

6. 除芽和留芽

（1）除芽。香蕉树靠地下茎的吸芽繁衍后代，当母株收果枯死后，由其吸芽接上而成为下一代结果株。一株母株可抽生出多株吸芽，吸芽早期主要依靠母株的营养，长大后更与母株争肥、争水、争阳光。因此，如果只安排收获一造，则应将所有抽出的吸芽及时除掉；如果安排收获下一造，每株母株只需留1株吸芽，对多余的吸芽，同样在其露出地面时随时锄掉。锄吸芽时宜用尖利的铁器插进芽心，切断生长点，不让该吸芽再长出来。另外，也可用2,4-二氯苯氧乙酸（2,4-D）或乙烯利涂心，破坏生长点，但操作时要注意勿伤母株。

（2）留芽。虽然试管苗长出的吸芽同样可留作接替母株，以减少购买种苗的成本，但选留吸芽的生长很难一致，不便管理。由于留芽时间不集中，加上留芽苗植株一般比母株高，防风能力弱，并且留芽收获第二造时，蕉园的发病率高，以及留芽后势必影响母株的产量，因此，凡有条件的，最好不要留芽。如果由于某种原因打算留芽收获第二造，宜在母株抽蕾1个月后开始留芽，并在母株收果后30 d左右砍去母株树干，以让母株的养分倒流供给吸芽生长。

7. 蕉株管理

（1）立柱防倒。香蕉树怕强风，应立柱加固防倒，特别是对已抽蕾的植株，宜立柱将果穗和蕉头绑在柱上，以增强其抗倒能力。

（2）护蕾和断蕾。有的植株抽出的花蕾搁在叶柄上，妨碍继续伸长。这时，应人工轻轻把花蕾移开或将该叶柄除去，使花蕾下垂伸长。当花蕾开花到最后2～3梳雌花（很少发育成商品蕉）时，要用利刀在最后的果梳下端将花蕾切断，以让养分集中供应果实发育。断蕾应在晴天午后进行，这时汁液流得少，伤口愈合快。

（3）套袋。套袋是近年来香蕉树生产推广的一项新技术措施，可提高香蕉的品质和产量。套袋时可用防雨纸袋，也可用珍珠棉加上浅蓝色、有孔洞的塑料薄膜袋。香蕉树抽蕾后，果实常受日灼、机械损伤、病虫害等影响而降低品质。套袋有利于果实保持色泽美观，而且能促进果实发育，提高产量和商品合格率。在气温不高时，薄膜袋可封底；在高温期，则打开薄膜袋底的封口。

（四）宿根蕉园的管理

有些蕉农留芽收获第二造，对宿根蕉园的管理工作也不能忽视。

1. 喷药防病

宿根蕉园易发生束顶病和花叶心腐病，而蚜虫是传播病害的媒介，故在秋冬季节，宜每隔半个月用啶虫脒喷施母株，以杜绝病虫源传播。

2. 清园中耕

立春后，天气转暖，应对宿根蕉园植株的枯叶、病叶进行一次全面的清理，切除的枯叶可埋作肥料，病叶应运出园外烧毁。然后应对全园进行中耕松土，在蕉头周围 50 cm 内松土 5 cm 左右，离蕉头远处可深翻 10～15 cm，以利于空气流通和促进新根生长。

3. 施肥

如果试管苗母株留芽收获第二造，一般在母株抽穗后 1 个月开始留芽。留芽后，要及时施攻芽肥。一般在离吸芽约 15 cm 处挖浅沟，施尿素和复合肥各 100 g，最好加淋粪水。1 个月后，每株吸芽再用尿素和复合肥各 150 g 施 1 次，以后与新蕉园一样，重施攻秆肥、攻穗肥和攻果肥。

（五）病虫害及其防治

1. 病害

（1）束顶病。

主要症状：新叶逐次窄小且皱缩，最后不能展开，长成束状。老叶变黄，新叶浓绿不匀，叶质硬脆，不长新根，植株僵化。发病较晚的植株虽可抽蕾，但果实小、畸形，无食用价值。

防治措施：

① 种植无毒种苗，不用病区、病株的吸芽作为种苗。

② 一旦发现病株，立即连根挖除，或用 41% 的草甘膦除草剂毒杀病株，运出蕉园销毁，并在病株迹地撒生石灰消毒和进行暴晒。

③ 彻底杀灭蚜虫。

（2）花叶心腐病。

主要症状：病株叶片上出现褪绿黄色条纹和梭形或纺锤形圈斑，严重时，整片叶呈现黄绿相间的花叶病状，顶叶有扭曲或束生现象，新叶和假茎内部出现水渍状，随后变为黑褐色、坏死腐烂。此病毒在植株内的潜伏期可长达十几个月，有些带病植株直到第 2 代才发病。其传播媒介也是蚜虫，植株在苗期至抽蕾期均可发病。

防治措施：此病的预防措施与束顶病基本上一样，注意蕉园附近不要种植瓜类作物。提倡种植试管苗，而且最好只收获一造。

（3）叶斑病。

主要症状：受害叶片初期在叶面上出现淡褐色短条斑，而后扩展成椭圆形或纺锤形斑，进而融合为不规则的大病斑。病斑中央呈灰白色，四周呈黑褐色，病斑上常见灰色霉状物，这是病菌的分生孢子体。一般多从下部叶片先发病，然后逐渐感染上部叶片。

防治措施：

① 及时清除枯叶，保持空气流通，减小湿度。

② 增施钾肥和有机肥，可提高植株的抗病性。

③ 病害的防治要以防为主，在发病初期，及时喷药，尽量减少病源；在中小苗期，可用 0.1% 的 50% 多菌灵可湿性粉剂药液或 0.2% 的 70% 甲基硫菌灵可湿性粉剂药液喷雾，每隔 7 d 喷 1 次，进行预防；在高温高湿季节，发现病害后，用丙环唑等杀菌剂防治，10～15 d 喷 1 次，连续喷 3 次。使用 25% 香蕉叶面净Ⅰ可湿性粉剂喷雾或 15% 香蕉叶面净Ⅱ可湿性粉剂淋灌也能有效地防治香蕉叶斑病。

（4）香蕉枯萎病。

主要症状：在发病初期，假茎和球茎维管束从黄色到褐黑色病变，先呈斑点状或线状，后期贯穿成长条形或块状。根部的木质部导管已出现纵横红棕色病变，并一直延伸至根颈；后期大部分根变成黑褐色和干枯。叶片出现倒垂型黄化和假茎基部开裂型黄化。

防治措施：清除田间的杂草、枯枝、残叶，及时去除病叶、病花。及早发现是关键，一经发现，立即清除，并做好严格的隔离，同时喷施杀菌剂。

（5）香蕉黑星病。

主要症状：果实受害后，果面上出现突起的黑色小斑点。叶片受害后，在叶面上形成很多黑色小斑点，这些小斑点连成片后，叶片变黄、干枯。该病属于真菌病害。

防治措施：

① 做好果园卫生。

② 合理施肥。

③ 防治香蕉树叶面病害。

④ 抽蕾后及时套袋。

（6）香蕉线虫病。

主要症状：植株生长慢、矮小，叶片发黄、无光泽，根上长瘤状根结。

防治措施：

① 种植无病种苗。

② 增施有机肥。

③ 定植时，每穴施米乐尔 20 g。

④ 定植后发生病害时，用扑生畏、好年冬、阿维菌素等灌根。

2. 虫害

（1）象鼻虫。

主要症状：其幼虫和成虫蛀食香蕉树假茎，又以幼虫为害最烈。受害假茎的虫道呈蜂巢状，严重时，叶片卷缩、变黄，假茎易折断。

防治措施：每年秋冬季要清理蕉园，及时清理枯叶，并剥除残留在植株上的枯腐叶鞘。同时，进行人工捕杀幼虫，诱杀成虫，消灭越冬世代。春暖后，可用农地乐或溴氰菊酯等农药喷叶柄和假茎交接处进行防治。

（2）卷叶虫（又称为弄蝶幼虫）。

主要症状：其主要为害蕉叶，幼虫吐丝，将蕉叶卷成筒，幼虫藏于筒内。一条幼虫可咬食半片叶子，影响叶片的光合作用和植株的产量。

防治措施：冬季清园时，集中烧毁枯叶，以减少越冬虫蛹；及时摘除虫包；在幼虫期，用青虫菌 6 号 300 倍液喷雾，或 25% 的喹硫磷乳油 1 000 倍液，或 25% 的除虫脲可湿性粉剂 2 000 倍液，或 20% 的甲氰菊酯乳油 3 000 倍液喷施叶面。

（3）蚜虫。

主要症状：蚜虫吸食叶汁，虫口密度大时会使植株生长不良，对产量有影响。另外，蚜虫通过吸食叶汁，有可能传播束顶病、花叶心腐病病毒，所以要重视对蚜虫的防治。

防治措施：用 30% 的噻虫嗪悬浮剂 1 500～3 000 倍液或 3% 的啶虫脒乳油 1 000～1 500 倍液喷雾，也可用 10% 的吡虫啉可湿性粉剂 1 000～1 500 倍液进行叶面喷雾。

二、杧果树种植技术

杧果树是漆树科、杧果属植物，果实的营养价值高，色香味俱佳，是世界上五大热带水果（杧果、番荔枝、荔枝、山竹子和菠萝）之一，具有"热带果王"的美称。

杧果树在高温条件下生长结果良好，最适生长温度为 25 ℃～30 ℃，低于 20 ℃ 时生长缓慢，低于 10 ℃ 时停止生长。杧果树需水，但又忌湿度太大。杧果树为喜阳植物，在充足的光照条件下，结果多，果实含糖量高、外观美、耐贮力强。大风会导致叶片损伤，并招致病菌感染；9 级以上的大风会导致大量落叶和扭伤枝条，严重影响当年和来年的产量。杧果树对土壤要求不高，但以土层深厚、地下水位低、排水良好、微酸性至中性壤土和沙壤土为好。

（一）品种选择

目前适合在海南种植的品种有贵妃杧、台农 1 号、白象牙杧、金煌杧、椰香杧等，这几个优良品种的产量占海南杧果产量的 70% 以上。

（1）贵妃杧。贵妃杧又名红金龙，为我国台湾地区选育品种，1997 年引入海南。该品种长势强壮，早产、丰产，果实呈长椭圆形，果顶较尖，单果重 300～500 g。

（2）台农 1 号。台农 1 号为杂交选育的矮生新品种，树矮，抗风力、抗病性强，适应性广，耐储存，坐果率高。果实呈尖宽卵形，稍扁，单果重 150～200 g。

（3）白象牙杧。白象牙杧原产于泰国，20 世纪 30 年代引入海南，是海南和云南的主要商业栽培品种之一。果基圆，果顶呈钩状。

（4）金煌杧。金煌杧为我国台湾地区选育品种，果实硕大，呈长卵形或直象牙形，果长为果宽的 2 倍或更多，单果重 500～1 400 g。

（5）椰香杧。椰香杧又名鸡蛋杧，原产于印度，1963—1964 年引入海南，现在是海南西南干旱地区的主栽品种之一。果实呈卵形或长卵形，果皮较厚，单果重可达 200 g。

（二）繁殖方法

目前杧果树繁殖都采用嫁接技术，嫁接可以提供大量繁殖优良种苗。

（1）选地。苗圃地应远离杧果园，以减少病虫害传播，培育无病虫害的苗木。同时，苗圃地还要交通便利，排灌方便。苗圃地应选择背风向阳、背北向南、日照充足的缓坡地，地下水位在 1.5 m 以下。苗圃地以沙质壤土、pH 为 5.5～6.5 为宜。

（2）种子处理。杧果树的种子不耐贮藏，更不能在阳光下晒干。成熟的种子从果实中取出后，应随即播种，以免影响发芽率。杧果树的种子需经剥壳处理，以种仁播种才易发芽且整齐。种仁取出后，可放在沙床上催芽，待萌芽后移入苗床，也可将剥壳后的种仁按 15 cm×20 cm 的规格直接播种于大田苗床上。

① 沙床催芽。沙床要设在较阴凉的地方，沙厚 10～12 cm。为了方便管理，畦面宽 80～100 cm。另外，也可在田间苗圃的苗床上加盖遮阳网，防止烈日直接照射和暴雨冲刷，有利于幼芽正常出土成苗。

② 种子消毒。播种前，先用 50% 的多菌灵可湿性粉剂 800～1 000 倍液处理。播种时，将种仁平放在沙床上，一个接一个铺平，再用细沙覆盖，厚度以高于种仁 1 cm 左右为宜。然后浇透水，再用薄膜覆盖畦面，注意保持土壤湿润。

③ 分床移植。一般催芽 7 d 后，种子开始顶出土面；15 d 后，幼苗基本上出齐。幼苗呈紫红色、叶片尚未展开时即可分床移植，此时，移苗的成活率最高。移植规格（长度×宽度）为 20 cm×15 cm，每亩可育苗 8 000×10 000 株。移苗时，将小苗连同种仁取出后植入苗床，多胚的种子要小心分株。移栽时，根系要舒展，主根过长的，可适当短截主根，促发侧根。覆土盖过幼苗的根颈便可。

④ 苗圃管理。要注意遮阴防晒。移苗时正是高温烈日季节，最好用 50%～60% 的遮阳网作为荫棚，以防日灼。1 个月后，幼苗稳定生长，然后将遮阳网揭去。

移植后，要保持土壤湿润，遇到天旱时，必须每天淋水 1～2 次，至幼苗恢复生长后逐渐减少淋水次数。植株开始抽出新梢时，可施稀薄粪水或1%的尿素溶液。每抽梢1次需施肥2次，促使幼苗快速生长。为了防止土壤板结，要常松土、除草，用稻草等有机质覆盖畦面。

（3）幼苗嫁接。当砧木培育到茎秆粗（离地15 cm处）1 cm时，便可进行嫁接。

①接穗的选择。在优良的母株上，选择一年生向阳部位的老熟枝条上无病虫害、芽眼饱满突出的顶芽或侧芽作为接穗，这样的接穗嫁接成活率高，成苗健壮。接穗采集后，将叶片剪去，装入塑料薄膜袋中保湿，避免日晒。最好即采即接，若是备用的，可放在阴凉的地方用湿沙贮藏。

②嫁接的方法。嫁接的方法有多种，如补片芽接法、芽接法、枝接法。近年来，补片芽接法得到广泛应用，此法愈合好，接穗利用率高，且具有便于补接等优点。嫁接方法如下：在砧木离地面约30 cm的主干处，选择平整、光滑的部位横切一刀，再左右顺向各纵切一刀，深度为至形成层。开位后，从上面将皮层剥开并切除，形成一个宽约0.6 cm、长1.5～2 cm的长方形芽接位。芽接位大小视苗木大小而定。再削取略短小于芽接位的芽片（方法与砧木一样），揭开芽接位的皮层，把芽片放于中间，注意芽片不要倒置。接好后，用塑料薄膜把芽接位由上而下缠扎密封，芽成活后分次剪去嫁接位以上的砧木即可。

③嫁接苗的管理。

A.解绑与补接。若选用嫁接专用薄膜带，则接后不用解绑，其芽会自行穿出。若选用一般塑料带包扎，则当芽眼饱满突出时，要解除芽眼部位的塑料带，让其自然伸出，等芽长出新梢时再解绑。解绑时，用刀轻轻地在接口背面将塑料带割断，不要靠近接口，不要割到皮层。对嫁接不成活的植株，要及时补接。

B.剪砧。对补片芽接的植株，已嫁接成活的，在芽接位上4～5 cm处剪砧，促使接芽萌发。

C.除萌蘖。从砧木基部或剪口上方容易抽出大量叶蘖芽，须及时摘除，以免叶蘖芽和接芽争夺养分，影响接穗萌发。

D.肥水管理。接芽后，要保持土壤湿润，适当淋水。在接芽萌动后，薄施1次速效化肥，以后每抽1次梢后施1次肥，并注意预防钻心虫为害新梢。

E.苗木出圃。

a.出圃时间。出圃时间根据栽植时间而定。杧果树种植有两个时期，即春植和秋植，故苗木出圃也分春、秋两个种植期。春季出圃在3月上旬至5月上旬，这时出圃气温逐渐回升，雨水多，既可节省淋水劳动，又适合苗木生长的要求，因此，移植多在春季进行。若采用秋植（8—9月），因为天气较干燥，阳光强烈，成活率较春植略低。要选择在台风后种植。

b.出圃规格。苗木生长健壮，达到一定的高度和粗度；嫁接口愈合良好；无严重病虫害，特别是检疫性病虫害。

c.起苗。起苗有两种方法，即带土起苗和不带土起苗。对于带土起苗，起苗前，苗地的土壤要充分湿润，减少伤根。起苗应在晴天进行。起苗后立即用稻草或薄膜袋包扎好，然后剪去 1/3 的叶片和未转绿的新梢。对于不带土起苗，要在起苗前淋透水，便于起苗时保留更多的须根。起苗后，应剪去 2/3 的叶片和新梢，然后根部蘸稀泥浆来加以保护，用薄膜包扎根部来保湿。

（三）栽培管理

1. 建园

（1）园地的选择。杧果树生长要求阳光充足，它喜温暖，忌霜冻、低温的环境，故建园时，应选择向阳、土层深厚、排水方便、有灌溉条件的平原或丘陵地。同时，为了今后管理方便、降低成本，还要考虑园地的交通条件和设施。

（2）果园的规划。做好土地的基础设施建设，按照地形、地貌安排好排灌系统、道路系统和果园的配套设施，划分好种植区域，在风口的位置还应设置防护林，以达到保水、保肥、保土的目的。

2. 定植穴的准备

定植穴的规格可按不同的土质分别对待。在土层深厚、土质疏松的土壤上，定植穴可浅挖，土势较低的甚至可用墩式种植；如果在黏质泥土或浅层有硬砾的土壤上，则必须挖穴种植，一般穴的大小（长度 × 宽度 × 深度）为 100 cm × 100 cm ×（60～80）cm。回填土时，应先将杂草放在穴底，表土和底土分别与等量的腐熟有机肥混合后填回。每个定植穴需肥料如下：有机肥为 25～30 kg，石灰为 1 kg，磷肥为 1～1.5 kg。回填土面应高于地面 20～30 cm，等定植穴中的腐熟有机肥和土壤下沉稳定后，方可进行定植。

3. 种植密度

杧果树是一种速生快长的高大乔木果树，枝条生长迅速，树冠形成很快。为了使果实的产量高、品质好，按不同的品种采用不同的种植密度，以亩植 40 株为基础，即 5 m × 3.3 m（行距 × 株距）较为适宜。

4. 定植

一般杧果树种植以春季为宜，当寒潮已过、气温明显回升、空气湿度大、果苗新芽尚未吐露时栽种，成活率高（3—5 月种植最适宜）。秋植时气温高，杧果树容易发梢，但天气较干旱，日照又强，蒸腾量大，应选择有秋雨时种植，方能提高成活率。

种植时，应将每个叶片剪除 2/3，以减少水分蒸腾，保持地上部和地下部的生理平衡，有利于苗木成活。定植时，应把苗木放在定植穴中间，注意不要弄破带土苗的泥团，在泥团周围培上细土，培土深度以培至根颈为宜。定植后，要淋足定根水，以后视天气情况确定淋水次数。在天气晴朗的情况下，每隔 2～3 d 淋水 1 次，保持土壤湿润，直至植株恢复正常生长。

5. 施肥

定植成活后，即可对幼树施肥，每隔 30～40 d 施肥 1 次，以水肥为主，主要施加磷肥和氮肥，适当添加钾肥，通常用磷∶氮∶钾为1∶2∶1的混合比例。如果施用干肥，则要在距离树干20 cm以外挖条状沟或环状沟，将肥料均匀地撒施在沟内，覆土后淋透水。

结果树对氮、钾、钙的消耗量较多，一般来说，对结果树合理施肥时，其氮、磷、钾、钙的比例应是6∶4∶9∶6或6∶3∶10∶6。在生产实践中，除上述4种大量元素之外，杧果树对于微量元素（如锰、硼、锌等）也是敏感的。如果土壤中缺乏这些微量元素，结果树往往会出现生理病害。结果树的施肥时期应该以杧果树的生理表现为依据。

（1）壮花肥。在2月底3月初现蕾前施壮花肥，目的在于提高树体营养水平，促进花穗发育，增强其抗寒能力，提高坐果率。肥料以速效氮肥为主，配合磷钾肥施用，施肥量约占全年施肥量的30%。

（2）壮果肥。在谢花后小果期施壮果肥，可根据长势和结果情况等，以钾肥、钙肥为主，适当配合氮肥，施肥量占全年施肥量的5%～10%。另外，也可以结合防病喷洒农药时，加喷0.3%的磷酸二氢钾作为根外追肥，必要时，还可补充硼等微量元素。

（3）采后（前）肥。其主要作用是采果后使长势迅速恢复，促发健壮秋梢和早冬梢作为来年的结果母枝。施肥的时间视杧果树品种和肥料品种而定，对早熟的品种，可在采果后及时施用速效肥料；对晚熟的品种，无论速效肥料还是迟效的有机肥，都应在采果前施用。要求8月下旬前施用完毕，以保证杧果树在9月上中旬能抽生第1次秋梢。这次肥料以有机肥为主，结合钾肥、磷肥和速效氮肥一同施下，施肥量占全年施肥量的50%以上。

（4）越冬肥。在11月中下旬施越冬肥，以促使冬梢迅速老熟，有利于花芽分化，增强其抗寒能力，还可以部分提供来年开花期的养分供应。这次肥料以迟效的有机肥为主。

6. 水分管理

幼树的树穴要保持湿润，在树墩上用山草或禾草覆盖，以减少土壤中水分的蒸发和避免表土板结。同时，还要注意雨天及时排水，以防积水导致烂根。

在小果膨大期，雨量较充足，无须灌溉。但在果实发育中期，往往会由高温骤雨导致裂果和落果，这时应注意适当灌溉，经常保持土壤湿润，防止土壤干湿变化过大造成产量损失。在果实发育后期至采收前，需要有较干燥的环境，这样有利于提高果实的品质和商品价值。在采后修剪促梢时期，应保持土壤中有足够的水分，以促使秋芽萌动、秋梢整齐抽生和健壮生长发育，因此，要进行灌溉，使土壤保持湿润。

7. 土壤管理

杧果树在含有机质和通透的土壤环境中才能生长良好。增加土壤中的有机质、改善土壤性状是杧果树栽培中一个十分关键的技术环节。主要做法如下：不进行铲草，有意识地保留矮生的杂草作为植被，但那些高大的、影响植株采光的、攀缘性的、碍耕性的杂草必须除掉。在冬季也须进行全面清园，将杂草清除，以减少虫源、病源和病虫越冬的场所。

8. 修剪

结果树的修剪方法和强度，应按照品种、树龄、长势、种植密度、园地条件、管理水平等方面的不同而有所区别。修剪方法如下：首先除去过密、过多的主枝，调整骨干枝的部位和数量，然后剪除上述对象枝条，按照不同品种和对树形的要求，对长枝进行回缩、短截，并将外围结过果的残枝在其下密节处短截。杧果树的修剪按时间，可分为春季修剪和秋季修剪。

（1）春季修剪。在抽穗至开花期间进行疏花，疏去过多的花穗，一般使花穗在末级梢上抽生占70%即足够，应使其余30%抽生春梢，保证有一定的营养生长量。如果花穗过长，应疏去部分小花枝，保留1/2～2/3的花量已足够。如果在幼果期坐果太多，应及早把部分小果疏去，每穗仅留5～6个发育较好的小果观察，以待日后稍大时再决定其去留。同时，还应及时剪除空怀的花枝、病弱枝，防止果实与之碰撞、摩擦，影响果实的外观。结果偏少的幼龄结果树往往会抽生夏梢，其对养分的竞争会引起大量落果，严重影响本来已偏少的结果量。因此，为了保证果实的正常发育，在夏梢萌发3～5 cm时，应进行抹梢。

（2）秋季修剪。秋季修剪一般在采果后进行，有促进秋梢抽生的作用。采果后，要求最少要培育2次秋梢的抽生，末次梢的抽生不应迟于11月上旬。因此，秋季修剪应力争在8月底9月初完成。

9. 控花疏果

应采取适当的措施控制花期，推迟开花，以避开不良气候的影响。一般摘除顶生花序，使侧芽重新分化花芽，这样可使花期延迟1个月左右。其方法是，将早抽生的花穗从基部抹掉，让杧果树在基部的侧位重新抽生花穗。如果初生花穗抽生过早，也可以从基枝花穗以下的几个芽位处短截，促进侧芽再抽生花芽。抹芽应在花蕾伸长至7 cm之前及时进行，否则养分消耗过多，再生花芽的花质变弱，影响坐果和果实的品质。如果抹除花穗后气温高，花穗抽生快，则可重新将新抽出的花穗抹去，一般可连续抹2～3次。在2月中旬及以后抽生的花穗，小花可在3月下旬和4月上中旬开放，这时的气温最适合杧果树授粉坐果。因此，在2月中旬以后，控花即应停止。

花谢后30 d内，幼果如花生大小时进行疏果，保留个头较大、色泽嫩绿、生长活力强的幼果。此外，在果实生长中期，定期疏除部分过密的果、病虫果、畸形果，提高果实品质。

10. 套袋护果

6月上旬，当果实生长至鸡蛋般大小时，应进行套袋护果。套袋护果可起防止害虫侵害、减少病害感染、降低机械损伤、提高果实品质的作用。套袋前，要进行1次喷药防病，喷药后当天套袋完毕，以避免病菌再度侵染。

（四）病虫害及其防治

1. 病害

（1）白粉病。

主要症状：白粉病是杧果树花期的一种重要病害，危害花序。花柄和萼片最易感病，当这些器官感病后，花蕾停止发育，病部覆盖白粉霉层；花序基部先变为褐色，逐渐整个花枝变为褐色，引起落花。当月平均温度为 21 ℃～ 22 ℃时，白粉病最易发生。

防治措施：可选用 25% 的丙环唑乳油 1 500 倍液或 20% 的三唑酮乳油 1 000 倍液，或 40% 的氟硅唑乳油 8 000 倍液进行喷雾防治。

（2）炭疽病。

主要症状：炭疽病主要危害叶、枝梢、花穗和果实。花梗和小花可受侵染，小花受侵染后，常变黑、凋萎、脱落。在高温、多雨、雾重、闷热潮湿的天气，炭疽病最易发生。

防治措施：可选用 10% 的苯醚甲环唑可湿性粉剂 1 500 倍液或 25% 的咪鲜胺乳油 1 000 倍液，或 25% 的丙环唑乳油 1 500 倍液进行喷雾防治。

（3）畸形病。

主要症状：畸形病主要危害花序。被害花序呈畸形、簇生，节间缩短，鳞片肿大，不结果。新梢受害后，节间缩短、肿大，叶片小、簇生、畸形、枯死。病树的长势减弱，结果少。

防治措施：加强对新栽植苗木的检查，发现感病苗木时，要立即清除并烧毁。严禁到已发病的果园内采集接穗和种子，不在病树周围建立苗圃。经常巡视果园，发现发病花序和枝梢时，要及时剪除，并带出园外烧毁，防止病菌传播。修剪时，要做好工具的消毒工作，防止人为传播。

（4）速死病。

主要症状：速死病主要危害主枝和侧枝。发病树首先出现叶片枯萎，一条主枝或侧枝青枯腐烂，腐烂部分有强烈的酒糟味。树体中流出大量胶状物。严重时，整株树急速青枯死亡。

防治措施：加强对果园的巡查，发现枯枝时，及时将其锯掉，锯口应在枝条形成层不发黑的部位以下。然后沿树冠滴水线挖沟，用 20% 的噻菌铜悬浮剂或 20% 的叶枯唑可湿性粉剂 300 倍液灌根。

2. 虫害

（1）蚜虫。

主要症状：蚜虫属于常发性主要害虫。其成虫、若虫常群集于花穗，吸食组织汁液。受害花穗失水萎缩，影响花的正常发育，引起大量的落花。同时，蚜虫还分泌蜜露，诱发煤烟病。

防治措施：可用 70% 的吡虫啉可湿性粉剂 8 000 倍液、4% 的阿维·啶虫脒乳油 1 000 倍液或 10% 的烯啶虫胺水剂 2 000 倍液进行喷雾防治。

（2）横纹尾夜娥。

主要症状：此虫可蛀食嫩梢和新抽出的嫩花序，导致枯梢、枯序，影响植株生长。

防治措施：在杧果树的缝隙、残桩腐木和土表收集虫蛹，并在树干上捆缚稻草或椰糠、木屑等，引诱其幼虫化蛹，8～10 d 搜捕 1 次，消灭早蛹；在嫩梢或花序为 3 cm 时喷杀虫剂（50% 的稻丰散 800 倍液）毒杀，每隔 10 d 喷 1 次，连续喷 2～3 次。

（3）扁喙叶蝉。

主要症状：此虫通常在开花期发生较多，为害花穗，在海南杧果树常常因受其为害而无收获。此虫发生时，由于叶蝉的跳动，在果园里可以听到如下雨时的"沙沙"声。

防治措施：在花期密切关注虫情，一旦发现虫害，应立即喷药防治。可用15%的残杀威乳油500～1 000倍液或20%的速灭杀丁2 000倍液喷杀。

三、荔枝树种植技术

荔枝树是无患子科、荔枝属常绿乔木，高约10 m，春季开花，夏季结果，主要分布于我国的西南部、南部和东南部，广东和福建南部栽培最多。

荔枝树在生长发育期间要求高温高湿，最适生长温度为23 ℃～29 ℃，在15 ℃以下时生长缓慢。冬季要有短时间寒冷，以利于抑制营养生长，促进花芽分化。春季在10 ℃以上时荔枝树才开始开花，18 ℃～24 ℃时开花最盛。荔枝树生长需要充足的水分，要求年雨量在1 200 mm以上。荔枝树对土壤的适应性较强，但以透气性良好的沙壤土和红壤土更为理想，荔枝树喜微酸性土壤。

（一）品种选择

海南目前主推的荔枝品种有妃子笑、白糖罂、紫娘喜。

（1）妃子笑。妃子笑原产于广东，果实近圆形或呈卵圆形，果大，单果重23～31 g，果皮呈淡红色，果皮薄、果核小、果肉厚。

（2）白糖罂。白糖罂，别名为蜂糖罂，主产于广东，果实呈心形，果大，单果重约24 g，果皮呈红色，果皮薄、果肉厚。

（3）紫娘喜。紫娘喜原产于海南，果特大，单果重55～60 g，果皮呈鲜紫色或红色，果肉较厚。

（二）繁殖方法

荔枝树的繁殖方法有实生、高枝压条、嫁接、扦插和组织培养等。高枝压条是我国传统的荔枝树育苗方法。近年来，嫁接得到广泛推广。

（三）栽培管理

下面着重介绍嫁接苗的栽培管理技术。

1. 定植季节

根据当地的气候条件确定适宜的定植时间，一般为春植（2—5月）或秋植（9—10月），选择在苗木新梢老熟后至萌芽前进行定植为好。

2. 选地、整地

（1）选地。选择的地块阳光充足，地形开阔，水源充足，排灌方便，田间道路配套完善，适宜苗圃地建设的作业需要。在坡度为5°以下的坡地，采用等高种植；在坡度为

5°～20°的山地、丘陵，应建梯田种植。

（2）整地。根据园地的实际情况进行开垦与整地。土壤黏结性要适合嫁接苗生长和起苗固土，并根据土壤肥力，进行增施腐熟牛粪、复合肥。土壤培肥熟化工作2个月后可进行定植穴准备，定植穴一般宽80 cm，深60 cm。定植穴经暴晒后回填，每穴施土杂肥30～50 kg、过磷酸钙150～250 g、复合肥150 g，填入部分表土与肥料充分拌匀，再在上面覆加15～20 cm厚的表土。

3. 种植密度

根据果园的地力、水源条件、坡度和管理水平、品种确定种植密度，采用计划密植（先密植，待树冠交叉后再进行间伐）。一般株行距为3 m×4.5 m、3 m×5 m、4 m×4 m、4 m×5 m、4 m×6 m，亩植28～50株。

4. 施肥

荔枝树定植成活后，第一次施肥应在定植后第二次新梢抽芽时进行。一般在荔枝树生长出一个枝梢时施肥2次，即在枝梢顶芽萌动时期进行第一次施肥，在枝梢叶子由红转绿时进行第二次施肥。对于定植当年的荔枝树，施肥量要控制为尿素每株20～25 g、复合肥每株25～30 g、完全腐熟的人畜粪水每株2～3 kg。荔枝树定植2年后，要逐渐增加施肥量，一般比第一年增加1～2倍。

在果实发育期，一般施肥2次，第一次为谢花肥，第二次为壮果肥。谢花后，施以钾肥为主的速效肥或充分沤熟的优质有机肥，每株施约10 kg。壮果肥以复合肥为主，配合施磷钾肥，每株施复合肥1～1.5 kg、过磷酸钙0.5 kg、硫酸钾0.5 kg。

5. 水分管理

水分是荔枝树体的重要组成部分。幼年荔枝树根少且浅，抗旱能力弱，发生干旱时，需及时适量灌水，每5～7 d灌水1次，灌水量以淋湿根系主要分布层（10～30 cm）为限。在秋梢抽发生长期、花穗生长期、开花期和果实发育期多日无降水时，需适量灌水，每7～10 d灌水1次，灌水量以淋湿根系主要分布层（10～50 cm）为限。如遇持续雨天，需要及时排水。

6. 土壤管理

传统改良土壤常用的措施有深翻扩穴和利用行间空地间作以获利。在幼龄园，每年宜全面深翻施肥，以改善土壤结构和提高土壤肥力；进入结果期之前，树冠和根际的分布范围较小，可合理利用株行间隙地间作其他作物，以增加果园早期的收益。在新定植的荔枝园，可间作矮秆和有土壤改良作用的花生、黄豆、蔬菜等。

7. 除草

荔枝树的根好气，除草松土有助于土壤疏松，透气能促进根系的发育。对幼龄树，可结合间作物的管理进行除草松土。夏秋季高温、多雨，杂草生长快，土壤也易板结，除草松土次数宜多；冬春季气温低、干旱，杂草生长慢，除草松土次数较少。

8. 整形

树冠表面结果是荔枝树结果的主要特性，丰产型的树冠多为半圆球形或圆锥形。从种植当年起，就要注意培养矮干3～4条主枝的半圆球形树冠。当主杆高30～60 cm时，截顶，促使分3～4条方位分布均匀的一级分枝。当主枝的一级分枝长40～50 cm时，再截顶，促使分生3条二级分枝（副主枝），其中前端的1条不截顶，使其向外延伸，其下2条再截顶，形成三级分枝。侧枝、主枝和许多大侧枝构成树冠的骨架，故称为骨干枝。三级分枝再截顶，分生四级分枝。如此再进行2～3次，形成紧凑的树形，增加结果母枝的数量。主枝与副主枝的分枝角度如果过小（小于45°），则可用拉绳或吊石的办法调整。通过人工控制，荔枝树形成开张的半圆球形树冠。骨干枝的培养必须从幼苗期开始做起，否则对树体的结构、长势、发育和结果都有一定的影响。特别是对于枝条疏而长的品种（如妃子笑等），必须在幼龄期做好树形的培养。

9. 套袋

有条件的果园，可在果实约五成熟，果实基部开始转红时进行果穗套袋，这既可防病、防虫，又可防蝙蝠，保湿降温，防止暴晒伤果，减少蒸发，提高袋内的温度，促进果实成熟。可用专制的果实袋或透明塑料薄膜袋，或半透明的硫酸纸袋，袋呈圆筒形，长30～40 cm，宽20～25 cm，按果穗长短、大小而定，其上打一些直径为0.5 cm的小孔，套上果穗上部，下部略打开。套袋前，先喷防病防虫农药。采果时，将果穗和袋一起摘下。

10. 防寒

荔枝树属亚热带果树，性喜温暖，冬季气温低时易受冷害，尤其是幼年树，发梢次数多，停止生长晚，寒冷前枝叶未能充分老熟，抗寒能力差，需注意防寒护树。冬季来临前，用绿肥、杂草等覆盖于根生长范围内的表土面，以提高地温。保护根系时，用石灰、石硫合剂、植物油、食盐和水按10∶1∶0.1∶0.1∶40的比例配制成涂白剂，涂抹树干。

（四）病虫害及其防治

1. 病害

（1）荔枝霜疫霉病。

主要症状：该病主要危害果实，也危害花穗和嫩叶。病部呈水渍状，病原菌致使花、果腐烂或干枯。连续数天下雨，湿度大，气温为22 ℃～25 ℃，通风透光性差的果园发病迅速，特别是在果实着色后，发病更重。

防治措施：用62%的甲霜灵锰锌可湿性粉剂600倍液喷施。

（2）炭疽病。

主要症状：果实发病时，病斑呈圆形、褐色，边缘呈棕褐色，中央产生橙色黏质小粒，受害果肉变味腐败，长势衰弱，可形成枯梢或小枝和叶片变为褐色、枯死。初侵染源主要是树上的病枝叶。当气温为24 ℃～28 ℃时最易发病。

防治措施：做好冬季清园工作，及时剪除并烧毁病叶和枯枝；可用50%的多菌灵可湿性粉剂600～800倍液和50%的咪鲜胺锰盐可湿性粉剂1 000～2 000倍液喷施。

（3）藻斑病。

主要症状：该病主要发生在成叶和老叶上，且主要发生在叶片表面，偶尔发生在叶片背面。发病初期，在叶面上产生淡黄褐色针头大的小圆点，其逐渐向四周扩展或呈辐射状扩展，形成毛毡状斑。随着病斑的扩展，病斑中央逐渐老化，呈灰绿色或橙黄色，有的表面平滑，色泽较深，边缘保持绿色。

防治措施：修剪疏通树冠，收集并烧毁病枝、落叶；可用30%的氧氯化铜悬浮剂600倍液或50%的嘧菌酯可湿性粉剂3 000～4 000倍液喷施。

2. 虫害

（1）荔枝蝽象。

主要症状：该虫每年发生一代，以性未成熟的成虫越冬。2—4月交尾，3—5月产卵最盛。初孵若虫在数小时后分散取食，为害嫩梢、花穗和果实，导致枯梢、落花、落果。

防治措施：人工捕杀越冬成虫；可用90%的敌百虫晶体800倍液喷杀；在荔枝蝽象产卵初期，放平腹小蜂进行生物防治。

（2）荔枝蒂蛀虫。

主要症状：该虫又名爻纹细蛾，以幼虫在荔枝树的冬梢或早熟种荔枝树花穗的穗轴顶部越冬。越冬成虫出现于3月底4月初，卵散产于果实龟裂片缝间或花穗、嫩梢上。幼虫孵出后自卵壳底部蛀入果实或嫩梢内取食，造成落果、虫粪果、花穗或嫩梢干枯，老熟幼虫在郁闭的叶片上结茧化蛹。

防治措施：及时剪除被害枝条并集中烧毁，清除虫害落果，减少虫源；可用农斯特（40%乳油）1 000～1 500倍液，或虫地乐（55%乳油）1 500倍液，或阿锐宝（4.5%乳油）1 000～1 500倍液喷杀。

（3）荔枝小灰蝶。

主要症状：该虫一年发生3代。第一代幼虫在4—5月为害早熟种果实，一般从果实中部钻入，蛀食果肉、果核和果壳。其蛀孔呈圆形，周边整齐、光滑，蛀孔内不附虫粪，可造成落果。一条幼虫能使2～12个果实受害。

防治措施：及时剪除被害枝条并集中烧毁，清除虫害落果，减少虫源；可用90%的敌百虫晶体800倍液、25%的杀虫双水剂600倍液，或90%的敌百虫晶体800倍液、40%的氯吡硫磷乳油1 000倍液喷杀。

（4）荔枝瘿螨。

主要症状：该虫每年发生10代，以成螨和若螨在叶片或枝条上越冬。该虫4月开始大量繁殖，5—6月为害最盛，以若螨、成螨吸食荔枝树叶片、嫩梢、花穗、果实中的汁液，被害部位呈黄色至褐色毛毡状。

防治措施：清园，剪除并焚烧被害的叶片，减少虫源；可用73%的克螨特乳油2 000～3 000倍液或20%的哒螨酮乳油2 000倍液喷施。

（5）荔枝叶瘿蚊。

主要症状：该虫严重为害叶片，以低龄幼虫在荔枝树老叶的虫瘿内越冬。老熟幼虫在2—3月离瘿入土化蛹，4月上中旬，成虫从土壤中羽化飞出并在幼叶上产卵、孵化后，幼虫直接从嫩叶背面潜入叶肉。

防治措施：在采果后和冬季清园时，把树冠内膛荫蔽枝、弱枝、病虫枝叶剪掉；加强果园栽培管理，合理施肥，促进各期新梢抽发整齐，恶化荔枝叶瘿蚊产卵繁殖条件；可用10%的氯氰菊酯乳油3 000～4 000倍液或40%的氯吡硫磷1 000～1 500倍液喷施。

四、龙眼树种植技术

龙眼树是无患子科、龙眼属植物，是原产于我国南方的亚热带珍贵果树，龙眼（桂圆）被国人视为珍贵补品。龙眼除鲜食以外，还可制罐、膏等，龙眼干是我国传统出口商品。此外，龙眼树还是优良蜜源植物。龙眼树形状美观，是很好的园林树种。

龙眼树喜高温高湿，在年平均温度超过20 ℃的环境下生长发育良好。龙眼树在6—8月的生育期需要较多的水分，以促进根系与地上部分的正常生长和果实发育。根系又忌长期积水，否则会导致根系呼吸不畅，甚至腐烂。光照有助于龙眼树进行光合作用，增加有机物积累，有利于花芽分化，促进果实发育，提高果实的品质。风可以调节果园的气候环境，风力有助于传播花粉。但是若风力过大，容易导致落花、落果。龙眼树对土壤的适应性较强，只要是土层比较深厚（1 m以上）的壤土或沙壤土，土质疏松，通过果园土壤改良，在正常管理条件下都能获得较高的产量，但在过黏或过沙的土壤中一般不宜栽培龙眼树。

（一）繁殖方法

龙眼树的繁殖方法有嫁接、高枝压条和扦插等。高枝压条是中国、泰国等龙眼产区传统采用的方法。我国各主产区自1980年以来先后开始采用嫁接繁殖。

（二）栽培管理

1. 选地

龙眼树可种植在山地、平原上或山脚下，禁止选择相对潮湿、低洼的地区，要能够获取足够的光照，保证环境具备良好的通透性；土壤的肥沃度要高，土层较为深厚，保持土壤松散；要为龙眼树的生长提供充足的水源支持，在旁边应设置供水与排水系统。

2. 定植季节

通常条件下，龙眼树的定植大都在春季进行。春季气温会逐渐升高，雨水量相对充足，有利于为龙眼树的生长提供所需的水分，可促使龙眼树快速生长，大大提高其成活率。

3. 整地

定植时，定植穴的规格（长度 × 宽度 × 深度）为85 cm × 85 cm × 65 cm，并施用一定的底肥，包括绿肥 10 kg、有机肥 26 kg、生石灰 0.6 kg。此外，还要在上层覆盖腐熟肥料，即将畜禽类的粪便通过腐熟后再使用，用量控制在 12～61 kg，并进行表土回填。30 d 后，定植穴内就含有足量的有机物质，可提升土壤的肥沃程度，使土壤具有良好的透气性，有利于龙眼树的生长。

4. 种植密度

种植龙眼树时，应保证合理密植，株行距为 5 m×5 m，亩植 30 株左右。

5. 定植

除了冬季不种植外，在其他季节都可种植。一般以春季（春梢未抽出生长前）定植最好。定植以定植穴的松土下沉坐实后，根颈与地面相平或深入地面 3～5 cm 为宜，使土壤与根系充分接触，并淋足定根水。定植后淋水可使土壤保持湿润。注意尽量避免在雨天种苗，种植带泥苗时不能把泥团弄散，种植裸根苗时要使根系充分外展、分布均匀。

6. 施肥

对于幼龄龙眼树，在不同的生长时期，施肥方法不同。新植幼树的新根少且很弱，施肥应以勤施、薄施为原则。小苗第一次新梢老熟抽发二次新梢时开始施肥，以后每次新梢萌发前和老熟时各施肥 1 次，即"一梢二肥"，或每个月可追肥 1～2 次，以速效氮肥为主，配施磷钾肥。每次每株施复合肥 25 g + 尿素 25 g，每次喷农药防病虫时加入高效叶面肥喷施，有利于幼龄树生长，但应随着树冠叶面积的扩大而逐步加大施肥量。

秋梢肥可分 2 次施用：第一次肥在收果前后一个月内（7 月下旬至 8 月下旬）施完，宜早不宜迟，要求施肥量充足，速效肥和缓效肥、有机肥和化肥结合施用，以满足秋梢在整个生长过程中对肥料的需求；第二次施肥在 9 月下旬至 10 月初进行，目的是促进末次梢萌发生长，只施速效肥，而不偏施氮肥，避免末次梢徒长。施肥后若遇干旱，应灌水，以促进肥料的吸收利用。

（1）壮花肥。第一次在 2 月下旬至 3 月上旬，花穗长至 10～12 cm 时，按株产 25 kg 挂果计算，每株施氮磷钾（配比 15∶15∶15）复合肥 1～1.5 kg。若植株生长旺盛，无缺肥表现，则这次可不施肥。第二次在花穗已分化完成，大部分花蕾已饱满，花穗不会出现"冲梢"危险的开花期前施用（3 月下旬至 4 月上旬），有机肥大部分在此期施用。按株产 25 kg 计算，每株施腐熟鸡粪 5 kg、硫酸钾 0.4 kg、钙镁磷肥 0.5 kg、尿素 0.1 kg。

（2）壮果肥。在 5 月中旬至 6 月上旬，第一次生理落果结束，第二次生理落果开始前（小果为黄豆大小时）施肥。这次施肥视有无挂果、挂果多少而定。按株产 25 kg 计算，每株施复合肥 1 kg、硫酸钾 0.3 kg、尿素 0.3 kg、钙镁磷肥 0.25 kg。

7. 灌水和排水

龙眼树在秋梢生长期经常遇旱，应及时灌水和覆盖，以保证秋梢生长期的水分供给，抽发 2～3 次强壮秋梢。在果实发育期，若雨水过多，要注意及时排除积水。遇旱时更要及时灌水保湿，确保果实正常发育。

8. 土壤管理

在种植过程中，要深翻改土，扩穴施肥，增加土壤中的有机质含量。深翻改土工作从定植第二年起，一年四季均可进行。在一些丘陵、山地种植龙眼树时，定植后的 1～2 年，其根系基本上已经布满定植穴。为了促进树体的快速生长，要及时对土壤进行深翻，疏松土层，在土壤中施用绿肥以及其他有机肥等，提高土壤肥力。一般每亩园区撒施土杂肥或圈肥 3 000 kg 即可，同时，还要根据土壤的 pH 情况，在土壤中施用过磷酸钙或钙镁磷肥，具体的用量根据土壤情况确定。

9. 除草

一般出苗之后，周围的杂草也会一并生长。杂草会与龙眼树争夺土壤中的营养物质，如果不加以管控，很容易出现草荒，给龙眼树的生长带来严重影响。除草工作应该被当作日常工作，定期进行。在除草的过程中，可以采用除草剂，如草铵膦、草甘膦等，它们都是常用的龙眼树园区除草剂。在使用除草剂时，要对除草剂的浓度进行控制，一般每亩园区喷洒 1.5～2 kg 浓度为 10% 的草甘膦。

10. 修剪

幼龄树早期枝叶很少，可保留多条主枝。随着树冠的增大，逐步疏去分枝少、较直立或过于下垂的主枝，保留 3～5 条分布合理的分枝作为主枝。

结果树秋季修剪是全年最重要的修剪，修剪时要注意以下两点：一是修剪工作要求在短时间内完成，修剪量取决于修剪时间和植株长势，一般早剪，或长势壮的应重剪，否则轻剪。以末次秋梢老熟后，秋梢基部叶片能接受光照为宜。二是在每次新梢萌发生长初期，及时抹除分枝过多的嫩梢。当新梢转绿老熟时，剪除过密的枝条和一些残枝、弱枝，此时应轻剪。

龙眼树春季修剪在 3 月下旬与疏花同时进行，修剪时要求剪除枯枝、病虫枝、过密枝和弱枝，以减少消耗，疏通树冠，创造良好的通风、透光条件；夏季修剪在 6 月上旬结合疏果进行，主要是去掉发育不良、畸形的春梢和过密的夏梢，促进夏梢抽生。

11. 控冬梢促花

（1）培养健壮的秋梢，疏通树冠。

（2）用药剂控制冬梢。这是当前生产上普遍使用的方法，主要药剂有乙烯利、多效唑、龙眼控梢促花素和冬梢净等。

方法如下：在末次梢老熟时喷 1 次龙眼控梢促花素，隔 20 d 复喷 1 次，可有效控制冬梢生长。在 11 月中旬至 12 月，若有少量冬梢出现，则用冬梢净杀梢；若冬梢大量萌发，则在冬梢萌芽至幼叶未展开前，用 250 mg/L 的乙烯利喷 1～2 次控梢。注意：龙眼树对乙烯利很敏感，要严格控制使用浓度，一般不宜超过 300 mg/L，使用次数不超过 2 次。

（3）人工摘冬梢。在冬梢萌发生长至刚展叶时，摘梢是一种安全、可靠的方法，但用工多。

（4）断根抑梢。结合冬季深翻改土，局部断根，可抑制冬梢生长。龙眼树根系的抗逆性较弱，冬季不宜全园深翻。

（5）控水控肥。在11月、12月不宜施肥灌水，并及时清除树盘覆盖物，适当干旱有利于控冬梢促花。

（6）环割、环剥。龙眼树环割、环剥后的伤口愈合能力较差，它对植株根系的抑制作用很强，一般果园不宜使用。

12. 花果期管理技术

（1）促进花芽按时萌发生长。龙眼树于1月下旬至2月初开始萌发花芽，这是促进龙眼树成花的关键技术措施之一。具体措施如下：控冬梢不宜过度；遇旱灌水；轻施水肥和喷叶面肥。

（2）消除小叶对花穗造成的影响。在花穗生长发育期，若出现小叶，则及时人工摘除或用100～150 mg/L的乙烯利脱小叶。

（3）若花穗在生长发育期因遇旱或受冻等停止生长，则需及时采用灌水、施肥等方法促进花穗的生长发育。

（4）在花穗长至20～25 cm现蕾时喷1次龙眼丰产素，培养短壮花穗，提高雌花所占的比例。

13. 疏花和疏果

一般在3月中旬花穗发育刚完成至开花前进行疏花；在5月下旬至6月初小果发育至黄豆大小时疏果。具体方法和要求如下：

（1）疏去病穗、弱穗和生长不良的花穗，保留生长健壮的花穗，以减少无谓的养分消耗，提高坐果率。

（2）树冠顶部多疏，中下部少疏，以防止树冠顶部挂果过多而通顶，造成夏日直射树干，削弱长势。

（3）去外留内，去主留副，去上留下，即把树冠外围的花穗、果穗多疏一些，保留较多树冠内围的花穗、果穗；当同一级枝上有两穗或多穗时，疏去主花穗，保留副花穗；疏去上部较长的花穗，保留下部的短壮花穗。

（4）疏果时，应疏去坐果稀少的果穗，保留坐果多而紧凑的果穗。但是，如果单穗坐果过多，则应适当疏去一些侧穗，以适当减少单穗挂果量。

14. 防寒

龙眼树的抗寒能力较差，特别是尚未老熟的树梢和正在抽生的花穗容易受寒害。为预防和减轻低温伤害，首先应改善管理，以促进秋梢的充实老熟。

（三）病虫害及其防治

1. 病害

（1）龙眼鬼帚病。

主要症状：该病是龙眼树的主要病害之一，病梢丛生，嫩叶不能伸展。

防治措施：

① 培育无病良种苗木。

② 防治传病媒介昆虫，注意防治椿象、龙眼角颊木虱等。

③ 及时砍掉病树、剪除病穗。

④ 加强管理，提高植株的抗病性。

（2）炭疽病。

主要症状：炭疽病是龙眼树的主要病害之一，危害苗、枝叶、花、果，特别是幼苗。幼叶转绿前开始感病，病斑呈近圆形、水渍状、褐色至暗褐色，多个病斑联合造成叶面皱缩、扭曲、穿孔，成片受害产生黑褐色小圆斑，病斑中央呈灰白色，边缘呈褐色。后期病部长出黑色小粒。嫩梢受害时顶部先呈萎蔫状，坏死或腐烂。天气潮湿时，病部表面常可见朱红色黏孢团和白色霉层。

防治措施：在春梢、花穗期各喷药1次，主要用50%的多菌灵可湿性粉剂500～800倍液或50%的咪鲜胺锰盐可湿性粉剂1 000～2 000倍液、80%的代森锰锌可湿性粉剂400～600倍液防治。

（3）煤烟病。

主要症状：煤烟病是指在叶片、枝梢和果实上形成一层黑色霉层。

防治措施：防虫治病。可选用40%的杀扑磷乳油800～1 000倍液或10%的吡虫啉可湿性粉剂4 000～6 000倍液防治介壳虫、蚜虫。在发病初期，可用30%的氧氯化铜悬浮剂600～800倍液防治。

2. 虫害

（1）瘿螨。

主要症状：该虫主要为害新梢，节间缩短，侧枝丛生，幼叶不能伸展，卷曲皱缩，俗称"鬼梢"；被害花穗紧缩成团，呈簇生花丛，久不脱落，俗称"鬼花"，从而严重影响龙眼的产量。

防治措施：在花穗抽出初期，可选用1.8%的阿维菌素乳油4 000～6 000倍液或40%的氯吡硫磷乳油1 000倍液防治。在秋梢抽出初期，可用1.8%的阿维菌素乳油1 500倍液防治。

（2）龙眼角颊木虱。

主要症状：该虫刺吸嫩芽、嫩叶的汁液，若虫于嫩叶背面固定吸食，会引起叶肉组织变形、下陷，叶面上布满钉状小突起。严重时，叶片皱缩、变黄、脱落，影响新梢和叶片的正常生长。

防治措施：冬季清园，剪除虫枝、荫蔽枝，并喷1次4.5%的高效氯氰菊酯乳油1 000～1 500倍液+1.8%的阿维菌素乳油2 000倍液，以减少过冬虫源。在每次新梢抽生初期喷药护梢，隔10～15 d再防治1次，可选用10%的吡虫啉可湿性粉剂2 000倍液或4.5%的高效氯氰菊酯乳油1 000～1 500倍液喷雾。

（3）堆蜡粉蚧。

主要症状：其成虫、若虫一般群聚于嫩梢、果柄、果蒂、叶柄和小枝上吸食汁液，同时分泌许多白色蜡质絮状物，还可诱发煤烟病。龙眼树的新梢受害，会引起扭曲、畸形，使生长受阻，影响来年结果；果实受害，除影响外观和品质以外，还会引起落果。

防治措施：在第一代若虫孵化盛期至末期喷药2次，采取挑治或点片施药，以保护天敌。常用4.5%的高效氯氰菊酯乳油800倍液喷雾。

五、绿橙树种植技术

琼中绿橙产自五指山下、万泉河畔的琼中黎族苗族自治县。海南琼中绿橙以皮绿、橙甜、汁多、皮薄而著称全国，是海南主要的热带水果之一。绿橙耐贮藏，抗逆性强，粗生易长、丰产、稳产性好。

绿橙树适合种植在年均气温为22.8 ℃、年均日照为1 743.1 h、年均降雨量为2 000～2 400 mm、年均湿度为80%～85%的环境下。最适宜地区为海南省琼中县境内及周边市县气候相近的地区，该地区的土壤疏松、肥沃。

（一）繁殖方法

从无检疫性病虫害的健壮母株上采集接穗，以酸橘、红橘作为砧木进行嫁接繁殖。

（二）栽培管理

1. 选地和整地

（1）选地。选择土层深厚、活土层在60 cm以上、有机质含量在1.5%以上、pH为5.5～6.5的沙壤土或壤土，在果园地势上要求为坡度低于25°的平地或缓坡。

（2）整地。定植前，挖好定植穴，定植穴规格（长度×宽度×深度）为80 cm×80 cm×80 cm。然后施足基肥，每个定植穴施腐熟有机肥25～50 kg、磷肥1 kg，将肥料与表土拌匀后放入穴内，回填土高出地面10～20 cm。

2. 种植季节

琼中绿橙树在琼中地区一年四季均可种植。定植前，果园要做好灌溉准备，以备定植后和旱季灌溉。一般在每年秋季（9—11月秋梢老熟后）或春季（2—3月春梢萌芽前）种植。

3. 定植

定植时，用锄头刨开深25～30 cm的定植穴，将定植前处理的苗木放入定植穴中央。将裸根苗放入定植穴时要舒展根系，严禁根系"倒翅"。填入细土2/3时，轻轻向上提苗扶正，然后填土至定植穴满，踏实，使根系与土壤密接，浇足定根水。栽植的深度以根颈覆土高度露出地面10～15 cm、嫁接口露出地面3～5 cm为宜。将容器苗放入定植穴时，根颈露出，填入细土，使土与苗根充分接触。所填的土要与容器苗所带的营养土结合紧密，踏实，不留空隙，浇足定根水。

4. 种植密度

采用株距为3 m、行距为4 m的密度进行种植，每亩种植55～60株。

5. 施肥

苗种下后20 d左右开始施1次水肥，以后每批梢发芽前10～15 d进行1次施肥，每批梢转绿前进行1次根处追肥，即每批梢施肥2次。每年11—12月入冬后，重施1次有机肥。

琼中绿橙1～3年的幼龄树每年抽梢可达到5批次，幼龄树施肥以氮肥为主，配合磷、钾肥。单株每年施纯氮200～400 g，氮、磷、钾的比例为5∶1∶3，分少量多次施用。11—12月以施有机肥为主，适当配施磷、钾肥，每株施有机肥25～50 kg、复合肥0.5～1 kg、钙镁磷肥1～2 kg。施肥量应由少到多逐年增加。

6. 灌水和排水

苗木定植后，应防止土壤干燥，随时灌水，湿润土壤，促发新根，确保苗木成活。在春梢萌动期出现干旱时，要及时灌溉，保持土壤湿润，以提供新梢萌芽、生长所需的水分。绿橙园最忌积水，在建园规划时，应根据地势修建排水沟，在多雨季节，能及时排水，避免发生烂根或使地上部生长受到抑制。

7. 土壤管理

从定植第2年起，每年秋末冬初要进行深翻改土工作，禁止在园内种植玉米、木薯等高秆植物，做好果园合理间作和中耕除草等工作。

8. 整形修剪

幼龄树修剪宜轻不宜重，采用抹芽、打顶、疏剪、剪除、短截方法进行，以抽梢扩大树冠、培育骨干枝增粗、增加树冠枝梢叶片为主要目的。修剪的重点如下：

（1）在夏、秋梢零星抽梢长3～5 cm时进行抹芽摘除，到所要求统一放梢的时间停止，促使一、二次夏、秋新梢多而整齐，充实树冠，使幼树速生快长。

（2）对生长过长的夏、秋梢，在生长量达到20～30 cm，且顶芽尚未木质化时，摘去树冠外围延长枝顶端的2～3个芽，留8～10片叶，促使枝梢增粗、芽眼饱满，有利于分枝。

（3）对病虫枝、干枯枝、过密枝进行疏剪，以节省树体养分和减少病虫传播。

（4）对霸王枝进行剪除，以减少树体养分消耗。

（5）结合树冠整形，对主枝、副主枝、侧枝的延长枝短截1/3～2/3，使剪口处2～3个芽抽生健壮枝梢，延伸生长。

9. 控花促梢

琼中绿橙幼龄树主要以营养生长为主，若管理不适当，就会有少量开花结果。如不加以控制，势必消耗树体养分，影响抽梢和树冠扩大。因此，对幼龄树必须做好控花促梢工作。

（1）以氮肥控花。在10月下旬至11月上旬，适当重施氮肥或叶面喷施0.3%的尿素溶液，以抑制生殖生长，促进营养生长。

（2）人工疏花。在春季开花期，及时检查开花情况，采取连梢带花自基部摘除，减少树体养分消耗。

（三）病虫害及其防治

1. 病害

（1）炭疽病。

主要症状：该病常从叶尖开始，初为暗绿色，后变为淡黄色或黄褐色，叶卷曲，叶片很快脱落。

防治措施：加强栽培管理，防止偏氮肥；在春、夏梢抽发期和果实成熟前，可选用代森锰锌、松脂酸铜、代森锌、百菌清等喷布树冠，15 d左右喷1次，连续喷3～4次。

（2）脚腐病。

主要症状：该病主要发生于主干基部，引起皮层腐烂。在发病初期，病部树皮呈水渍状，有酒糟气味，颜色变为褐色，常渗出褐色胶液。

防治措施：及时排水，改善园内的透光、通风条件，加强对天牛和其他树干害虫的防治；用药剂防治，刮除病斑后涂药，常用药剂有多菌灵、甲基硫菌灵等。

2. 虫害

（1）红蜘蛛。

主要症状：叶片受害处开始时为淡绿色，逐渐变成灰白色斑点，严重时，叶片呈灰白色而失去光泽，叶片背面布满灰尘状红蜘蛛的蜕皮壳，引起大量落叶。受害嫩果表面出现淡绿色斑点，成熟果实受害后表面出现淡黄色斑点，品质变差，并因果蒂受害而大量落果。

防治措施：当年生春梢叶背初现铁锈色，叶或果上的虫口密度达每叶2～3只时应及时防治。常用药剂有噻螨酮、哒螨灵、炔螨特、溴螨酯、双甲脒等。注意保护长须螨、钝螨、食螨瓢虫、日本方头甲和草蛉等天敌。

（2）蚧虫。

主要症状：该虫常群集于枝、叶、果上。成虫、若虫以针状口器插入叶、枝组织中吸取汁液，造成枝叶枯萎，甚至整株枯死，并能诱发煤污病，危害极大。

防治措施：可用50%的敌敌畏1 000倍液，或2.5%的溴氰菊酯3 000倍液喷杀，每隔7～10 d喷1次，连续喷2～3次。

（3）蚜虫。

主要症状：受害叶的叶背有许多灰褐色蜕皮壳，严重时，叶片卷曲硬化、皱缩，新梢枯死，幼果和花蕾脱落，并诱发煤污病。

防治措施：当新梢被害率达25%时，应及时喷药防治。常用药剂有啶虫脒、吡虫啉、丁硫克百威等。注意保护七星瓢虫、大草蛉、食蚜蝇、蚜小蜂等，剪除越冬虫卵，减小害虫基数。

（4）潜叶蛾。

主要症状：幼虫蛀入新梢嫩叶内为害，形成弯曲的银白色虫道，造成叶片卷曲、硬化、早落，影响枝梢生长及产量。

防治措施：防治的重点时期为夏、秋梢抽发期（7月上中旬）。及时抹除零星抽发的夏、秋梢，结合肥水管理，促使植株抽发的新梢健壮、整齐。可采用药剂防治，当新梢抽发至1～2 cm时喷药，7～10 d喷1次，连续喷2～3次。常用药剂有阿维菌素、杀螟丹、氯氟氰菊酯等。

（5）天牛类。

主要症状：成虫将根颈部和根的树皮处咬成伤口，并产卵于其中。幼虫孵化后横向蛀食树皮，使得树冠因养分、水分被阻断而使枝叶黄化、脱落。

防治措施：5—8月，人工捕杀天牛成虫，傍晚捕杀褐天牛成虫；及时消除虫卵、初孵幼虫和剪除被害枝梢；用棉花或棉纱浸湿乐果等杀虫剂原药后堵塞虫孔，再将虫孔用泥土封闭，以毒杀幼虫。

（6）花蕾蛆。

主要症状：该虫为害时，常常为成虫在花蕾开始露白时产卵，以幼虫在花蕾内蛀食其组织，使花药、花丝呈褐色。

防治措施：现蕾时，选用甲敌粉、二嗪农颗粒等加细土混匀后撒施于树盘土面上，每7 d撒施1次，连续撒施2～3次；当花蕾的直径为2～3 mm时，选用辛硫磷、敌百虫等喷树冠；尽早摘除受害花蕾，集中深埋或煮沸；冬季深翻园土，可消灭部分越冬害虫蛹。

六、莲雾树种植技术

莲雾树是桃金娘科、蒲桃属植物，又名洋蒲桃、辇雾、琏雾、爪哇蒲桃、水蒲桃等，是热带常绿乔木，是一种重要的热带、亚热带水果。莲雾的营养非常丰富，具有生津止渴、解热利尿、养颜润肤等功效，还有较高的经济价值。此外，莲雾颜色鲜艳、果形独特，具有较高的观赏价值。

莲雾树的最适生长温度为25 ℃～30 ℃，种植区域的年平均温度在20 ℃以上，最低温度不低于7 ℃，年日照时数为2 000～2 500 h，以土层深厚，灌溉条件便利，土壤疏松、肥沃，有机质丰富的缓坡地、平地或水田为宜；要求水源充足、无污染，同时旱能灌、涝能排，满足果树用水需要。

（一）品种选择

选择符合海南的气候、土壤条件，优质、高产、稳产且抗病性和抗逆性强、经济效益高、迎合市场需求的品种，如黑珍珠、黑金刚、大叶红和泰国大果系列的红钻石、香水巴掌莲雾等。

（二）栽培管理

1. 选地和整地

（1）选地。宜选择光照充足的环境，要求土壤肥沃、疏松、潮湿。建园时宜选背风的园地，以微酸性砂质土最为适宜，微酸性至微碱性（pH 为 5.5～7.8）的沙壤土或红壤土均宜。

（2）整地。定植穴的长度、宽度、高度均约为 0.8 m，于定植前 1～2 个月挖好，挖出的表土和底土分开堆放。在种植前 1～2 个月施基肥，回填土时，先将底土填入底层，再填入杂草、绿肥等 25 kg，撒石灰 0.3 kg，然后将表土拌入腐熟有机肥或土杂肥约 35 kg、磷肥约 1.5 kg、复合肥约 0.2 kg，回土拌匀、填平，最后填以细表土，高于地面 10 cm。

2. 定植季节

定植一般选在 2—5 月或 9—11 月。

3. 定植

先在定植穴中间挖一个小穴，将容器苗带泥团放入小穴中，用土覆盖，超过泥团上部 2～3 cm，轻轻压实。修筑树盘，淋足定根水，树盘中盖草保湿。晴天时，每 2 d 淋 1 次水，直至苗成活。30 d 后检查苗的成活情况并及时补植。

4. 种植密度

生产上一般采用株行距为（4～4.5）m×（4～4.5）m 的种植密度，每亩种植 33～40 株。当枝干交叉、行间开始荫蔽时，每亩种植约 20 株。

5. 施肥

幼龄树以氮、磷、钾肥为主，配合施用中量和微量元素；以土壤施肥为主，配合叶面施肥。开花前，施磷钾肥，施肥量各占总施肥量的 50%，另加堆肥 10 kg/株；在花果期，分次施氮肥总量的 50% 和磷钾肥总量的 25%；在采收末期，再施磷钾肥总量的 25%。当结果较多时，在果实发育期间可适当增施叶面肥。

6. 灌水和排水

幼年莲雾树根少且浅，受表土水分变化的影响较大。遇干旱时，要及时淋水保湿，每 6 d 淋水 1 次；雨季要防止定植穴积水，做好排水防涝工作。在花芽分化期宜干旱，有助于花芽分化。从抽穗后到开花前适当灌水，保持土壤湿润，以利于抽穗和开花坐果。从开花期到果实成熟期，要注意保持土壤湿润。

7. 土壤管理

可通过间作豆类、覆盖绿肥、中耕除草、中耕松土（要结合施用有机肥扩穴改土）等方式，改善土壤的保湿增肥作用。

8. 树冠管理

定植后树高 1.5 m 左右时即可修剪整形。对长势强、分布均匀的新梢进行修剪，枝条间距为 10 cm，保留 45°～60° 的新梢 3～4 条为主枝；当主枝生长至 30～40 cm 且完全老熟时，在离主干 25～30 cm 处对主枝进行短截，促进侧枝生长，培养侧枝分布均匀的心形树冠。结果树每年修剪 2 次，采果后至催花前的 60 d 左右进行 1 次修剪。在修剪前 5 d，树冠喷施 1 次乙烯利 4 000～6 000 倍液。修剪时，将结果枝短截，保留 2 cm 左右的枝桩作为下一造的结果母枝；催花后 15 d 左右（高温天气）或 45 d 左右（低温天气）进行 1 次疏剪，摘除内膛的部分新梢和顶端新梢，在骨干枝上每隔 15～20 cm 留一个新梢，将徒长枝、向上枝、密生枝、弱枯枝剪除，使树体通风、透光；在开花结果期，及时摘除枝条上的新芽，枝梢上抽出的新梢只留 1～2 节或全部摘除。

9. 控果促梢

（1）控梢催花。当新梢发育至七成老熟时，在主干或主枝上闭口环剥圈，宽度为 0.9 cm，树冠喷施 15% 的多效唑 200～250 倍液或树盘淋施 15% 的多效唑 200 倍液，每株淋施 4 kg 药液，淋施多效唑控梢 60 d 左右喷药催花。于催花前 12 d 左右，沿树冠投影向内 50 cm 处深锄 25 cm 断根，在根断处重施农家肥，使根发生轻微肥伤，以利于花芽分化。

（2）疏花、疏果、保果。先选留花穗，再对留存花穗进行疏花处理，去除多余的花蕾或花穗。然后对畸形果、病虫果、小果和过密果进行摘除。为减少裂果、落果，在果实发育期，应加强土壤水分管理，保持土壤湿润，同时，加强果实病虫害的综合防控。

（3）果实保护套袋。当结果过多、过大时，应注意绑穗或立支架，以防枝条因果过重而折断，同时，应在幼果期（谢花后 20 d），采用专用白色果实纸袋或无纺布袋对果实进行套袋。

（三）病虫害及其防治

1. 病害

（1）炭疽病。

主要症状：该病主要危害叶片和果实。病斑呈圆形、近圆形，也偶有不规则形状的，稍凹陷，呈褐色，后呈暗褐色，边缘呈红色，有时有同心轮纹，上生黑色小点（病菌的分生孢子盘）。

防治措施：在新梢抽发初期和谢花坐果期，应及时施药保梢护果。主要用 60% 的噻菌灵可湿性粉剂 1 000 倍液、50% 的多菌灵可湿性粉剂 1 000 倍液、50% 的甲基硫菌灵可湿性粉剂 600 倍液或 75% 的百菌清可湿性粉剂 800 倍液进行防治。

（2）果实软腐病。

主要症状：该病主要危害果实。在发病初期，果实表皮出现水渍状、褪色，红色或粉红色消失，病斑处转成淡黄褐色，病斑不凹陷，具有酸味，后期果面出现白色菌丝，病斑继续扩大呈圆形，表面散生分生孢子堆，呈黑色小点状突起。果肉色泽变淡，出现黄褐色或淡紫色斑点，最后变成深紫色或黑色。

防治措施：在发病盛期，每 6 d 左右喷施 1 次，连续喷施 3 次。采果前 6 d 禁止用药。主要用 72% 的农用链霉素可溶性粉剂 4 000 倍液喷雾进行防治。

（3）疫病。

主要症状：该病主要危害果实。被害果面初期有褪色病斑，表面不凹陷，受害部位呈红色或红色消失，病部继续扩展，造成果实腐烂、落果，引诱果蝇前来，有助于病原传播。

防治措施：

① 利用化学药剂扑灭土壤表层残存的疫病菌。

② 在树冠范围内的地表和树干 1.5 m 以下，喷洒杀菌剂抑制病菌蔓延。主要用 58% 的瑞毒霉锰锌可湿性粉剂 600～800 倍液、40% 的三乙磷酸铝可湿性粉剂 300 倍液等进行防治。

（4）黑腐病。

主要症状：该病主要危害叶片和果实。叶片受害时，多发生于叶缘，呈现不规则坏死病斑，病斑上亦有小黑点；果实受害时，常常先在果蒂发生，起初果皮褪去红色、呈水渍状，果肉颜色变淡，受害部位逐渐扩大，中后期病斑中央褐化，到后期全果变黑，果实腐烂。

防治措施：从发病初期开始防治，每 6 d 左右喷 1 次，连续喷 3 次。采果前 10 d 禁止喷药。主要用 58% 的甲霜灵锰锌可湿性粉剂 400 倍液或 80% 的代森锰锌可湿性粉剂 600 倍液进行喷雾。

2. 虫害

（1）东方果实蝇。

症状：为害莲雾树的害虫首推东方果实蝇。雌虫产卵于果实表面，幼虫蛀食果实，造成果实腐烂、落果，严重影响果实的产量和品质，甚至导致绝收。

防治措施：在虫害发生盛期，每 7 d 喷 1 次，除喷洒叶片以外，还应喷施果园附近的草丛或树丛叶片，以清除残存虫源。主要用 1.8% 的阿维菌素乳油 3 000 倍液防治；用 5% 的倍硫磷水浮剂 200 倍液混合蛋白水解物或 3% 的红糖水进行诱杀。

（2）金龟子。

主要症状：该虫以植物的根、茎、叶为食。成虫咬食叶片为害，造成网状孔洞和缺刻，严重时，叶片仅剩主脉，群集为害时更为严重。

防治措施：一般在傍晚喷施药剂。主要用 90% 的晶体敌百虫 500 倍液 + 2‰ 的洗衣粉液进行诱杀。

（3）蚧壳虫。

主要症状：该虫为害枝梢、叶片和果实。其主要靠吸食植株的汁液繁殖，常常会躲在叶背，吸食汁液，导致叶片发黄，严重影响叶片的光合作用，导致枝条失水，长势衰弱。

防治措施：一般在春梢抽发期喷药防治。主要用 1.8% 的阿维菌素乳油 3 000 倍液或 3% 的啶虫脒乳油 3 000 倍液 + 20% 的丙溴磷乳油 1 000 倍液进行防治。

（4）红蜘蛛。

主要症状：该虫为害叶片、嫩梢、花和果实，造成叶片等褪绿、黄化，大量脱落。

防治措施：一般在花蕾期和枝梢抽发初期重点进行化学防治。主要用 73% 的克螨特乳油 2 000～3 000 倍液、5% 的噻唑酮乳油 1 000～2 000 倍液、5% 的速螨酮 1 500～2 000

倍液、4% 的硫黄悬浮剂 300 倍液或 1.8% 的阿维菌素乳油 3 000 倍液等进行防治。

七、百香果树种植技术

百香果树是西番莲科、西番莲属草质藤本植物，又名西番莲、鸡蛋果、时汁果，是一种常见的热带水果。百香果树主要有黄果、紫果和黄果与紫果的杂交种三大类。百香果营养丰富，可以帮助缓解焦虑情绪、肌肉紧张、头疼和失眠，还具有抗氧化、抗衰老和抗癌等功效。其果汁具有菠萝、杧果、番石榴、香蕉、苹果、酸梅等 100 多种水果的香味，百香果有"果汁之王"的美称。

百香果树的适应性广、抗逆性强，喜光照，最适温度为 20 ℃～30 ℃，适宜年降水量为 1 500～2 000 mm，对土壤的适应性强，在偏酸性或偏碱性的土壤中均可生长，以土层深厚，土质肥沃、疏松，pH 为 5.5～6.5 的沙壤土为佳。

（一）品种选择

目前在海南种植的百香果树有黄果、紫果和黄果与紫果的杂交种（台农系列）。黄金百香果树的抗性好、果色金黄、外观漂亮且口感好，但自然授粉力差，需人工辅助授粉。紫香系列百香果的产量较高，甜度和所富含的维生素要远远高于其他品种的百香果，品质最优。在一般情况下，百香果树自然授粉的坐果率能够达到 60% 以上，但是果汁率较低，抗病性一般。台农系列百香果的单果大、产量高、果肉饱满、味道酸甜可口，其对于病虫害也有较强的抗性。可根据市场实际需求，因地制宜地选择合适的品种种植。

（二）繁殖方法

百香果树的繁殖方法有多种，可采用种子、嫁接、扦插和组织快繁等方法进行繁殖。下面主要介绍种子繁殖和扦插繁殖。

1. 种子繁殖

采用种子繁殖时，多在春、秋季播种。选择无病害、完全成熟、颜色呈深紫（黄）色、果皮稍皱缩的果实，挖出果瓤，洗除假种皮，取出种子，除渣净选后晾干，尽快播种。播种前，将种子 1 kg 用多菌灵 15 g 左右混拌 20 min，然后将种子均匀地撒播在苗床上，盖一层薄草，淋足水。播种后根据天气情况浇水，晴天时每天早、晚各喷水 1 次，约 15 d 苗开始出土。当出苗率达 80% 以上时，及时追肥，用稀水肥或稀尿素液泼浇，以培育壮苗。待幼苗长出 6～8 片真叶时移栽。

2. 扦插繁殖

取当年生健壮的木质化枝条上带 3～4 个芽眼的枝段，剪掉插条上 1/2 的叶片，用 10 mg/L 的吲哚丁酸处理 30 min，将其扦插在无菌的沙土苗床上或营养钵中，搭小拱棚覆塑料薄膜保湿培养，经 25～35 d 可生根成苗。

(三)栽培管理

1. 选地和整地

园地宜选择背风向阳的平地或缓坡地，土壤疏松透气、不积水，且富含有机质，交通便利。果园中应有较为便利的水源，方便浇灌、排水。注意园地要远离工厂和污染水源，避免百香果树的生长受到污染。

果园要提前2个月挖穴。挖穴时，表土和心土要分开堆放，挖好穴要风化2个月后才回填。回填时，每穴用表土和腐熟农家肥25 kg、钙镁磷0.5 kg混匀回穴，再用复合微生物肥料0.5～1 kg与心土混匀回穴，并使穴土高出地表约20 cm。

2. 种植密度

种植密度一般采用株行距为4 m×2.5 m，亩栽70株左右。

3. 定植

百香果树一年四季都可种植，以3—4月种植最佳。定植应选择在阴天或雨后晴天进行。定植时，在穴中挖深20 cm的小洞，将百香果树苗从营养杯中取出，理顺其根系，将主根垂直放于小洞中，分层填土、踏紧、压实。栽后理出树盘，及时淋透定根水，以提高幼苗的成活率。定植后，宜用地膜覆盖，保温、保湿，以促使其快速生根。

4. 搭架

百香果树为蔓生藤本植物，依赖棚架才能正常生长发育。棚架的高度应在2.5 m左右，采用水泥柱搭建，约隔4 m立一根水泥柱，采用8#与10#的铅丝拉成30 cm×30 cm的网格，做成架面。

5. 土壤管理

雨后对果园进行中耕浅锄，深度为5～10 cm。中耕结合除草进行，次数根据杂草的生长情况而定。中耕可使土壤疏松透气和切断土壤中的毛细管，有利于土壤中的微生物活动和土壤养分的分解，并减少水分蒸发，提高土壤的保水能力。

冬季清园后，要进行全园翻土。翻土时结合每株施入0.8～1.2 kg石灰粉，埋入清园后的杂草和残枝落叶。此时中耕既可翻土改土，又可翻动土壤中的越冬害虫，经烈日暴晒、干燥和冬季低温后减小来年的病虫基数。

6. 施肥

定植后15 d，每株施复合肥0.1 kg，并且每隔10～20 d叶面喷施0.1%的尿素溶液+0.2%的磷酸二氢钾溶液。每年每株施农家肥20～30 kg、尿素0.6～0.7 kg、磷肥0.6～0.9 kg、钾肥1.2～1.3 kg。农家肥和磷肥沤制腐熟后于立春前后沟施，尿素和钾肥在开花结果期间，每隔30 d施1次，株施复合肥0.3～0.4 kg。

在开花结果期，每隔30 d每株施钾肥0.1～0.15 kg、尿素0.1 kg。在果实膨大期，适当增施氮肥，每株施尿素0.15 kg、钾肥0.2 kg。在果实采摘后施用果后肥，每株施尿素0.2 kg。

虽然百香果树属于常绿树种，但在冬季休眠期树体生长缓慢，此期间施肥从11月下旬至来年1月中旬，每株施农家肥20～30 kg、尿素0.5 kg、磷肥0.8～1 kg、钾肥1.2～1.5 kg。

7. 水分管理

百香果树是浅根植物，且喜湿润，又怕干旱和积水。因此，雨季要排水，干旱时应浇水，也可铺杂草保水。

8. 修剪

（1）幼树整形。苗定值成活后，及时抹掉距离地面60 cm以下的腋芽，促进主蔓迅速生长、逐渐粗壮。当主蔓长到40～50 cm时，要及时插设支柱，引导主蔓上架。主蔓上架后，到顶部就可打顶，留2个侧蔓，使其向不同方向生长。侧蔓满架后，对超出另一植株30 cm处的枝条断顶并绑扎，有利于抽发结果枝。

（2）老树修剪。对上一年采果后萌发的秋梢，在中部以上各节均抽生结果蔓，尽可能留结果枝。但为了防止叶面茂密，采果后要尽早修剪，最迟要在10月上旬结束，否则到11月后，新梢将变小、变短。

（四）病虫害及其防治

1. 病害

（1）苗期猝倒病。

主要症状：幼苗的茎基部呈水渍状变软，迅速萎蔫，最后呈线状缢缩。幼苗一般在土表处折倒。

防治措施：用立枯灵800倍液或苗菌敌800～1 000倍液、75%的百菌清可湿性粉剂500倍液、70%的代森锰锌可湿性粉剂500倍液喷雾防治。

（2）花叶病毒病。

主要症状：感病叶片呈花叶状，带浅黄色斑驳，叶片皱缩，全株生长不良，结实率明显下降，果实缩小、硬化畸形，果皮变厚、变硬，果肉少或无。

防治措施：用吗啉胍1 500～2 000倍液、5%的菌毒清可湿性粉剂400倍液、0.5%的抗毒剂1号水剂300倍液喷雾防治。

（3）茎基腐病。

主要症状：该病危害百香果树的茎基部，皮层褐化、腐烂、开裂，逐渐剥离木质部，致使植株枯萎死亡。

防治措施：用50%的多菌灵可湿性粉剂500～800倍液或30%的苯醚甲环唑、7%的甲基硫菌灵可湿性粉剂对植株根茎部进行淋灌或涂抹，每隔10～15 d防治1次。

（4）叶斑病。

主要症状：百香果树受到叶斑病危害时，在初染病的叶片上初生淡黄色小点，后扩展成圆形至不规则形大斑，呈灰白色，边缘呈黄褐色，稍隆起，后期叶斑正面长出小黑点。

防治措施：在高温、多雨季节，约30 d喷施0.6%的倍量式波尔多液1次。

2. 虫害

（1）潜叶蝇。

主要症状：潜叶蝇幼虫往往钻入叶片组织中，潜食叶肉组织，造成叶片呈现不规则白色条斑，使叶片逐渐枯黄。

防治措施：用75%的灭蝇胺可湿性粉剂3 000～5 000倍液或1.8%的阿维菌素乳油3 000～6 000倍液喷雾防治。

（2）红蜘蛛。

主要症状：红蜘蛛常在叶背取食，刺穿细胞，吸取叶液，使叶片失绿、发黄或卷曲，影响叶片正常生长。

防治措施：用5%的唑螨酯悬浮剂2 000倍液或1.8%的阿维菌素乳油2 500～3 000倍液喷雾防治。

（3）蛞蝓。

主要症状：蛞蝓取食叶、茎，造成孔洞、缺刻或断苗。

防治措施：每亩用6%的四聚乙醛杀螺颗粒剂0.5 kg，于晴天傍晚撒施于株间进行杀除。

思考题

1. 如何对香蕉树进行肥水管理？
2. 香蕉树的主要病虫害有哪些？
3. 杧果树的主要病虫害有哪些？如何防治？
4. 如何对杧果树进行肥水管理？
5. 如何对荔枝树进行水肥管理？
6. 如何对龙眼树进行肥水管理？
7. 龙眼树的主要病虫害有哪些？如何防治？
8. 如何对绿橙树进行肥水管理？
9. 如何对莲雾树进行肥水管理？
10. 百香果树的主要病虫害有哪些？如何防治？

第六节 热带花卉种植技术

知识目标

1. 了解热带花卉的生长特性和繁殖方法。
2. 熟悉热带花卉的肥水管理要点。

技能目标

掌握热带花卉种植技术。

改革开放以来,我国花卉产业发展迅猛。热带花卉作为高效特色农业的重要组成部分,在整个花卉行业中地位显著。例如,热带兰、红掌、观赏凤梨等高档花卉是年销花的主打产品,全国将近70%的室内盆栽观叶花卉属于热带花卉。发财树、散尾葵、富贵竹、金钱树和兰花等是种植面积较大的几种。海南热带花卉产业于20世纪90年代才真正发展起来。海南作为热带花卉的主要产区之一,近年来,其科技创新能力得到不断提升。

一、观叶花卉种植技术

观叶植物一般指叶形和叶色美丽的植物,原生于高温高湿的热带雨林中,需光量较少,如竹芋类、蕨类植物等。木本植物大多属于灌木或灌木状植物,如小叶榄仁、鹅掌藤等。

温度是影响观叶植物生长发育最重要的环境因子。各种花卉在生长发育中都有它的最适温度、最高温度和最低温度。例如,瓜叶菊的生长适温为7 ℃～18 ℃,香豌豆的生长适温为9 ℃～15 ℃。在观叶植物中,除个别种类比较耐干燥外,大多数在生长期都需要有比较充足的水分。由于室内观叶植物的生长环境与原来存在差异性,以及形态结构和生长的多样化,它们对空气湿度的需求也有所不同。室内观叶植物对光照的需求不如其他花卉那么严格。由于室内观叶植物原来都在林荫下生长,所以它们更适于在半荫环境中栽培。

(一)繁殖方法

观叶花卉的繁殖方法有扦插、分株和播种。例如,龟背竹主要采用扦插繁殖;万年青主要采用分株繁殖,也可采用种子繁殖。

(二)栽培管理

1. 栽植

室内观叶植物的生长需要较高的温度,如果在较低的温度下移植或分株,常使根部受到损伤,造成植株生长衰弱,甚至死亡,所以种植时期多为春、秋、夏季,其中以春季最佳。

种植之前,根据所种植的植物品种、规格和用途,选择合适的种植容器,同时配制好种植基质。上盆时需注意以下几个环节:首先将花盆底部的排水孔用两块碎瓦片盖成"人"字形,以利于排水;在碎瓦片上填入颗粒较大的土壤或煤渣,再铺上一层细土,这样不仅有利于排水透气,而且能使植株根系伸展自如;将植株放入盆内的中间位置,并使其根部向四周伸长,扶正后,沿四周慢慢地加培养土,填到一半时,用手将基质轻轻压紧,使植株根系与基质紧密接触,继续加培养土到离盆口2～3 cm的位置;将种植好的盆置于荫蔽处,避免阳光直射,并浇一次水(第一次浇水要使盆内的基质全部吸足水);在较荫蔽处养护1~2周后逐步移至正常养护区。在夏、秋季,如果盆土较易干燥,要在盆面加盖一层水苔,以减少水分蒸发。

对于刚种植的植株,在种植时浇足水后3~5 d一般不需多浇水,以防止有些植株因伤口愈合而盆土过湿引起根系腐烂。但为了减少水分蒸发,可多次进行叶面喷雾,以提高植株周围的空气湿度。同时,刚种植的植株处于生长恢复期,一般不要追肥,待恢复正常生长后,才开始施稀薄肥水。因为此时植株已发新根,补充一些速效肥料,可促进其速生快长。

2. 肥水管理

(1)施肥。要使室内观叶植物生长良好,枝繁叶茂、色泽鲜艳,就必须注意施肥。施肥是正常栽培管理的一项重要工作。

观叶植物是以赏叶为主要目的的,特别需要氮肥。如果氮肥缺乏,叶绿素形成快,正常的光合作用不旺盛,叶面就会失去光泽。但是,如果施用氮肥过多,也会引起植株徒长、生长衰弱,而且不利于一些斑叶性状的稳定。因此,施用氮肥必须适量。磷钾肥也是观叶植物必不可少的,必须配合施用。此外,植物生长发育需要的其他营养元素(如铁、钙、镁、硼、铜、锌等)对观叶植物生长也是必需的。它们参与观叶植物生长过程的许多方面,缺乏时容易引起缺素症,影响植株的生长和观赏价值。例如,缺铁容易引起黄化,不利于叶片翠绿、光亮;缺钙容易引起植株生长纤细,导致倒伏;等等。室内观叶植物在种植时,一般都需施足基肥,基肥大多采用经发酵的有机肥;在生长期还需进行追肥,追肥可采用速效的有机肥或无机肥料。

(2)浇水。植物机体内的绝大部分成分是水,尤其是观叶植物。植物需要的水分绝大部分是从土壤中得到的,但空气湿度对植物的生长发育也有较大影响,尤其像室内观叶植物这类原产于热带、亚热带森林中的附生植物和林下喜阴植物,叶片多、较大且薄面柔软,对空气湿度的要求更高。

室内观叶植物的浇水原则如下:

首先,根据不同类型的观叶植物确定给水量和给水方式。虽然观叶植物总体上喜湿,但不同类型的植物形态各异,需水状况不同,浇水时给水量和给水方式也应不同。大部分室内观叶植物平时只需要保持盆土均匀湿润即可,原则上掌握"间干间湿"。因为原产地气候往往是晴雨有规律地交替,植物在长期的系统发育过程中适应了这种"间干间湿"的土壤环境。这种浇水原则正是通过模拟自然界中的土壤水分动态变化规律而制定的。

其次,根据不同季节变化确定其需水量。室内观叶植物的生长发育对气候变化比较敏感,尤其是温度变化会影响其生长与生存。如果给水不当,将影响其正常的生命活动。在一般情况下,春、夏、秋季是室内观叶植物的主要生长期。由于此时植株活跃的生长需要消耗较多的水分,且气温较高,土壤和叶面蒸发的水分较多,加剧了植株体内水分的流动。因此,为了保证植株正常的生理需要,必须适时补充水分。尤其是夏季气温更高,空气湿度低,消耗的水分更多。因此,在通常情况下,夏季每天要浇水1~2次;冬季大多数室内观叶植物正处于相对休眠期，可以 5～7 d 或更长时间浇水 1 次。此外，水温和土温不宜相差太大，若相差超过 5 ℃，便有可能伤害根系，对植株构成威胁，尤其是在高温的中午浇冷水，土温突然下降，根毛受到高温的刺激，就会立即阻碍水分的正常吸收，产生"生理干旱"，引起叶片焦枯，严重时，导致全株死亡。一般来说，适于浇花的水温以冬季可比土温偏高几摄氏度，夏季可比土温偏低几摄氏度，春、秋季则与土温接近或相当为最好。

3. 防寒防冻

室内观叶植物的冬季防寒防冻工作是正常管理中的一个重要技术环节。当温度低于植株正常的越冬温度时，其正常的生理活动会受到影响，根的吸收能力减退或停止，地上部分表现为嫩枝叶萎蔫、老叶枯黄脱落；若低温时间不长，植株尚可恢复，但若时间稍长，便会引起植株死亡。当温度降至 0 ℃ 以下时，大部分室内观叶植物即出现冻害，这时已完全危及植株体内的生理机能，使细胞间隙水分结冰，从而危及植株的生命。因此，冬季必须密切注意气温的变化，做好防寒防冻的各项工作。

（三）病虫害及其防治

观叶植物的种类很多，在管理上比较细致。例如，有的病虫害发生后虽不易蔓延到其他植株，但在受害植株上往往发展较快。因此，这类病虫害的防治措施如下：主要以预防为主，综合防治，同时加强抚育管理；创造良好的植物生态环境，促使植物生长发育健全，提高其自身的抗逆能力；等等。

在观叶植物进入室内布置之前，应该对其进行严格的检查，选择适应性强的抗病品种或健康植株，进行合理布置。如果发现有轻微的病叶或少量的蚜虫、螨类、蚧虫为害，应及时用物理方法进行处理，如人工修剪，去除病叶，或用肥皂水冲洗，再用清水冲洗或以柔软的湿布擦拭；也可用竹签轻轻地将蚧虫刮除。对于受害严重的，且为病虫为害，当用物理方法不能有效控制时，必须将其移至室外，与室内的健康植株隔离，再做其他处理，如用化学药剂防治或销毁。对于室内的植物，必须定期检查，及时处理和防治，这样可以减轻植株的受害程度，防患于未然；经常保持室内清洁卫生，通风、透光，可使观叶植物保持翠绿、新鲜，有较高的观赏价值。

二、球根花卉种植技术

球根花卉是指根部呈球状，或者具有膨大地下茎的多年生草本花卉。球根花卉广泛分布于世界各地，种类丰富，花色艳丽，花期较长，栽培容易，适应性强，其中供栽培观赏的有数百种，大多属于单子叶植物，主要有鳞茎类、球茎类、块茎类、根茎类、块根类等。球根花卉的应用范围广，可以在园林、庭院、路边、河边、边坡等地的绿化中广泛应用。

球根花卉大多要求日照充足、不耐水湿（水生和湿生者除外），尤其是在休眠期，否则会造成地下器官腐烂，但在旺盛生长期，需要有充分的水分供应。球根花卉喜疏松肥沃、排水良好的沙质壤土。

(一) 繁殖方法

球根花卉的繁殖方法有分球、分栽珠芽、扦插和播种。其中，分球繁殖应用普遍，如百合、郁金香等；除中国水仙以外，一般球根花卉均可采用种子繁殖。

(二) 栽培管理

1. 种植时间

春季栽球根，秋季收获球根，冬季休眠，此类花卉为春植球根花卉，如美人蕉、唐菖蒲等；秋季栽球根，来年夏季收获球根，然后休眠，此类花卉称为秋植球根花卉，如郁金香、风信子等。

2. 种植方式

（1）露地栽种。选择地势高燥的园地，四周空旷，光线充足，无土壤和空气污染。要求土壤肥沃、疏松、排水良好，是富含有机质的中性或微酸性沙壤土。栽种前，施入腐熟饼肥和厩肥作为基肥。

（2）盆栽。盆栽前，球根需用甲基硫菌灵或高锰酸钾浸泡消毒。栽种深度要比露地栽种时浅，一般为 5～10 cm，球根越大，栽种越深。球根花卉的根少且脆嫩，损伤后难以再生，所以在生长期勿移栽。

3. 肥水管理

对于球根花卉，在生长期要充分浇水，经常保持土壤湿润。栽植时，如遇天气干燥，可向叶面喷水。但在花芽分化时，应适当控制浇水量，以防影响花芽分化，植株难以正常开花。

一般来说，球根花卉生长在基肥充足的土壤中，不需要再进行追肥。花后要加强肥水管理，以促进球根肥大、充实。严格控制氮肥用量，以免引起徒长，推迟开花；适当多施磷钾肥，以促进花大和球根发育。花后及时剪除残花。

4. 采收

球根花卉停止生长后，叶片呈现萎黄时，即可采收球茎。采收要适时，如果采收过早，则球根不充实；如果采收过晚，则地上部分枯落，采收时易遗漏子球。以叶片变黄 1/2～2/3 时为采收适期。采收时应选晴天，土壤湿度适当时进行。采收中，要防止人为导致的品种混杂，并剔除病球、伤球。对于掘出的球根，要去掉附土，表面晾干后贮藏。

5. 贮藏

贮藏是指球根成熟采收后，放置于室内并给予一定条件，以利于其适时栽植或出售的措施和过程。各类球根的贮藏条件和方法常因品种不同而有所差异，且与贮藏目的有关。对通风要求不高而需保持一定湿度的种类（如美人蕉、百合、大丽花等），其球根可埋藏在保有一定湿度的干净沙土或木屑中；对于贮藏时需要相对干燥的种类（如唐菖蒲、郁金香、水仙等），其球根可采用空气流通的贮藏架分层堆放。调控贮藏更需根据不同目的分别处理，如荷兰鸢尾在8月，每天熏烟8～10 h，连续处理7 d，可将成花率提高1倍；收获后的小苍兰在30 ℃条件下贮藏4周，再用木柴、鲜草焚烧，释放出乙烯气进行熏烟处理3～6 h，便可有明显的促进发芽作用；麝香百合收获后，用47.5 ℃的热水处理0.5 h，不仅可以促进发芽，而且对线虫、根锈螨和花叶病有良好的防治效果。

（三）病虫害及其防治

对于球根花卉常见的病虫害，需喷洒药剂防治。此外，还应注意以下几点：
（1）选用无病虫感染的球根和种子。
（2）进行土壤消毒。
（3）栽植或播种前，对球根或种子进行处理，以杀灭病菌、虫卵（还可加入解除球根休眠的药剂，使球根迅速而整齐地萌芽）。
（4）球根采收后，贮藏之前要进行药剂处理。

三、兰花种植技术

兰花在我国有2 000多年的栽培历史，是人们喜爱的传统名花之一。自古以来，人们就把兰花视为高洁、典雅和坚贞不渝的象征。相对于国兰，洋兰的栽培历史要晚一些。洋兰作为商品销售始于19世纪。洋兰多产于热带和亚热带地区，多为附生兰，是当今世界上的流行花卉之一。

兰花种类繁多，分布广泛，生态习性差异较大。兰花的种类不同，生长季节不同，对光的要求也不同。兰花忌阳光直射，需遮阴，要求遮阴度为60%；兰花喜温暖，忌酷热，适宜生长温度为20 ℃～30 ℃；兰花喜湿润，有一定的耐旱性，土壤中的水分不可过多，还要求一定的空气湿度，生长期要求湿度为60%～70%；兰花对土壤的要求较高，地生兰要求土壤肥沃、富含腐殖质，并且疏松、透气、排水良好。热带兰对基质的透气性要求更高，一般采用无土栽培基质。

（一）繁殖方法

兰花的繁殖方法主要有播种、分株和组织培养等。其中，种子繁殖主要用于新品种的选育，一般采用组织培养的方法播种在培养基上，播种最好选用尚未开裂的果实；分株繁殖适用于具有假鳞茎的种类，如文心兰、石斛兰等；组织培养繁殖具有快速、大量、苗整齐等优点，常用于商品生产，所用的外植体有茎尖、侧芽、幼叶、花序等。

（二）栽培管理

1. 基质配制

兰花一般采用无土栽培基质。无土栽培基质可以由以下几种基质组成：

（1）椰糠。椰糠含有较多的盐分和糖分，要先捣碎和反复浸泡、冲洗干净后再使用。椰糠的保水性较强，可适当少浇水。

（2）水苔。水苔的茎上有绒毛状叶，质松软，保水性强，应适当控制浇水量。

（3）锯木屑。锯木屑即木材加工时的细碎下脚料，使用前，要经过堆沤处理2~3个月，除去树脂、单宁等有害物质。

（4）废渣料。废渣料主要是农副产品生产加工后的下脚料，如中药渣、甘蔗渣、龙眼壳或荔枝壳等。废渣料中含有较多的有机质，成分复杂，使用前要充分腐熟。

（5）木炭。木炭是木材原料经过不完全燃烧，或者在隔绝空气的条件下热解所残留的深褐色或黑色多孔固体。此材料可调节花盆内的温度。

（6）沙。沙的主要优点在于其来源丰富、价格便宜，但不利于搬运、消毒和更换。如果用沙作为基质，需要清洗干净并适当消毒。

（7）石砾。石砾是河边的小石子或石矿场里的岩石碎屑。石砾的粒径为1.6~20 mm，其透气性良好，但保水能力不足。

（8）珍珠岩。珍珠岩是由一种灰色火山岩加热至1 000 ℃左右时，岩石颗粒膨胀而形成的基质。其易破碎，使用前最好先用水喷湿，以免粉尘飞扬。

（9）膨胀陶粒。膨胀陶粒是黏土质页岩、原岩等经破碎、筛分或粉磨后成球，烧胀而成的陶质颗粒。

2. 兰苗的准备

将待种植的兰花取出地面之后，对其腐根、断根和干枯的叶片进行修剪，将修剪后的兰根放在50%的甲基硫菌灵1 000倍液中静置10~15 min，然后取出，放置到通风处晾干。

3. 栽植

栽植兰花时，先取大小合适的花盆，盆底用瓦片盖住排水孔，再用砖块瓦片或贝壳填至1/3~1/2，以利于排水，之后在砖块瓦片之上铺一层豆石或大粒培养土。手握兰花的假鳞茎，使根部自然舒展，尽量不与盆内壁接触。具体方法是一手扶兰株，一手填基质。当将基质填至掩住根部时，稍往上提，使根系舒展，同时摇动花盆，让土壤深入根际，继续加土，并摇动花盆。最后使盆中的土壤在中央稍微高出，以不埋及假鳞茎上的叶基为度，盆边缘留2 cm的沿口。兰花种植好之后，第一次浇水时要浇透。使用喷壶喷洒叶面时，要注意用力均匀。

4. 浇水

因为无土栽培材料较粗糙、透气，保水性相对较差，故需浇水次数较多。在冬冷休眠期，每天10：00浇透水1次；在早冬和晚春，每天早、晚各浇透水1次；在盛夏、金秋的生长期，每天早、中、晚各浇透水1次。在酷热地区，每天白天间隔4 h浇透水1次，保持土壤潮湿。

5. 施肥

兰花对肥料的要求较高，如果基肥质量不够好，就要追肥。基肥和追肥都有固定的时间区分，一般来说，栽培时放入的腐叶土和羊粪等为基肥，追肥是在兰花生长过程中由基肥品质不足导致生长受限时所要加施的肥料，具体的施肥时间依兰花的品种和气候而定。由于阴天水分蒸发慢，故不宜施肥。在 30 ℃以上的温度条件下，水分蒸发过快，也不宜施肥。因此，最佳的施肥季节为春季和夏季，最不适宜施肥的季节为冬季，在秋季可以少量施肥，施肥前停止浇水半天，施肥后停止浇水 1 d。在暂停浇水的时间里，如遇高温干燥天气，应加强叶面和盆面喷水，以防脱水。对于叶面喷施，一般每周喷施 1 次，也可把肥料再扩大稀释 1 倍，每 3～4 d 喷施 1 次。以晴天 16：00 后喷施为最佳，同时，还应注意喷及叶背。

6. 修剪

老叶枯黄时，应及时剪去，以利于通风。有些叶子的叶尖干枯，也应剪除，以免影响美观。对于带病虫的叶子，须及时剪除，以免传播病害。

（三）病虫害及其防治

花卉一旦受到病菌或害虫的侵染，不但其正常的生理代谢功能会受到干扰和破坏，而且其观赏价值会受到不同程度的影响。为防止病虫害发生或降低其危害程度，首先，要采取相应的预防措施。兰花病虫害的预防措施主要有改善栽培环境、改进栽培技术、提高植株的抗病性、定期喷药等。其次，防治要及时、彻底。病菌的潜伏能力很强，一旦遇到合适的条件，病菌便能立刻繁殖，迅速传播。因此，一旦发现病虫害，在及时喷药的同时，还应把有病斑的病叶彻底剪除，甚至丢弃植株，不可吝惜，以绝隐患。最后，要交替用药。病菌或害虫对农药都具有一定的适应性，若长期使用单一的农药，则会使病菌或害虫对这种农药产生抗性，这也就相当于降低了农药的功效。因此，在使用杀菌剂和杀虫剂时，应交替使用两种或多种具有相同功效的、不同品种的农药，以保证其防治效果。

四、专类花卉种植技术

（一）文心兰种植技术

文心兰是兰科、文心兰属植物，文心兰属约有 750 个原生种。文心兰主要原产于巴西、美国、墨西哥等美洲热带地区，是世界上重要的切花品种之一，具有较大的市场需求和发展潜力。

文心兰性喜温暖，在 15 ℃～30 ℃的环境条件下可正常生长。其最适宜的生长温度为 20 ℃～25 ℃；空气湿度宜保持在 60%～80%。文心兰属于半阴生植物，光照不能过强或过弱。文心兰喜通风透气的生长环境，在通风不良的环境下，容易由空气温度增高而引发病害。

文心兰种类繁多，生态特征差异较大，故其栽培方式略有差异。按文心兰的种植形式，可将其分为盆栽型和切花型两大类。下面主要介绍切花型文心兰在海南地区气候条件下的栽培管理技术。

1. 栽培设施

海南属于热带地区，年平均气温为24 ℃，一般建立简易的种植荫棚即可进行文心兰切花周年生产。

（1）荫棚。海南是台风多发地区，兰花生产中必须考虑台风的影响。选址建棚时，应考虑选择有一定天然防风屏障的地区建棚，如四周或主要来风方向有山丘、连片大树、防护林等。建棚时，应选用抗风力较强的钢筋水泥柱或厚壁镀锌水管作为支柱。

在文心兰栽培过程中，其遮光要求根据生长季节有所不同。夏季应遮挡阳光的60%，而冬季只需遮挡阳光的40%~50%。为达到不同季节文心兰对遮光率的不同要求，在荫棚设计上，可考虑夏季采用上层固定、下层能够伸缩活动的双层遮阳网来调节遮光率，以适应高质量切花的要求。

（2）种植床架。种植文心兰的荫棚内设置高60~80 cm的种植床架。种植床架支柱的材料可为硬质木料、水泥或镀锌钢管等。另外，为降低生产成本，也可用建筑用的空心砖代替。种植床架的宽度以1.2 m为宜，长度不限。种植床架之间的工作道宽80 cm，支柱之间的距离为2 m。在种植床架每一条横抽两侧的支柱面上，铺设一条长1.1 m的6分镀锌管。在横向镀锌管上铺设纵抽镀锌管，用以承载种植铁网。

2. 栽培基质

栽培文心兰时，宜选用椰衣块、树皮块和木炭等轻型、排水好、透气的基质。同时，盆底应垫碎砖屑或火山石等，以利于根系发育。

3. 繁殖方法

（1）分株繁殖。分株繁殖是在植株长势好，盆内拥挤，生长空间受到限制（如假鳞茎过多、生长太密和假鳞茎着生部位偏高）的情况下进行的。分株时间以假鳞茎尚未抽新芽或刚抽出新芽，春季即将来临时为佳。分株时，应尽量避免高温、高湿天气。分株时，以两个假鳞茎带一个新芽为一个新植株。若母株的根系完好，仅由于后来生长的几个假鳞茎着生部位过高、新根过多外露而影响生长和产花，则只需将过高的假鳞茎每两个带一个新芽为一组，用利剪剪下，然后在母株和切下的新株的切口上，涂多菌灵、百菌清或甲基硫菌灵等杀菌剂，防止伤口感染即可。

（2）组织培养繁殖。组织培养繁殖是通过组织培养方法，将文心兰的侧芽或花梗芽经灭菌处理后，接种于人工配制好的诱导培养基上，诱导形成具有增殖能力的原球茎，再经原球茎增殖、成苗分化、壮苗和生根培养等阶段，培育出园艺性状高度一致的优良种苗的一种快速繁殖方法。

4. 栽培管理

（1）小苗种植。组织培养小苗出瓶后，经洗净、药物浸泡杀菌和晾干多余水分，即可进行种植。小苗应采用一级白水苔作为种植基质。水苔在使用前，应充分浸泡1~2 d，浸泡过程中换水1~2次。对于浸泡完毕后的水苔，用脱水机或人工去除多余水分，然后将其散开铺放于通风的种植床架上晾干多余水分。当将水苔握于手中，用力挤压，无水从指缝中流出时，可将其用于小苗种植。在无防雨设施的条件下，为防止水苔雨天吸水过多而造成小苗烂根，也可用细小的树皮屑为基质进行种植。

种植小苗以口径为4 cm的塑料营养钵、1.5寸蝴蝶兰塑料杯或50孔穴盘为容器。定植前，铺垫一层厚约1/4容器高度的泡沫块颗粒，然后在小苗侧根的下方，用一小团水苔将小苗根部支撑起来，再用水苔将小苗的根部包住，将包紧的小苗放入容器。

将种植好的小苗放于阴凉处，用氮、磷、钾比例为9∶45∶15的高磷肥3 000倍液喷洒2遍，以利于小苗萌发新根。此后，停止浇水数天。如遇干旱天气，只可在叶面上喷雾，促进根系萌发。8～10 d新根长出后，才进行正常的管理。

（2）换盆移植。文心兰小苗生长约6个月后，有2～3个假鳞茎，小盆已显得拥挤时，可进行第一次换盆。此时使用的中盆规格应为12 cm×10 cm或15 cm×13 cm。文心兰小苗换盆后，可在其生产1～2支切花后进行第二次换盆，盆的规格为18 cm×16 cm。为了获得稳定的产量，可进行第三次换盆，即换入大盆（规格为21 cm×15 cm）继续栽培，但在换盆时，要切除部分老假鳞茎，以防分株后植株减产。

文心兰由小盆换入中盆和进一步换入大盆时，使用的种植基质有较大的变化。中大苗种植基质的构成如下：多孔火山石、松树皮、椰衣块的比例为2∶2∶1或1∶1∶1。中苗种植基质的粒径应小一些，以0.5～2 cm为宜；大苗种植基质的粒径可略大，以1～3 cm为宜。换盆栽种时，先在新盆底部垫一层2～3 cm厚的泡沫塑料块，然后将粒径较大的基质放在盆底部，上部放置粒径较小的基质。种植基质不宜加得太满，小盆应留0.5～1 cm的余地，中盆留2～3 cm，大盆留3～5 cm，这样在植株生长过程中可以不断添加基质，避免根系过分裸露，为植株营造一个宜干宜湿、有利于根系生长的环境。

（3）施肥。文心兰栽培一般使用完全水溶性的化肥和缓释肥。施肥时，应根据文心兰的不同生长阶段施用不同的肥料。在幼苗期，以营养生长为主，可施用氮、磷、钾比例为20∶20∶20的平衡肥和氮、磷、钾比例为30∶10∶10的高氮肥。在假鳞茎开始肥大阶段，可补充施用氮、磷、钾比例为5∶11∶26的高钾肥，也可施用叶面肥，以促进假鳞茎肥大，施肥浓度为1 200～1 500倍液，每5～7 d施一次。随着苗龄增大，施肥浓度可提高至1 000倍。对于进入生殖生长阶段的中大苗，特别是在假鳞茎肥大阶段的中后期，应适时转施磷钾肥，可施用氮、磷、钾比例为10∶30∶20的高磷肥，促进假鳞茎进一步肥大和花芽分化。在大花穗抽出并发育至可见小花苞或分枝芽的初期阶段，可转施氮、磷、钾比例为20∶20∶20的平衡肥，促使花穗全面发育为高品质切花。肥料既可以叶面喷施，也可以薄肥灌根，灌根肥的浓度以1 500～2 000倍液为宜。

使用遮阳网种植文心兰时，如遇较长时间阴雨，无法进行叶面喷施肥料，缓释肥会起到及时补充肥料的作用。文心兰切花宜选用氮、磷、钾比例为13∶13∶13或14∶13∶13的缓释肥。夏、秋季3个月施1次，冬季4个月施1次。中苗的施肥量为每盆每次2～3 g，大苗为4～5 g。施缓释肥时，应分散撒放，不可集中于苗茎的根际部位。

（4）浇水。文心兰的浇水原则是"干湿交替"。若文心兰长期处于过湿状态，则容易引起烂根。对于小规模种植，一般可用人工喷灌方法浇水；对于中大规模种植，以自动微喷灌为宜。人工喷灌时可根据需水情况自主操作，不易造成"漏灌死角"；自动微喷灌省工、省时，工作效率高，但喷头布局不合理时容易造成"漏灌死角"，需人工及时补浇。

5.病虫害及其防治

（1）病害。

①细菌性软腐病。细菌性软腐病可发生在任何苗龄的植株上，尤其以小苗为甚。

主要症状：叶片上首先出现阴暗的水渍状斑点，继而斑点迅速扩大至整张叶片、假鳞茎，造成叶片和假鳞茎软化、腐烂，甚至造成植株死亡。

防治措施：在发病初期，应将病株隔离，并用72%的农用硫酸链霉素3 000倍液和水合霉素1 000倍液混合喷洒，严重的植株应集中销毁。

②叶斑病。叶斑病在高温、闷热的条件下容易发生。

主要症状：其症状常在老叶上显现。最初只见叶面上有失绿斑点，其后在叶背可见紫褐色、不规则的小斑点，继而斑点扩大，连接成直径为1～2 mm的病斑，病灶表面下陷。该病发生严重时，会对文心兰叶片的光合作用造成严重影响，甚至导致脱叶。

防治措施：可用70%的甲基硫菌灵可湿性粉剂1 000倍液或80%的代森锰锌可湿性粉剂800倍液混合喷洒，也可用25%的丙环唑乳油800～1 000倍液或75%的百菌清可湿性粉剂800倍液喷雾防治。

（2）虫害。文心兰常见的虫害有蜗牛和蛞蝓，应在兰园四周、种植床架支柱处撒石灰粉，兰园的地面和种植床架可用80%的四聚乙醛可湿性粉剂800倍液喷雾毒杀。对偶发的夜蛾幼虫和菜青虫为害幼苗，可用40%的辛硫磷乳油1 500倍液进行防治。红蜘蛛常在高湿、干燥、通风不良的条件下发生，在受害植株的叶背可见银灰色和褐色斑块，可用阿维·哒螨灵1 000～1 500倍液喷洒叶背和叶面，每周喷洒1次，连续喷洒3次。

（二）发财树种植技术

发财树，原名为马拉巴栗，原产于墨西哥，属木棉科、瓜栗属常绿小乔木，是热带观叶植物。发财树的形态优美、叶色翠绿，盆栽发财树适于在室内装饰和美化环境。发财树是十大室内观赏花木之一，我国台湾地区引种较早，广东、海南、福建、广西等地也已引进栽培。

发财树喜光又耐阴，在全日照和半日照或荫蔽的环境下均能生长。发财树的生长适温为20 ℃～30 ℃。当温度低于10 ℃时，发财树也能生长，但低于5 ℃时，其容易发生寒害。发财树较耐干旱，有膨大的根，茎基部储有大量水分，若土壤中的水分过多，会导致烂根。发财树对土壤要求不太严格，只要排水良好，它都能生长。

1.繁殖方法

发财树可采用扦插繁殖和种子繁殖方法。扦插繁殖速度快，但发财树的头茎不膨大，苗杆不美观，故该方法在园艺生产上极少采用。采用种子繁殖时，发财树具有出苗整齐、头茎大、便于编辫等特点，因此，花卉种植户一般采用种子繁殖。

（1）扦插繁殖。在春、秋两季，把发财树植株上长势健壮、长度约为20 cm的老枝取下，只保留枝条上部的两片叶子，将底部的叶片全部去掉，然后将枝条插入苗床（河沙或河沙＋椰糠）中，深度为15 cm左右。将新扦插的发财树放置在通风阴凉处，经2～3个月它就会长出新根。

（2）种子繁殖。发财树的种子一般在7—8月或12月成熟，待外果皮枯黄或干燥后采收。采收后，要剔除干瘪、开裂、长霉的种子。发财树的种子不能久放，采收后应立即播种。大规模播种育苗时，宜选用平整、土质疏松、通风透气的土地，播种前深耕细耙。放种子时，要注意种脐朝下。撒种后，种子盖土厚2～3 cm。盖土之后，用黑色的遮阳网盖住苗床，避免种子被烈日灼伤，直至种子发芽才可撤下遮阳网。

2. 栽培管理

（1）地栽苗的栽培管理。地栽苗是指将繁育成活的小苗移栽下地后的苗木。它主要用于园林绿化或作为造型材料。

① 选地。发财树对场地、土壤等要求不太严格，但以地势开阔、阳光充足、通风透气、排水良好、水源丰富的平地或缓坡地为宜，最好是土质疏松、肥力中等、pH为6.5左右的土壤。

② 移栽。当发财树小苗生长到20～30 cm高时，可将其移栽到大田。移栽前，要平整土地，并进行深翻细耙，然后定标、挖穴，可在穴内放入一定的有机肥或复合肥。移栽时，将小苗垂直放入穴正中，回土、压实，浇足定根水。

③ 浇水。发财树的茎为肉质茎，自身储有大量水分，比较耐寒，故发财树对水分要求不太严格。在移栽苗期，应保持土壤湿润，但忌浇水过多，造成根系腐烂。待植株成活后，可适当减少浇水次数。每次浇水时都要浇足、浇透。

④ 施肥。移栽后的第一年，每半年追肥一次。首先在每2株苗之间，离茎秆基部0.5 m左右的地方挖一个深10 cm、直径为20 cm的洞穴，然后在洞穴中放入复合肥25 g，最后盖土，防止肥料流失。在干旱季节，还可以将复合肥掺入水中，平均每穴用水1.5 kg，这样可以促进根部对肥料的吸收，提高肥料利用率。移栽后的第二年和第三年，每年各施肥1次，每次用量是第一年的2倍。

⑤ 修枝。地栽发财树的修剪主要是选留生长旺盛、直立的枝条作为主干，疏除树冠上过密的侧枝和徒长枝，同时将黄叶和叶缘干枯的叶片摘除。为了防止腐烂，不要对修剪后的枝条喷水，也不要让其淋雨。

（2）盆栽苗的栽培管理。盆栽苗是指种植在花盆里的、有生命的苗木。它主要用于室内装饰或景观布置。

① 选地。选择地势平坦、通风透气、排水良好、浇水方便的地块作为盆栽用地。在海南光照强、温度高的地区，应建造遮光度为50%～75%、可调节的遮阳网大棚，以利于降

温、保湿和避免日灼。为了有效地防除杂草，可搭建苗床，在苗床上铺黑色地膜。

②花盆选用。一般以塑料盆为主，规格根据盆栽苗的大小而定，能使盆和苗协调、匀称即可。例如，对于40 cm高的苗木，采用盆径为25 cm左右的花盆；对于90 cm高的苗木，采用盆径为30 cm左右的花盆。由于发财树基部膨大的程度不同，故还要根据膨大部位的大小来选择花盆的规格。

③盆栽基质。盆栽苗一般采用椰糠+红土种植，椰糠、红土的比例为2∶1。

④上盆。种植的深度根据苗木大小而定，一般以基质埋至根膨大部位的1/2处为宜。要求将苗木直立种在盆的正中，填土后，适当压实盆土。填土时，不要损伤植株。对于刚定植好的植株，不宜马上浇水，5 d后才开始浇水。在缓苗期，要做好通风、保温（温度为25 ℃～35 ℃）、保湿（湿度为50%～75%）工作。

⑤水肥管理。在盆栽发财树的生长期，要保持盆土湿润，不干不浇，宁干勿湿，不可积水。如水分过多或积水，则发财树会生长不良或根茎腐烂。但土壤也不宜太干，尤其是高温时，还需适当喷水，以保证叶片油绿、有光泽。

发财树生长迅速，需要充足的肥料。盆栽苗长新芽后，每周喷施氮、磷、钾比例为20∶20∶20的复合肥500～600倍液。为提高发财树的观赏价值、防止植株徒长，在生长旺季要少施氮肥。

3. 病虫害及其防治

（1）病害。

①根（茎）腐病。

主要症状：该病是发财树的常见病害，多在夏季闷热天气时发生。从茎基部到根部变为黑褐色、腐烂，嫩叶失去生机而枯萎。

防治措施：及时通风，保持栽培环境的干爽；注意栽培基质、栽培器皿的消毒；每隔7～10 d喷一次50%的百菌清可湿性粉剂800倍液或50%的多菌灵可湿性粉剂600倍液。

②叶枯病。

主要症状：该病是发财树的常见病、多发病，常在夏季发生。感病叶片出现黄色水渍状病斑，并出现黑色霉菌斑点，晃动树干时，病叶易脱落。

防治措施：发现病叶时，要及时摘除并销毁；加强养护管理，适时浇水、施肥。在感病初期，喷施75%的甲基硫菌灵可湿性粉剂1 500倍液或50%的多菌灵可湿性粉剂600倍液，每10 d左右喷一次。

（2）虫害。为害发财树的害虫主要有蔗扁蛾。

主要症状：该虫主要蛀食植株皮层，以幼虫在盆土中越冬。

防治措施：可用90%的晶体敌百虫1 000倍液或50%的辛硫磷乳油1 500倍液喷洒。

（三）红掌种植技术

红掌是天南星科、花烛属多年生草本花卉，原产于南美洲热带雨林，花型独特且颜色丰富，深受人们喜爱。我国于20世纪70年代开始引种红掌。据报道，在世界热带花卉贸易中，红掌的销量名列前茅。切花红掌属于高档切花，盆花红掌是年宵花的主打产品。目前，红掌已是鲜花市场上必不可少的种类。

红掌是典型的热带雨林植物，对环境的要求是高温、高湿、光照充足、通风透气。红掌的适宜生长昼温为26 ℃～32 ℃，夜温为21 ℃～32 ℃。红掌喜欢湿度较大的环境，适宜空气相对湿度为70%～80%。红掌忌阳光直射，其开花与光照长度没有相关性，与光照强度密切相关，最适宜的光照强度为15 000～20 000 lx。

1. 繁殖方法

红掌的繁殖方法有种子繁殖、分株繁殖、扦插繁殖和组织培养繁殖4种。目前生产上主要采用分株繁殖和组织培养繁殖方法。

（1）分株繁殖。红掌在生长过程中会从根茎处萌生新的植株，将其从母株上切割下来，重新种植，就形成了新的植株。在温度不低于15 ℃的情况下，全年均可进行分株繁殖。当幼苗长有3～4片叶、形成2～3条新根时进行分株，这样才能保证较高的成活率，并且幼苗高度不宜超过15 cm。操作方法如下：将整株植株从基质中取出，顺着幼苗找其根系，用锋利、消过毒的刀片将其从母株上断开，然后立即栽植到育苗床或育苗杯中。栽培基质要求疏松、透气，并进行消毒。该方法简便，分株繁殖的植株能完全保持母株的遗传性状，容易成活，且营养生长期短，分株1年后就能开花。

（2）组织培养繁殖。红掌的组织培养繁殖就是取其茎尖或叶片的一小部分（3～5 mm），在无菌的试管中，通过人工提供适宜的生长条件（如营养物质、温度、光照、湿度），形成新的植株群体。这样培育的苗称为试管苗或组培苗。当试管苗在培养瓶或培养袋中长到高3～5 cm、具有3片以上展开的叶片和3～5条新根时，就可以进行移栽。移栽步骤如下：

① 出瓶。首先将试管苗放置在栽植炼苗棚内，2～3 d后打开瓶盖，3～4 d后试管苗即可出瓶。试管苗出瓶时，应将小苗根部带有的培养基用清水冲洗干净，避免滋生细菌。然后用50%的多菌灵可湿性粉剂800倍液浸泡5 min，进行消毒处理。

② 移栽。移栽前，先配制好栽培基质，可采用泥炭土、珍珠岩的比例为1∶3或椰糠、珍珠岩的比例为2∶1或椰糠、粗砂的比例为2∶1等配比的基质。对于移栽地的环境条件，要求温度为25 ℃～30 ℃、湿度为80%～90%、光照强度为20 000 lx。移栽完成后，每天定时喷雾，以保持空气湿度。15 d后，可每周喷施红掌专用肥，喷一次杀菌剂防病。

2. 栽培管理

（1）栽培设施。

① 防雨控温温室。采用镀锌钢管作为支柱，覆盖塑料薄膜、玻璃等防雨材料，并在室内拉上遮阳网。根据栽培地的气候条件和实际需要，可在温室内配置加温设备、降温设备、通风设备、自动化控制装置等。这样温室能为红掌提供最适宜的生长条件，能生产出高质量的产品，且产量稳定，但造价高。

② 露天遮阳大棚。在冬季气温基本上不低于 15 ℃ 的地区，可选用露天遮阳大棚，以降低生产成本。海南属于热带地区，冬季气温较高，生产上基本采用露天遮阳大棚。由于受台风影响，在建棚时要考虑其抗风力。可用钢管作为支柱，在棚顶铺设一层遮光度为 75% 的固定遮阳网，在棚内距棚顶 20～30 cm 处设一层遮光度为 50% 的活动遮阳网，可根据光照强度调整遮光度。

（2）栽培基质。红掌生产上一般采用无土栽培，栽培基质应具有保水、保肥、排水良好、耐腐蚀、不含有害物质、能固定植株、透气性好等特点。根据海南的资源，可选用椰糠、椰壳、谷壳、花生壳、木屑等作为红掌的栽培基质，如椰糠、谷壳、花生壳的比例为 2∶1∶1。使用前，椰糠和椰壳要用清水浸泡或雨水淋溶，谷壳和花生壳要完全腐熟，木屑要经过发酵后才能使用。

（3）定植。常见的定植方式有两种：

① 苗床定植。该方式主要用于切花栽植。种植植株高度为 20～25 cm 的苗，苗床的宽度和高度分别为 120 cm、40 cm，苗床底部的排水层采用砾石或者陶粒，种植密度（株行距）以 30 cm×40 cm 为宜。

② 盆栽定植。该方式主要用于盆花栽植。每盆种植 2～3 株苗，根据苗的大小确定盆的型号和摆放密度。

定植前，先对红掌进行灌根处理。定植后，每隔 1 周要再灌根 1 次，连续灌根 3 次，这样能够对红掌根部的病害起到良好的预防效果，还能对根部的生长起到积极的促进作用。

（4）施肥。施肥时主要考虑大量元素的配比。红掌对微量元素的需求量不大，可根据实际情况进行补充。一般通过施用有机肥（如花生壳、牛粪、鸡粪等）就能满足红掌对微量元素的需求。有机肥在使用前必须完全发酵，且经过杀菌、杀虫处理。

可采用如下营养液配比：

① 营养液 A。每 1 000 L 浇灌水加入硝酸钙 37.5 kg、硝酸镁 5 kg 和 6% 的螯合铁 3.75 kg。

② 营养液 B。每 1 000 L 浇灌水加入硝酸钾 25 kg、磷酸二氢钾 15 kg、硫酸镁 20 kg、硫酸锰 34 g、硼酸 150 g、硫酸锌 115 g、硫酸铜 24 g 和钼酸钠 24 g。

营养液 A、B 配好后，用适量 59% 的磷酸将其 pH 调到 5.5～6。

使用前，分别将两种营养液按 100 倍稀释，搅拌均匀后可直接施用。根据每次的施肥量，随配随用。施肥方式主要采用浇灌，尽量不要将肥液施到植株的地上部分，以免灼伤花和叶。

（5）水分管理。在红掌的无土栽培过程中，要保持适宜的温度和湿度。由于红掌在吸收水分和养分时，主要是通过叶面和气生根进行的，所以在浇水时，要保证根部水分充足，并经常给叶面喷水。在夏季，由于温度较高，植株蒸发水分的速度会更快，所以需要每隔 3 d 就淋一次根。

（6）修剪。为了保证红掌的品质，应适当地对红掌进行整形修剪。有的植株会长出很多花蕾，花蕾之间会相互争夺营养，这样就会导致花朵发育不良，从而影响其观赏价值，也会影响整个植株的销售价格。因此，要将长得较好的花蕾留下来，将多余的花蕾剪掉，使花蕾有足够的营养供给。同时，还要将一些已经不具备观赏价值的老花剪掉。当红掌生长到一定程度时，枝叶会比较茂盛，花和叶子之间会争夺光照，从而缠绕在一起，这样容易引起花茎弯曲。因此，需要及时将叶子和花理顺，使花能够在植株的中心开放，且叶子能够向四周延展，使整株植株发育得比较丰满。从整体上看，植株会富有层次感，能够提升整株植株的观赏价值。

3.病虫害及其防治

（1）病害。

①根腐病。

主要症状：叶片边缘发黄、呈下垂状，根部变为褐色、腐烂。

防治措施：该病重在预防，应严格控制浇水量，如有积水，及时排除，并加强通风，注意清洁卫生，及时处理病株。发病时，可喷洒75%的百菌清可湿性粉剂800～1 000倍液。

②叶斑病。

主要症状：叶片上出现褐色斑点，斑点中央干枯，边缘呈黄色。

防治措施：喷施杀真菌制剂防治，如50%的多菌灵可湿性粉剂600～800倍液。

③细菌性枯萎病。

主要症状：该病多发生在叶片和花上。病斑中间呈棕色，边缘呈黄色。在病菌侵染初期，斑点呈水渍状，随后呈斑点状，扩展到整个叶片，造成植株死亡。

防治措施：以预防为主，定期喷施72%的农用链霉素可溶性粉剂4 000～5 000倍液，若发现病株，要及时销毁。

（2）虫害。

①红蜘蛛。

主要症状：该虫为害幼叶和芽，使之枯萎。红蜘蛛用口器刺入植株细胞吸取汁液，使植株失绿，出现银白色斑点。该虫为害花时，佛焰苞上呈现棕色斑点。

防治措施：用1.8%的阿维菌素乳油3 000～4 000倍液防治。

②蓟马。

主要症状：蓟马主要用口器刺入植株组织吸取汁液，导致叶片和花呈现棕色条纹。严重时，叶片变得发脆和变形。

防治措施：悬挂蓝板监测、诱杀，或喷施1.8%的阿维菌素乳油3 000～4 000倍液、10%的吡虫啉可湿性粉剂2 000～3 000倍液。

（四）散尾葵种植技术

散尾葵，又名黄椰子，属棕榈科，是常绿灌木或小乔木。散尾葵原产于非洲马达加斯加，可在热带、亚热带气候条件下种植，为热带观叶植物，我国华南地区已广泛引种栽培。

散尾葵可从一株植株上分生出许多子株，成丛生长在一起，枝叶茂密，叶色呈黄绿色且油润，四季常青，形态优雅，风韵独特，是近年来深受消费者喜爱、普及较广的盆栽观叶植物之一。

散尾葵喜高温高湿的气候条件，生长适温为20 ℃～30 ℃。散尾葵喜阳光充足，又耐阴，在全日照、半日照或荫蔽的环境下均能生长。但要生产高品质的盆栽苗和切叶，必须有一定的遮阳措施，在春、夏、秋三季，应遮去50%左右的阳光。散尾葵对土壤要求不严格，但以疏松且含丰富腐殖质的土壤为宜。

1. 繁殖方法

散尾葵可采用分株繁殖和种子繁殖两种方法，规模化生产中常用种子繁殖。

（1）分株繁殖。分株繁殖一年四季均可进行，以秋季为宜。具体操作方法如下：从生长健壮的母株上选取发育良好的子株，从根部将其与母株割离，切面应涂杀菌剂，以防止病菌感染。最简便的做法是涂一层草木灰，然后移入新盆或下地重新栽植即可。分株时，应尽量保留好根系，否则分株后子株生长缓慢，影响观赏。对于刚栽植的植株，因根系尚未发育好，应避免在强光下长时间照射。适量浇水，每天向叶面喷水数次，保持叶片湿润。气温保持在20 ℃～25 ℃，大约20 d后子株即可正常生长。一般养护1～2年，子株即可成为盆栽商品。

（2）种子繁殖。

① 种子预处理。在散尾葵果实成熟后，将采收的种子洗净，在35 ℃的温水中浸泡2 d，每天须换水，种子和水的体积比为1∶2。要去除浮在水面上的不成熟或受损的种子。

② 播种基质。播种基质包括土壤和无土基质，要求其具有良好的排水透气性。要求土壤土质疏松、排水良好（如沙壤土）；无土基质主要由椰糠、河沙、珍珠岩或泥炭组成。

③ 播种。可采用苗床播种与容器播种（盘播）。苗床播种是在建好的苗床上进行种子繁殖。播种前，应先在苗床底部铺上碎石块，加入播种基质，以利于排水。容器播种是用一种长方形、扁平的苗盘进行播种，该方法轻便且节省播种基质，现被生产者广泛采用。播种时，覆土厚度为种子横径的1～3倍，保持播种基质湿润。散尾葵从播种到生根萌芽需40～50 d，当幼苗高8～10 cm时，即可移栽。

2. 栽培管理

（1）田间栽培技术。田间栽培是将散尾葵苗直接栽种在地上进行养护。苗的主要用途是园林绿化或移栽上盆，不包括切叶。

① 选地和整地。散尾葵对场地和土壤的要求不太严格，但以地势开阔、通风透气、排水良好、水源丰富、土质疏松、肥力中等的平地或缓坡地为宜。地块选好后，要进行整地，包括清地、平整、挖沟、深翻、细耙等。另外，还要对土壤进行消毒处理。最简便的方法是烧土法，即在圃地堆放柴草，覆土焚烧，将烧尽后留下的草木炭与表土充分混合即可。此法既可灭菌，又可增加土壤肥力。此外，也可使用药剂对土壤进行消毒处理。

② 移栽。在海南，只要避开极端高温或低温天气，并保证供水，四季均可移栽散尾葵。

移栽小苗时，应选择半阴或有遮阳设施的环境。移栽大苗时，可选择全光照的地块，如果用于移栽的苗长期置于荫蔽环境下，则移栽后，应简易地拉一层遮光度为50%的遮阳网，待苗木稳定后即可撤下遮阳网。移栽前，要将苗木进行分级，以使移栽后苗木生长均匀。移栽时，应尽量选择阴雨天，避免在高温烈日下进行。种植密度（行株距）根据出苗的大小要求而定，主要有1 m×1 m、1 m×1.5 m、1.5 m×2 m等。定标后挖穴，可在穴内放入一定量的有机肥或复合肥，并将小苗垂直种在穴正中。可单株种植，也可多株种植，即把2株、3株或5株等不同数量的小苗合在一起，种在同一个穴内。然后回土、压实，浇足定根水。

③ 水肥管理。散尾葵相对比较耐旱，但水分充足有利于散尾葵的快速生长，并起调节湿度的作用。高温天气时，应多灌水或在叶面上喷洒清水，或采用遮阳网，以达到降温的目的。

施肥根据气候、土壤而定，春、夏季多施，秋、冬季少施，瘦土多施，肥土少施。尤其是磷肥，一旦由于缺磷出现症状，散尾葵就会很难恢复。尤其是幼苗，缺磷会使根系生长受到抑制，植株容易患猝倒病。施肥时，苗期以采用氮、磷、钾的比例为1∶1∶1为佳，可配成液肥淋施，每株每次用量为20～25 g，每个月施肥1～2次。另外，也可将混合好的肥料或复合肥埋入距植株根茎约50 cm的洞穴中，每个月施肥1次即可。随着苗的长大，应增施磷钾肥。入冬前，应停施氮肥，并增施钾肥，以增强苗的抗寒、抗冻能力。

④ 除草和修剪。除草是散尾葵日常管理的一部分，能避免杂草与散尾葵争夺水分、养分等。一般要求结合中耕进行人工除草，每个月至少1次。对于种植密度较小的大苗，可采用药剂防除杂草，根据实际情况，可选用草铵膦除草剂，但要在喷雾头上加装防护罩，可以将可乐瓶剪下前半段套在喷头上。散尾葵不需要整形修剪，但要定期剪除病叶与枯叶，尤其是种植过密时，应去除下层老叶，以利于透光和通风。对于病叶与枯叶，应及时焚烧，以防止病虫害。

（2）室内盆栽技术。室内盆栽是指将散尾葵栽种在花盆中，放置在室内或栽培设施内进行养护的栽培方式。

① 花盆选用。盆栽散尾葵可选择的花盆种类很多，盆的规格根据苗的大小而定，要能使盆和苗协调、匀称。上盆前，要对盆底的排水孔进行处理，通常用拱形瓦块把排水孔部分悬空地遮住，以免栽培基质漏出，但切忌把排水孔堵死。有时瓦块过平，可用两块瓦片交错相叠，呈"人"字形，这样水可以从侧面排出。

② 栽培基质配制。要求盆栽散尾葵的栽培基质质地疏松、透气性好、肥沃、呈弱酸性。可用腐叶土（或泥炭土）与河沙（或珍珠岩）按2∶1混合，掺入少量基肥（如厩肥、复合肥等）配制而成。配制好后，要对其进行消毒处理，可用百菌清烟熏剂熏蒸消毒，也可将广谱性杀菌剂和杀虫剂与栽培基质充分混合。

③ 苗木选择。应选择健壮的植株，切忌选择长势弱或有病虫害的植株。主要观察其心叶和剑叶，如有干枯、萎蔫的痕迹，则根系很可能已开始腐烂、衰败。此外，还要看其茎、叶是否受病菌或害虫侵害、根部是否腐烂、有无线虫。

④上盆。散尾葵苗培育到一定株形和大小后,应将其从地里或育苗袋里移栽到花盆内。移栽时,要注意把苗种在盆的正中,深度适中,以刚好埋到根茎处为宜,浇透水即可。散尾葵属丛生植物,根系发达、生长旺盛,还会不断从母株上分生出许多子株。盆栽散尾葵种植2～3年后,应及时换盆。换盆时,先将整丛植株从盆中取出,去除附在根部1/3～1/2的基质,剪去缠绕过多的须根和老根,适当修剪病叶、老叶或生长过密的叶片,然后用重新配制的栽培基质将其栽植到更大的花盆中。如果植丛太大,也可将其切割成若干丛后再装盆。栽种完毕后,可用广谱性杀菌剂和杀虫剂的混合液喷洒整株植株,并使药液流入根部,预防伤口感染。一年四季均可换盆,以春季最佳。

⑤水肥管理。浇水应根据季节,遵循"干透湿透"的原则,在干燥、炎热的季节适当多浇,低温、阴雨时控制浇水。若气温过高,还可向植株的叶片、茎秆等部位喷洒清水,以达到降温、增湿的目的。当盆中的土质有板结现象时,可进行松土,以改善土壤的透气性。松土时,可沿盆的内缘进行,不宜过深,否则会伤到根系。施肥时,多采用氮、磷、钾比例均衡的复合肥1 000～1 500倍液淋施的方法,每个月施肥1～2次,或向盆内撒施缓释肥。

3. 病虫害及其防治

(1)病害。

①叶枯病。

主要症状:病菌最先侵染叶尖和叶缘。在发病初期,染病处出现褐色斑点或条块斑块;在发病中期,斑点或斑块逐渐扩大并相互连接;在发病后期,叶片呈灰白状干枯。

防治措施:引种或购苗时,要加强疫病检查,不引进带病植株;加强通风,在发病期,避免雨淋和喷淋;及时将受害枝叶剪除,阻止继续侵染,修剪后对伤口抹硝酸咪康唑乳膏进行处理;如有病害发生,可用70%的甲基硫菌灵可湿性粉剂800液或75%的百菌清可湿性粉剂1 000倍液喷洒,间隔7～10 d喷施1次,连续喷3～4次,可有效控制病情。

②叶斑病。

主要症状:病斑大多产生于老叶上,在高温、多雨季节容易蔓延。病斑呈圆形或不规则形状、褐色,外围有黄色晕圈,上面散生小黑点。在发病后期,叶尖干枯、卷曲。

防治措施:加强栽培管理,苗圃要适当荫蔽,合理施肥,适当增施钾肥。在发病初期,可喷洒1%的石灰半量式波尔多液。

③炭疽病。

主要症状:该病主要危害叶片,病斑多在叶尖或叶缘发生。在发病初期,叶尖或叶缘出现褐色小斑点,外围有黄色晕圈,斑点逐渐扩大为呈半圆形或不规则的病斑。发病严重时,叶尖处的病斑向叶基方向发展,长条形病斑可达叶的1/3～1/2,呈黄褐色至褐色。在发病后期,病部变成灰白色,斑缘的叶组织变为黄色,病斑上散生黑色小点,即分生孢子盘。

防治措施:加强养护管理,如加强肥水管理,施有机肥,适量增施磷钾肥,氮肥适量,及时浇水,避免喷灌;及时清除病枯叶残体,并做深埋处理;温室通风、透光良好,降温、降湿;

在生长季节发病时，应及时喷药，可用 50% 的咪鲜胺锰盐可湿性粉剂 1 000～1 200 倍液等。

（2）虫害。为害散尾葵的主要害虫是介壳虫。

主要症状：它是一种具有刺吸式口器的害虫，可通过口器吸取植物的汁液。被害植株不但生长不良，而且会出现叶片泛黄、提早落叶等现象，严重的枯萎、死亡。在高湿、高温气候下为害较为严重。介壳虫的虫体被一层角质的甲壳包裹，用药物对它直接喷洒不易奏效，应进行综合防治。

防治措施：定期清除杂草，修剪病叶、老叶，保持栽培环境清洁、通风透气。经常检查病虫害的发生情况，一旦发现有虫植株，应及时隔离，并将有虫的叶片摘除、销毁，以防蔓延。用药物防治的关键是在幼龄若虫活动时施药，一旦发现有介壳虫从母体下往外爬，应立即喷药防治。一般用 18% 的吡虫·噻嗪酮悬浮剂 1 000～1 500 倍液或 2.5% 的溴氰菊酯 3 000 倍液喷雾，也可用松脂合剂或其他内吸性农药防治。可采用生物防治方法，即利用天敌防治介壳虫。这是比较彻底且省事的方法，但技术性较强。介壳虫的种类不同，其天敌也不同。例如，吹棉介壳虫的主要天敌是澳洲瓢虫和大红瓢虫；粉介壳虫的主要天敌是孟氏隐唇瓢虫；黑点介壳虫的主要天敌是寡节小蜂；甲介壳虫和红蜡介壳虫的主要天敌是跳小蜂；等等。

 思考题

1. 观叶花卉的繁殖方法有哪些？
2. 观叶花卉的病虫害防治措施有哪些？
3. 球根花卉的繁殖方法有哪些？
4. 球根花卉的病虫害防治措施有哪些？
5. 兰花的繁殖方法有哪些？
6. 发财树的繁殖方法有哪些？
7. 红掌的病虫害防治措施有哪些？

第二章 养殖类

我国是一个养殖大国，猪的养殖数量约占世界的 1/2，家禽约占 1/3，羊约占 1/5，牛约占 1/11。猪肉和鸡蛋产量多年来位居世界第一，畜产品供给在保障市场消费、促进农民增收、维护食品安全、推进绿色发展、稳定物价水平等方面占有举足轻重的地位，也是我国城乡居民"菜篮子"商品供应的"重头戏"，应当说，"不够吃"和"不安全"的问题已经基本得到解决。但我国不是养殖强国，与养殖强国之间还有较大的差距；在疫病、药物残留、环境污染等方面，我国养殖业的持续健康发展受到制约。很多规模养殖场的设备老化，结构不合理，无法提供现代养殖动物所需的良好环境，更无法发挥其生长潜能。

第一节 猪生产技术

知识目标

1. 了解适合在海南饲养的猪品种和猪舍的建设要求。
2. 理解养猪生产的流程和管理技术。
3. 掌握养猪设施消毒的药品及要求。

技能目标

1. 学会饲料的配比和配制方法。
2. 学会按照标准挑选仔猪。
3. 学会养猪过程中的技术要点和对猪病进行防治。

一、适合在海南饲养的猪品种和猪舍的建设

（一）适合在海南饲养的猪品种

1. 长白猪

长白猪原产于丹麦，毛色为全白，瘦肉产量较高。长白猪的头狭长，颜面平直，耳大

且向前倾，体躯长。成年公猪重250～350 kg，成年母猪重220～300 kg。母猪窝平均产仔10～12头，仔猪的断奶体重为15～18 kg，平均日增重700 g，料肉比为3.5∶1。

2. 大约克夏猪

大约克夏猪又称大白猪，原产于英国。该猪全身被毛呈白色，体格大；头较长，耳薄且较大，稍向前立。成年公猪重300～500 kg，成年母猪重250～350 kg。母猪窝平均产仔10头。60 d断奶时，仔猪的体重可达16 kg以上。料肉比为（3～3.5）∶1。

3. 杜洛克猪

杜洛克猪原产于美国。该猪全身被毛呈棕红色，两耳中等大小，略向前倾，头小清秀，背呈弯弓形，后躯腿臀部肌肉发达、丰满，四肢骨骼粗壮结实，蹄部呈黑色。该猪平均日增重可达600 g以上，料肉比为2.91∶1，适宜作为第二父本。成年公猪重340～450 kg，成年母猪重300～390 kg。

4. 太湖猪

太湖猪主要分布于长江下游江苏、浙江和上海交界的太湖流域。它是世界上猪种繁殖力最强、产仔数量最多的品种。太湖猪头大额宽，额部皱褶多且深，耳特大、软而下垂，全身被毛呈黑色或青灰色，乳头数量多为16～18个，母猪窝产仔15头以上。

5. 屯昌黑猪

屯昌黑猪主要分布于海南的屯昌和定安，外表以白肚皮、三角形印堂、黑脊背为主要特征。该猪具有抗病力强、脂肪洁白、水分少、瘦肉率高、肉味道鲜美等特点。7～8月龄时，该猪的体重可达90～100 kg，母猪窝产仔11头以上。

6. 定安黑猪

定安黑猪的头大小适中，全身被毛呈黑色，两耳向前上方直立或平伸，面微凹，额较宽，背肩结合良好；背腰宽、平直或微拱，以双脊为主，偶见单脊，腹小；四肢健壮，腿臀较丰满，体质结实，结构匀称。8月龄时，该猪的体重可达100 kg，母猪窝产仔11头以上。

7. 陆川猪

陆川猪主要分布于广西和海南。该猪的体型特点为矮、短、宽、肥、圆。它背腰宽广、凹下，腹大、常拖地，毛色呈一致性黑白花。陆川猪具有繁殖力高、母性好、抗逆性强、肉嫩味鲜、体型紧凑、遗传力稳定等优点。8月龄时，该猪的体重可达100 kg，母猪窝产仔11头以上。

8. 五指山猪

五指山猪分为黑系、白系、黑白花系3个系列。但不同体系的养殖方法是一样的。该猪的臀部肌肉不是很发达，加上头小，形成了头、尾两头尖的情况，形似老鼠，所以也称为"老鼠猪"。8月龄时，该猪的体重可达23 kg，母猪窝产仔7头以上。

（二）猪舍的建设

猪舍修建合理与否对养猪效益的影响很大。猪舍要根据本地的环境和资源科学设计，使其节约能源、利用自然资源来降低生产成本。特别是要有相应的环保设施来保证猪粪尿的处理。

1. 猪舍设计的基本原则

（1）要远离居住区，须建在居住区的下风口。

（2）干燥、向阳、通风，有利于猪的生长发育，充分发挥猪的生产能力，提高生产效率。地坪坡度不小于3°，以利于排水。

（3）舍高不低于2.5 m。

（4）交通、水电便利，应与厕所、沼气相结合。

2. 内外环境对猪舍设计的要求

（1）猪舍的环境。猪舍的环境主要是指温度、湿度、气体、光照，以及其他一些影响环境的卫生条件等，是影响猪生长发育的重要因素。适宜的环境能促使猪发挥其生长潜力，但恶劣的环境会产生不良后果，甚至造成猪死亡。因此，为保证猪正常的生活与生产，必须人为地创造一个适合猪生长的环境。

（2）猪舍的布局形式。猪舍的布局一般根据地形条件、生产流程和管理要求而确定，目前主要采用单列式猪舍、双列式猪舍和多列式猪舍。

① 单列式猪舍。它是指猪舍按一定的间距依次排成单列，组织比较简单，一边是净道，一边是污道，互不干扰。

② 双列式猪舍。它是指猪舍按一定的间距依次排成两列。其特点是，当猪舍数量较多时，排成两列可以缩短纵向深度，布置集中，供料路线两列共用，电网、管网等布置路线短，管理方便，能节省投资和运转费用。

③ 多列式猪舍。大型猪场可以采用三列式、四列式等多列式猪舍布局，但道路组织比较复杂，道路多，主次不易分辨。

自然养猪的猪舍因考虑到以自然通风为主，其跨度较小（6～9 m）。如果猪舍的规模较大，则其会让人感觉建筑过于分散，占地面积较大，并导致道路、管线长度、基建投资和日常经营费用增加。因此，应在解决通风问题的前提下，适当加大跨度（12～18 m），使建筑布置更加紧凑。

3. 各类猪舍的构造

按猪群的性别、月龄、生产用途，可分别建设各种专用猪舍，如母猪舍、保育猪舍、育肥猪舍和公猪舍等。

（1）母猪舍。母猪舍又分为妊娠猪舍和分娩猪舍。妊娠猪舍可采用群养模式，分娩猪舍常采用分娩栏或产床进行饲养。母猪舍，特别是分娩猪舍，由于对温度控制要求高，应注意做好保温工作。

① 妊娠猪舍。妊娠猪舍可用双列式或单列式结构，其建筑跨度不太大，以自然通风为主。当前比较新兴的妊娠猪舍采用母猪自动饲喂系统与自然养猪相结合。

② 分娩猪舍，即产房。分娩猪舍一般有如下3种模式：

A. 母猪、仔猪均在产床上，粪尿流入垫料池。垫料池仅起分解粪尿的作用。

B. 产床限制母猪，仔猪可以在产床上或垫料池中活动。这种模式扩大了仔猪的活动范围，有利于恢复其自然习性。

C. 无限位栏，有饲喂台，母猪、仔猪均可自由活动。

（2）保育猪舍。仔猪断奶后移入保育猪舍再饲养40～60 d。在两边的自动饲喂槽中添加临近阶段的饲料，让猪只自由择食。猪只的活动区域加大，它们可以嬉戏，有利于恢复其生物习性。

（3）育肥猪舍。育肥猪舍采用单列式比较合适，以保证阳光充足，猪只的活动区域大。育肥猪舍的围墙高度为1～1.2 m，每头猪的饲养面积为0.8～1 m²，内部的其他设施与公猪舍相同。两排猪舍之间有宽1 m的过道，便于通行和转栏时使用。

（4）公猪舍。公猪舍的栏高不低于1.3 m，面积不小于7 m²。

圈栏面积如下：哺乳母猪为5 m²/头，断奶仔猪为0.3 m²/头，青年猪为1 m²/头，育肥猪为2 m²/头，青年母猪（空怀）为2 m²/头，公猪为2 m²/头。猪的运动场面积与卧睡面积的比例一般为1∶1，对种猪，应适当加大比例。

特别地，对于五指山猪，猪舍长30～50 m，宽12～18 m，高不低于2.5 m。

（1）后备公猪栏。后备公猪栏面积为2～3 m²/头，围墙高度为1.5～1.6 m。与公猪栏相连处有30～40 m²的运动场地，以保证公猪有足够的活动空间。公猪栏的面积为4～6 m²/头。

（2）后备母猪栏。后备母猪栏按2 m²/头的面积准备。每个母猪栏一般养8～9头母猪，面积为16～20 m²，围墙高度为1.3 m左右。

分娩栏有两种：一种是水泥栏；另一种是金属材质的产仔栏。产房的面积为3～4 m²，配有一个面积约为0.5 m²的保温室，用于给刚出生的仔猪提供温暖的环境。

（3）仔猪栏。仔猪栏每平方米可以放养3头仔猪，面积一般为5～7 m²，围墙高度为1.1～1.3 m。

二、猪舍及器具的消毒技术

对猪舍进行消毒是防病的主要工作。无论新建的猪舍还是已经养过猪的猪舍，都要严格按要求进行消毒，这样才能保证猪的健康生长。

（一）常用的消毒药剂

1. 过氧化物类消毒药剂

（1）过氧乙酸。过氧乙酸又称为过乙酸、过氧化乙酸，是高效、低毒、速效、广谱杀菌剂，能有效杀灭细菌繁殖体、结核杆菌、霉菌、病毒、芽孢以及其他微生物。

实际应用：常配成 0.1%～0.2% 的浓度，用于猪舍内外环境、用具和带猪消毒。但要注意，带猪消毒时，不要直接对着猪的头部喷雾，以防止伤害猪的眼睛。

（2）高锰酸钾。高锰酸钾又称为过锰酸钾、灰锰氧，是一种强氧化性消毒药，能够氧化微生物体内的活性基，从而将微生物杀灭。

实际应用：常配成 0.1%～0.2% 的浓度，用于猪的皮肤、黏膜消毒，主要是临产前母猪的乳头、会阴以及产科局部消毒用。

2. 氯化物消毒剂

氯化物消毒剂的杀菌谱广，能有效杀灭细菌、结核杆菌、真菌、病毒、阿米巴包囊和藻类，作用迅速，其残氯对人和动物无害。氯化物消毒剂的缺点是，对金属用品有强腐蚀性，高浓度时对皮肤黏膜有一定的刺激性。

（1）漂白粉。漂白粉的主要成分是次氯酸钙和氯化钙，杀菌广谱，作用强但不持久。它主要用于厩舍、畜栏、饲槽、车辆等的消毒。

实际应用：用 5%～10% 的混悬液喷洒猪舍，也可以用干粉末撒布。用 0.03%～0.15% 的溶液进行饮用水消毒。

（2）次氯酸钠。次氯酸钠是液体氯化物消毒剂，是一种快速、有效和杀菌力特别强的消毒剂，目前广泛用于饮用水、污水和环境消毒。

实际应用：对于畜禽水质消毒，常用维持量为 2～4 mg/L 的有效氯的氯化物消毒剂溶液；对于猪舍内外部环境消毒，常用维持量为 5～10 mg/L 的有效氯的氯化物消毒剂溶液。用浓度为 3 mg/L 的氯溶液带猪喷雾消毒。

（3）超氯。超氯是一种含二氧化氯的二元复配型消毒剂。二氧化氯具有很强的氧化作用，能使微生物蛋白质中的氨基酸氧化分解，对各种细菌、霉菌、病毒和藻类等微生物都具有杀灭作用。它广泛应用于畜禽场、饮用水、环境、饲喂用具等的消毒。

实际应用：畜禽水质消毒常用 5 mg/L 的浓度，环境消毒用 200 mg/L 的浓度，饲喂用具消毒用 700 mg/L 的浓度。

（4）强力消毒王（兽药）。强力消毒王是一种新型复方含氯消毒剂。其主要成分为三氯异氰尿酸，并加入阴性离子表面活性剂等。它的消毒杀菌力强，对人畜无害，对皮肤、黏膜无刺激性、无腐蚀性，具有防霉、去污、除臭效果，稳定性好、持久、耐贮存；可带畜禽喷雾消毒；对各种病毒、细菌、霉菌和畜禽寄生虫卵均有较好的杀灭作用。

实际应用：一般饮用水按 2～5 mg/L 的浓度消毒，畜禽按 25 mg/L 喷雾消毒，其他消毒按说明书要求配制进行。

3. 碘类消毒剂

碘是广谱消毒剂，对细菌、结核杆菌、芽孢、真菌和病毒等都有快速杀灭作用。

（1）碘酊（碘酒）。碘溶于乙醇中形成碘酊，它常用于皮肤消毒。它的水溶液适用于黏膜消毒。碘酊是一种温和的碘类消毒剂溶液，一般配成 2%～3% 的浓度。配制方法如下：碘 2 g+ 碘化钠或碘化钾 2 g+ 乙醇（70%）至 100 mL。

实际应用：将 2%～3% 的碘酊涂在皮肤上。该浓度的碘酊不会灼伤皮肤，因此，临床上常将其用于注射部位、外科手术部位，以及各种创伤或感染部位的皮肤消毒。

（2）碘附。碘附能增强碘在水中的溶解度，由于它易溶于水，其浓度比游离碘高10倍以上。碘附对黏膜和皮肤无刺激性，也不致引起碘的过敏反应。其杀菌力与碘酊相似，除具有消毒作用以外，它还具有清洁作用，而毒性极低。同时，它对碳钢、铜、银以及其他金属均无腐蚀性。

实际应用：临床上常用 0.5%～1% 的碘附。它可以用于注射部位、手术部位的皮肤、黏膜，以及创伤口、感染部位的消毒，也可以用于临产前母猪乳头、会阴部位的清洗消毒。

碘附也可用于水的消毒，特别是饮用水的紧急处理，即用 8 mg/L 的有效碘作用 10 min，能有效地杀灭水中的微生物。

（3）特效碘消毒液。特效碘消毒液为复方络合碘溶液，具有广谱、长效、无毒、无异味、无刺激性、无腐蚀性、无公害等特点，能杀灭致病的葡萄球菌、化脓性链球菌、炭疽杆菌、破伤风杆菌、巴氏杆菌、大肠杆菌、绿脓杆菌、沙门氏菌、肺炎双球菌等，以及甲型和乙型肝炎病毒、副粘病毒、痘病毒等。

实际应用：畜禽舍喷雾消毒时，常将 0.3% 的特效碘消毒液进行 40～80 倍稀释后使用。

4. 氯己定

氯己定又称为洗必泰，是一种毒性、腐蚀性和刺激性都弱的安全消毒剂，其抑菌能力非常强，尤其对大肠杆菌、伤寒杆菌、绿脓杆菌、金黄色葡萄球菌、炭疽杆菌有很强的抑制作用。低浓度的氯己定也有很强的抑菌作用，并能在皮肤上维持较长时间。目前国内主要有双醋酸氯己定和双盐酸氯己定两种。

实际应用：它主要用于外科手术前人员手臂和皮肤、黏膜部位的消毒，浓度可为 0.5%。另外，0.1%～0.2% 的氯己定溶液可用于临产前母猪胸腹下、乳头、后臀部、会阴等部位的消毒。0.1% 的氯己定溶液也可用于产房带猪消毒。

5. 季铵盐类消毒剂

季铵盐类消毒剂主要用于无生命物品或皮肤消毒。季铵盐化合物的优点是毒性极低、安全，无味、无刺激性，在水中易溶解，对金属、织物、橡胶和塑料等无腐蚀性。它主要对革兰氏阳性菌的抑制作用好，对革兰氏阴性菌的抑制作用较差。对芽孢、病毒和结核杆菌的作用差，不能杀灭。目前，为了克服这一方面的缺点，厂家又研制出复合型的双链季铵盐化合物，它较传统季铵盐类消毒剂的杀菌力强数倍。有的产品还结合杀菌力强的溴原子，使分子的亲水性和亲脂性倍增，更加增强了杀菌作用。

（1）新洁尔灭。新洁尔灭即苯扎溴铵，在水、乙醇中易溶。其温和，毒性低，无刺激性，不着色，不损坏消毒物品，使用安全，应用广泛。

实际应用：临床中常配成浓度为 0.05%～0.1% 的新洁尔灭，用于外科手术中器械和人员手臂的消毒。

（2）度米芬。度米芬也称为消毒宁，由于能扰乱细菌的新陈代谢，故它具有抑菌、杀菌作用。

实际应用：常配成浓度为0.02%～1%的溶液，用于皮肤、黏膜消毒和局部感染湿敷。

（3）瑞德士-203消毒杀菌剂。瑞德士-203消毒灭菌剂是由双链季铵盐和增效剂复配而成的。它具有低浓度、低温快速杀灭各种病毒、细菌、霉菌、真菌、虫卵、藻类、芽孢和畜禽致病微生物的作用，主要用于猪瘟、鸡瘟、免疫禽霍乱、痢疾的防治。

实际应用：平常预防时，用40型号的瑞德士，按3 200～4 800倍稀释进行猪舍内、外部环境的喷洒消毒，按1 600～3 200倍稀释进行疫场消毒。

（4）百菌灭消毒剂。百菌灭是复合型双链季铵盐化合物，结合具有很强杀菌力的溴原子，能杀灭各种病毒、细菌和霉菌。

实际应用：平常预防时，按800～1 200倍稀释进行猪舍内喷雾消毒，按800倍稀释进行疫场内、外部环境消毒，按3 000～5 000倍稀释可长期或定期为饮用水系统消毒。

6. 乙醇

乙醇是一种醇类消毒剂，是医学上最常用的消毒剂。它可以使细菌的蛋白质变性，干扰细菌的新陈代谢，迅速杀灭各种细菌繁殖体和结核杆菌。乙醇溶液无毒、无害、无色、易挥发，故临床上常用它进行注射部位皮肤消毒和脱碘、器械灭菌、体温计消毒等。

实际应用：常配成浓度为70%～75%的乙醇溶液，用于注射部位皮肤、人员手指、注射针头和小件医疗器械等的消毒。

7. 甲酚皂溶液

甲酚皂溶液，别名为来苏儿，是含50%甲酚的皂溶液。它可以使微生物原浆蛋白质变性、沉淀，从而起杀菌或抑菌作用。甲酚皂溶液能杀灭一般细菌，但对芽孢无效，对病毒与真菌也无杀灭作用。

实际应用：常配成1%～2%的浓度，用于体表、手指和器械消毒。浓度为5%的甲酚皂溶液可用于猪舍污物消毒等。

8. 福尔马林

福尔马林是浓度为35%～40%的甲醛水溶液。它是一种杀菌力极强的消毒剂，能有效地杀灭各种微生物（包括芽孢），但作用非常迟缓，需要长时间才能杀灭。

实际应用：配成浓度为5%的甲醛酒精溶液，可用于手术部位消毒。浓度为10%～20%的甲醛水溶液可用于治疗蹄叉腐烂。浓度为10%～20%的福尔马林（相当于浓度为4%～8%的甲醛水溶液）可用于喷雾、浸泡、熏蒸消毒。

9. 氢氧化钠

氢氧化钠属于碱类消毒药，能溶解蛋白质，破坏细菌的酶系统和菌体结构，对机体组织细胞有腐蚀作用。它对细菌繁殖体、芽孢、病毒都有很强的杀灭作用，对寄生虫卵也有杀灭作用。

实际应用：常配成浓度为2%的热溶液，用于被病毒、细菌和弓形体污染的猪舍、饲槽、车轮等的消毒。浓度为3%～5%的溶液用于炭疽芽孢污染场地消毒。浓度为5%的溶液用于腐蚀皮肤赘生物、新生角质等。

10. 硼酸

硼酸是一种酸类消毒药，只有抑菌作用，没有杀菌作用，但刺激性很小，不损伤组织。

实际应用：常配成浓度为2%～4%的溶液，冲洗猪的眼、口腔黏膜等。浓度为3%～5%的溶液用于冲洗新鲜创伤。

（二）消毒时应注意的事项

消毒时应注意以下事项：

（1）消毒前，可根据消毒的目的和用途，选择对病原体消杀作用强、有效期长、对人畜毒性小、不损伤物体和器械、易溶于水、价廉、广谱和使用方便的消毒药剂。但在实际工作中，很难选出完全符合这些条件的消毒药剂，只能根据当地的实际情况，选择适合的消毒药剂。

（2）应用消毒药剂时，必须注意以下直接影响消毒效果的因素：

① 对于环境与猪舍内、外的消毒，首先要彻底消扫、洗刷、去除粪便硬痂和其他有机污物，猪舍内的顶棚也要清扫，去除尘埃和蜘蛛网，否则会影响消毒效果。

② 带猪消毒时，一定要采用对人畜刺激性小、毒性低的消毒药剂，并且不能直接对着猪的头部喷雾消毒，以防止对猪的眼睛造成伤害。

③ 使用消毒药剂的浓度与消毒效果成正比，必须按规定的浓度使用，否则会影响消毒效果。

④ 消毒药剂的药效随环境温度的升高而增强，也随着时间的延长，效果更好。用热火碱水或福尔马林加热熏蒸消毒时，要在无畜禽的情况下进行。

三、仔猪的挑选、运输、分群与调教

（一）仔猪的挑选原则

（1）对于育肥仔猪，首先要挑选优良的三元杂交仔猪，其次是二元杂交仔猪，即外三元（如杜洛克猪×长白猪×大约克夏猪等）的杂交后代或内三元（如杜洛克猪×长白猪×本地猪等）的杂交后代。

（2）选择到没有传染病和寄生虫病的正规商品仔猪繁殖场（户）挑选仔猪，并要求对方出具兽医防检部门的疫病检疫报告。

（3）仔猪群应发育良好，外观整齐、均匀，毛色一致。

（4）逐头进行外观鉴定，挑选健康无病的优良仔猪。

总之，挑选的仔猪应具有生命力强、体格健壮、生长发育快、饲料利用率高、抗病力强、易饲养等优点。这种仔猪的产肉量高，节省饲料，成本低，效益高。

（二）仔猪的挑选方法

1. 看外貌

健康仔猪的体格健壮，发育优良，肥嫩喜人；身腰长，前胸宽，后臀丰满，肚腹饱满，四肢健壮有力，身体各部位比例适当；皮毛光滑、整洁，无出血斑点。体瘦骨露、肚腹紧缩、被毛异立、毛长无光、体表污秽不洁等的仔猪为病仔猪。

2. 看姿势、精神

健康仔猪的精神饱满，头、耳转动灵活，对外界刺激反应灵敏；站立姿势自然，行动轻健自如，尾巴有规律地左右自然摆动或卷曲呈环状。有跛行、畸形的仔猪不选；腿型呈内八字、外八字的仔猪不选；腿粗细不一致、关节肿大、蹄系不佳的仔猪不选。

3. 看眼睛、鼻盘

健康仔猪的眼睛明亮有神、洁净、无分泌物、无泪痕；鼻盘潮湿（白猪的鼻盘呈粉红色）、无水疱。

4. 看呼吸

呼吸平和、气流均匀、频率为 10～20 次/min 者为健康仔猪。呼吸次数多、呼吸困难、气喘者为病仔猪（气温高时除外）。

5. 看采食、饮水

健康仔猪食欲旺盛，喂前呈饥饿状，在食槽周围乱叫不安，加入饲料后争先恐后地大口吞食，且发出有节奏的吞食声，然后很快便吃饱，离槽自由活动或卧地休息。

6. 听叫声

叫声尖而清脆者为健康仔猪。叫声嘶哑或无声者为病仔猪。

7. 摸体温

用手触摸仔猪的耳根和腹部，手感稍温热者为健康仔猪，感觉热而烫手者为病仔猪。

8. 查二便

健康仔猪排出的粪便呈细香肠样，不含未消化的饲料颗粒、气泡、黏液、浆液、血、脓等。如果粪便呈粥状、水样或干燥呈算盘珠状，含有未消化的饲料颗粒、气泡、黏液、浆液、血、脓等，则它为病仔猪。尿液呈无色透明水样者为健康仔猪，否则为病仔猪。

（三）仔猪的运输

对挑选好的仔猪按规程做防疫，运输前检疫。购买仔猪时，可向卖主验看防检证明。装车后尽快运回猪舍，夏季要避免暴晒。

（四）仔猪的分群与调教技术

仔猪的分群与调教对保育猪舍的饲养管理起极其重要的作用。做好仔猪的分群与调教工作，不仅可以提高出栏整齐率，减少对仔猪的抓、调、转应激，而且可以减少出栏次数，提高环境的清洁程度。

1. 分群

（1）转入前，先按计划计算每栏大约能安放的仔猪数量（尽可能留一个空栏备用）。

（2）转入时，先把猪群放置于猪舍内的中间栏，然后向两边分猪，依次将大的猪挑出并放置于上风向，将小的猪挑出并放置于下风向，这样可大大提高工作效率。残次猪放置于最后栏。

（3）随时关注仔猪的生长状况，及时挑出同一栏中较小或有病的仔猪，集中于一栏中加强饲养，以免每天对这类仔猪打针或用药，而加深对其他仔猪的刺激。

2. 调教

调教是为了使断奶仔猪养成良好的吃料、睡觉、排泄习惯。从分群开始，就要对仔猪进行调教，这样有利于管理。仔猪转入时，由本单元的饲养人员负责调教，其他人员负责分群。猪有定点排粪尿的习惯，通过人为调教，它们就会在固定的地点排粪尿。方法如下：猪入栏前，在饮水器一边或排粪口放置猪的大便，诱使猪在此排尿便。若猪在其他地点排尿便，则对其进行驱赶。

四、饲料和配方

（一）配合日粮的组成

配合日粮的组成如下：

（1）能量饲料。

① 糠麸类。这类饲料有米糠、麦糠、红薯藤糠、花生藤糠、毛豆叶糠、珠花草秸秆糠等。猪用量为饲料总量的10%～15%，最多不超过20%。

② 禾本科籽实。这类饲料主要有玉米、水稻、小麦、大麦和碎米等。猪饲料中的用量在50%以上。

③ 块根块茎类。这类饲料主要有木薯、地瓜、佛手瓜、马铃薯、南瓜和胡萝卜等。

（2）蛋白质饲料。

① 植物性蛋白质饲料（饼粕类）。这类饲料主要包括大豆饼（粕）、花生饼（粕）、菜籽饼、棉籽饼、芝麻饼等。猪用量为饲料总量的10%～25%。大豆饼和花生饼的营养好，可配25%；菜籽饼和棉籽饼要低于10%；芝麻饼可加5%。菜籽饼和棉籽饼作为饲料时，要先脱毒；对于其他饼类，只需蒸煮或炒熟配喂即可。

② 动物性蛋白质饲料。这类饲料包括蚕蛹、鱼粉、骨粉、血粉、羽毛粉等。猪用量为饲料总量的4%～8%，仔猪不宜喂血粉。育肥猪饲料中的鱼粉可配10%，若配入蚕蛹，则鱼粉只能配5%～6%。使用这类饲料时，要注意配好钙磷比例。

（3）维生素及补充饲料。这类饲料主要有水生的浮萍、水葫芦、水花生，农作物的叶、藤，以及苜蓿、茗子等。这类饲料青绿多汁、营养丰富、易于消化，猪用量一般为饲料总量的40%。在日粮中，精、青饲料比为1：（1.6～2）。

（4）矿物质饲料。这类饲料主要有食盐、骨粉、贝壳粉、碳酸钙、蛋壳粉、磷酸钙，以及木炭、红土等。猪用量为饲料总量的1%～2%，食盐用量不超过0.5%。若添加微量元素，则要严格按规定使用。

（5）糟渣类饲料。这类饲料主要包括酒糟、糠糟、醋糟、粉渣、豆渣、蔗渣等。猪用量为饲料总量的5%～10%。对于妊娠母猪或在育肥后期，不宜喂酒糟。饲喂前，各种糟渣必须煮熟。

（二）常用的饲料配方

1. 乳猪（重5～10 kg）的饲料配方

配方：玉米约占21.2%，豆饼约占20%，碎米约占10%，鱼粉约占10%，酵母约占3%，全脂奶粉约占30%，白糖约占3.5%，胃蛋白酶约占0.3%，淀粉酶约占0.2%，贝壳粉约占1%，食盐约占0.2%。添加剂约占1.5%。

2. 小猪（重10～20 kg）的饲料配方

配方：玉米约占62%，豆饼约占18.8%，碎米约占10%，鱼粉约占5%，贝壳粉约占1%，食盐约占0.2%。添加剂约占2%。

3. 生长育肥猪的饲料配方

配方1（重20～60 kg）：玉米约占70%，麸皮约占4%，碎米约占5%，豆饼约占6.5%，鱼粉约占10%，石粉约占1%，食盐约占0.5%。添加剂约占3%。

配方2（重60～90 kg）：玉米约占70%，麸皮约占5%，木薯约占10%，碎米约占5%，豆饼约占4%，鱼粉约占2%，石粉约占1%，食盐约占0.5%。添加剂约占3%。

特别地，五指山猪的饲料是由配合饲料和青饲料组成的。青饲料主要是新鲜的青草、甘薯和甘薯叶。它们含有丰富的粗纤维，有良好的适口性。

五、"三料一补"实用技术

（一）乳猪饲料

乳猪饲料一般在仔猪出生后7 d开始使用。它具有以下作用：

（1）提高窝增重。

（2）提高出栏率。

（3）减少发病死亡率，特别是窝内死亡率可降低7%～10%。

（二）小猪饲料

小猪是指断奶后体重为10～20 kg的仔猪。断奶后14 d内，每天喂4顿，夜间补喂1

顿，后逐渐改为每天喂 3～4 顿，每顿分 2 次投入饲料。对于未补过料的小猪，必须在饲料里加入玉米粉，以防治拉稀，经 3～5 d 小猪适应后便可正常饲喂。

（三）浓缩饲料

市面上出售的浓缩饲料由 3 部分构成，即添加剂预混料、蛋白质饲料和矿物质饲料（包括钙、磷和食盐）。以上均为半成品，不能直接饲喂，必须将其与一定配比的能量饲料混合制成全价配合饲料后才能使用。

（四）仔猪初生补铁

补铁应在仔猪出生后第 3～5 d 进行，注射部位是后腿部内侧，每头所用剂量以 150 mg 为宜，过量时，仔猪会产生应激反应。

六、猪的饲养管理技术

（一）猪的饲养管理原则

1. 一般饲养管理原则

（1）分群分圈饲养，不允许不同来源的猪只混群。

（2）加强调教训练，让猪养成良好的排便习惯，便于卫生清扫和防病。饲喂方式以干料或湿拌料为主，自由饮水。

（3）控制猪群的密度，始终保持栏圈的利用，建立稳定、均衡的生产体系与饲养制度，这样才能保证猪场的高效生产。

2. 推广"五改"

（1）改单一饲料为配合饲料，推广环保、无残留的饲料添加剂，特别是益生素。

（2）改熟食为生食，喂干湿料、青饲料，自由饮水。

（3）改吊架子为一条龙饲喂方式。

（4）改圈内积肥为圈外积肥。

（5）改喂大猪为适时出栏，即当猪的体重为 90～110 kg 时出栏。

（二）仔猪的饲养管理

为了提高仔猪的成活率和断奶窝重，要始终做好饲养管理工作，以帮助仔猪过好"三关"。

1. 仔猪的出生关

（1）保温防压。由于初生仔猪的体温调节能力差，因此，其对环境温度有很高的要求。初生仔猪所要求的适宜环境温度如下：1～7日龄为28℃～32℃，8～30日龄为25℃～28℃，31～60日龄为23℃～25℃。

（2）吃足初乳。初生仔猪不具备先天免疫能力，必须靠吃初乳获得。若初生仔猪吃不到初乳，则其成活率很低。

（3）固定乳头。固定乳头是提高仔猪成活率的主要措施之一。全窝仔猪出生后，即可训练固定乳头，使母猪喂奶时，仔猪能全部及时吃到母乳。一般在母猪喂奶时，饲养人员把弱小的仔猪固定在母猪中前部乳头吃乳，把强壮的仔猪固定在后面吃乳，经3～5 d，每头仔猪吃乳的乳头基本上固定。

（4）补铁。初生仔猪体内的铁储备很少，并且从母乳中得到的铁相当有限，如果不补铁，势必造成缺铁性贫血。可在仔猪出生后2～3 d，注射铁制剂。例如，对于五指山猪，每头仔猪肌内注射1 mL，可以有效地预防仔猪在哺乳期内发生贫血。

2. 仔猪的开食补料关

为了促进仔猪生长和减少断奶后吃料的不适应，应在仔猪出生7 d内诱饲补料。开始时，应少量多餐，每天饲喂5～6次。

3. 仔猪的断奶关

（1）由吃母乳改为吃饲料，对仔猪来说，无疑在心理和生理上都是一个很大的应激。在仔猪断奶后的近1周内，仔猪往往不但不能增重，反而减重。如果断奶之前补料做得好，且断奶时间在4周龄后，则仔猪的这一过渡会比较顺利。

（2）把握适宜的断奶时间，不仅可以提高养猪的效益，而且可以减少仔猪腹泻和幼猪水肿病的发病率。在断奶前后半个月内，应消除各种应激因素。

特别地，对于五指山猪，从出生到60日龄为仔猪的哺乳饲养期。30 d内，仔猪完全依靠母乳生活。仔猪出生3 d后灌一次营养液，每头仔猪灌1.5 mL。这种营养液由玉米粉、发酵剂、糖分组成，含有乳酸菌、酵母菌，能杀灭肠道内的有害菌，促进肠道发育。

4. 断奶仔猪的饲养管理

断奶仔猪也叫保育仔猪，它对环境的适应能力虽然比新生仔猪明显增强，但较成年猪仍然有很大的差距。因此，在这个时期，主要控制猪舍环境和猪群内的环境，减少刺激，控制疾病。

（1）断奶时仍需用乳猪饲料饲喂一段时间，饲喂以八成饱为宜，每天喂3～4次，以防拉稀。然后用乳猪饲料与仔猪饲料混合饲喂，逐渐减少乳猪饲料所占的比例，10 d后可全部换用仔猪饲料，之后自由采食。

（2）断奶仔猪对温度的要求仍很高，因此，在断奶舍应有保温箱，在保温箱的底部可铺上一块干燥的木板。

（3）如果一次断奶仔猪数量有限，则可原窝原育。如果断奶窝数较多，则应根据仔猪体重大小将其放在一起。料槽要符合要求，并保持充足的饮用水。

（4）如果一窝仔猪的体重均匀度整齐，则可一次性断奶。如果有个别仔猪个体瘦小，则可把它们放在个体大小相似的未断奶仔猪中延长一段吃乳时间后再断奶。

（5）预防咬尾、耳等不良习惯。在饲喂全价饲料，且温湿度合适的情况下，仍可能出现互咬现象，这也是仔猪的一种天性。在猪舍内吊上橡胶环、铁链等让它们玩耍，可分散其注意力，减少互咬现象。

（6）由于断奶仔猪舍的密度较大，仔猪又喜欢活动，因此，地面饲养仔猪时灰尘较多，要特别注意仔猪舍内的空气质量。处理好通风与保温的关系，预防呼吸道疾病的发生。

（7）仔猪舍使用前后要彻底清扫和消毒，待干燥后再用。

特别地，五指山猪断奶后，给仔猪喂乳猪专用配合饲料，每头仔猪的日投喂量为 0.25～0.3 kg，每天投喂 2 次。到第 4 周再增加 0.75～0.9 kg 青饲料。3 月龄后开始驱虫，用 1.8% 的阿维菌素可湿性粉剂，按照仔猪的体重每千克使用 0.4 g，拌入饲料中，持续时间为 1 周，驱虫期间不添加青饲料。

（三）生长育肥猪的饲养管理

在生长育肥猪进入猪舍之前，要对猪栏进行严格消毒。选择优良、健康的仔猪，并做好仔猪的预防接种和驱虫等工作。

（1）将体重大小相似的猪分为一群。进栏后，要及时进行调教，使猪对排便、睡觉、采食和饮水形成条件反射。猪的饲养密度以小猪 0.3～0.5 m²/头、中猪 0.6～0.7 m²/头、大猪 0.8～1 m²/头为宜。

（2）生长育肥猪的最适温度如下：小猪、中猪为 16 ℃～22 ℃，大猪为 14 ℃～20 ℃。过高或过低的温度均会影响增重和饲料利用率。夏季气温高，要加强猪舍内的通风，保证饮用水充足，向栏内地面喷洒凉水。冬季气温低，饲料可用于维持猪的体温。为了减少这部分消耗，一栏内可多养几头猪，同时还要防止贼风的侵袭。

（3）无论内三元猪还是外二元猪，均按饲养标准的要求，在不同的生长阶段调换饲料进行饲养。每天喂 2～3 次。做好日常管理，包括饲料、饲喂、观察和疫病防控。

特别地，五指山猪长到 120 日龄左右时，体重可达 8 kg 以上。120～180 日龄为五指山猪的中猪饲养阶段。

五指山猪的中猪饲料包括配合饲料和青饲料两种。配合饲料可以使用中猪专用配合饲料，每头猪的日投喂量为 0.6 kg。青饲料的投喂量是配合饲料的 3 倍。每次吃饲料时，它们都会边吃边喝水，所以要保证水清洁卫生。到 180 日龄后，体重都达到 20 kg 以上，它们已经成年。

（四）母猪的饲养管理

1. 后备母猪的选择和饲养管理

后备母猪的选择要做到以下几点：

（1）其母亲的生产记录良好。

（2）至少有6对充分发育、均匀分布的乳头。

（3）体格健全、匀称，包括背线平直，肢蹄健壮、整齐。

（4）外生殖器官发育良好，无繁殖缺陷。

（5）母性良好，情绪不安或性情暴躁的小母猪不应当作为后备母猪。

特别地，五指山猪长到180日龄时，选择体重在25 kg左右、生长发育良好的母猪作为后备母猪进行饲养。

后备母猪的饲养管理要做到以下几点：

（1）后备母猪要按体重的大小分群饲养，体重差异最好不要超过2.5 kg。

（2）饲料要营养均衡、充足，按照饲养标准饲喂。

（3）限量饲喂，防止过瘦或过肥。

（4）饲养密度合适，每圈不超过8头，确保其有足够的活动场所。

（5）平时加强调教，培养良好的生活习惯。

（6）至少二次发情后配种。

特别地，对于五指山猪，一天分2次投喂后备母猪的配合饲料。日投喂量占母猪体重的2%～2.5%即可。

2. 妊娠母猪的饲养管理

此阶段饲养管理的重点是，防止流产、增加产仔数量和仔猪的初生重量，并为分娩、泌乳做好准备。母猪的妊娠期为110～120 d，平均为114 d。妊娠母猪的饲养管理要做到以下几点：

（1）减少母猪之间的争斗，保持圈舍清洁，地面要平整、光滑。

（2）配种后前一个月为胚胎着床期，宜注意保温，饲喂高蛋白、高营养、易于消化的饲料。同时，保持安静、清洁的环境，勿惊动、驱赶母猪。

（3）母猪怀孕65 d左右，胎盘与胎儿不再同步生长，这时，惊吓、驱赶、疾病感染、营养不良等因素都可能引起胎儿脱离胎盘而变成死胎。因此，要悉心照顾母猪。

（4）根据母猪的体况饲喂，防止过瘦或过肥。母猪怀孕90 d起，在母猪的日粮中增加高能量的饲料，特别要增喂脂肪，这对增加仔猪的初生重量、减少低血糖症发生、提高仔猪存活率都有十分重要的作用。

（5）在配种前和母猪妊娠后期，要做好防疫注射和驱虫。

特别地，五指山猪的妊娠期为110～116 d。在妊娠期间，每头母猪每天饲喂2次，饲料的成分和交配时相同。妊娠80 d以内，每头母猪日投喂配合饲料0.5～0.6 kg，再添加1.5～1.8 kg的青草和甘薯叶。妊娠81～110 d时，配合饲料的日投喂量增加到0.6～0.7 kg。妊娠111～116 d时，适当减少饲料的投喂量，改为每头母猪日投喂0.5～0.6 kg，避免母猪过肥，出现难产的情况。

3. 哺乳母猪的饲养管理

（1）分娩后，饮红糖豆浆汤或麸皮淡盐水等易于消化的汤料，当天不必喂料，供给充足的清洁饮用水。次日仍喂怀孕后期日粮，饮用水充足，但不加精饲料催奶。产后 1 周内逐渐换为含蛋白质、矿物质和维生素较多的全价精饲料型日粮。

（2）母猪舍内卫生清洁，通风良好。冬季防寒保暖，夏季防暑降温。

（3）保护母猪的乳房和乳头，使所有的乳头均能被利用。

（4）仔猪断奶时，将母猪赶到配种母猪圈停喂 1 d，控制饮水，以促进其干乳。次日转喂怀孕后期中等营养水平的日粮。

（5）母猪生产 7 d 后，注射 1 mL 抗生素，可预防阴道炎和子宫炎。在母猪怀孕和哺乳期间，不进行驱虫。

（五）种公猪的选择和饲养管理

1. 种公猪的选择

（1）种公猪的选择要严格，应根据详细的系谱记录，参考亲代、同胞和后裔的生产成绩来衡量被选择公猪的性能，选择综合评价指数最优的个体留作种公猪。

（2）必须具备典型的品种特征，如毛色、耳型、头型、体型、外貌等必须符合本品种的种用要求，尤其是纯种公猪的选择。

（3）头大而宽，颈短而粗，眼睛有神，胸部宽而深，背平直，身腰长，腹部大小适中，臀部宽而大，尾根粗，尾尖卷曲，四肢壮实，外形无显著缺陷。

（4）睾丸发育良好、对称，轮廓清晰，无单睾和隐睾，包皮积尿不明显。性机能旺盛，性行为正常，精液品质良好。有效乳头在 6 对以上且排列均匀。

特别地，五指山猪长到 180 日龄时，选择体重为 25 kg 左右、生长发育良好的公猪作为后备种公猪进行饲养。

2. 种公猪的饲养管理

（1）建立良好的饲养管理制度。饲养、采精、配种、运动、刷洗等工作要在固定的时间进行，以使其形成条件反射，方便管理。

（2）分群。种公猪可单圈或小群饲养。小群饲养时，每圈最多不超过 3 头，且应从小合群。

（3）运动。加强种公猪的运动，有助于增进食欲、增强体质、避免肥胖、提高性欲和精液品质。

（4）配制适宜的饲料。饲料配方要根据种公猪的饲养标准而定。在配种旺季，要适当补充一些动物蛋白质，或每次配种后喂 1～2 个鸡蛋，以确保种公猪身体健壮、性欲旺盛、精液品质好。

（5）初配年龄。本地猪中的种公猪性成熟早，一般在 8～10 月龄即可配种；大中型品种中的种公猪可在 10～12 月龄配种。

（6）配种强度。幼年种公猪一般每 2～3 d 配种 1 次。2 岁以上的种公猪可每天配种 1 次，每周休息 1 d，偶尔可一天配种 2 次。

特别地，对于五指山猪的后备种公猪，在生长期不能长期给予高蛋白饲料，否则易发生脚软而影响配种。种公猪每天喂2次，投喂精饲料1～1.5 kg。

（六）快速养猪的饲养管理要点

自繁自养，选择健康、嘴短、架子好的杂交一代仔猪作为育肥猪，按大小、强弱合理组群。

1. 制定合理的防疫制度

按照"定期普打，适时补打，头头注射，只只免疫"的原则，做好传染病预防。

（1）严格执行消毒制度，对猪和猪舍进行消毒。平时要建立定时消毒制度，对于猪舍和用具，每年春、秋季各进行1次大清扫、大消毒，以后每个月消毒1次。在母猪临产前，要对分娩猪舍彻底消毒。对于"全进全出"的猪舍，每批猪出栏后，要彻底消毒，并空圈1周方可进猪。

（2）适时去势，定期驱虫。育肥仔猪必须在40日龄左右时去势（五指山猪为30日龄）。每年春、秋季应对全群猪各驱虫1次；对于从断奶到6个月的猪，应驱虫1～3次；对于怀孕母猪，应在产前3个月驱虫。

（3）引进种猪时，必须从非疫区购入，经当地兽医部门检疫并签发检疫证明书，再经本场兽医验证、检疫，隔离观察2个月，经检查认为健康的，全身喷雾消毒后，方可入舍混群。在隔离期间，还应驱除种猪的体内外寄生虫，没有注射疫苗的，应补注各种疫苗。

（4）饲喂全价配合饲料时必须生喂，让其自由采食、自由饮水，对青饲料、粗饲料、精饲料进行合理搭配。

（5）舍内清洁、干燥、安静，舍温为16 ℃～21 ℃。空气流通适度，光照随日龄的增加而逐渐减少，在育肥后期，以不影响饲养管理和采食为宜。

（6）适时出栏。当猪育肥到100 kg左右时即可出栏。若出栏过早，则育肥猪未达到生长高峰；若出栏过晚，则饲养报酬低。

特别地，五指山猪在210日龄时，体重普遍达到30 kg后即可出栏。

2. 夏季夜间喂猪增重快

在炎热的夏季，猪的增重速度往往因高温炎热和能量消耗过多而减慢。但是，如果改白天喂食为夜间喂食，猪的增重速度就会加快。

（1）饲喂时间分别在19：00、00：00和4：00，白天不喂，但应在10：00、15：00各喂一次浓度在0.5%以下的食盐水。

（2）饲喂数量如下：对于体重在35 kg以下的猪，每天喂料2 kg、盐水10 kg；对于体重为35～60 kg的猪，每天喂料2.5 kg、盐水15 kg；对于体重在60 kg以上的猪，每天喂料3 kg、盐水17 kg。

要注意以下事项：每天做好饲喂器具和猪舍的清洗、消毒。有条件的可在中午和黄昏用水冲洗猪舍，消暑降温；注意猪舍的驱蚊、降温、减少辐射等；适当多喂一些新鲜、干净、青绿多汁的饲料，并多喂一些清洁的凉水，以使猪增进食欲，促进上膘。

七、猪病防治措施

（一）常见病的预防与治疗

1. 母猪产后发烧、不吃饲料

主要症状：病母猪体温达 40 ℃以上，可持续数天，不吃饲料，卧地不起，行动无力，泌乳减少，甚至干乳，几天后粪便干而圆，有的病例从阴道排出红褐色液体。

治疗措施：

（1）用青霉素 240 万～300 万 IU、氨基比林 10～15 mL 肌内注射，每天 2 次，连续注射 3 d；或 20% 的磺胺嘧啶钠注射液 50～80 mL，静脉注射，每天 1 次，连续注射 2 d。

（2）对于高烧不退者，将新胂凡纳明（又称为九一四，用量为 10～15 mg/kg）用葡萄糖生理盐水稀释后静脉注射。

（3）母猪产后，用青霉素 80 万 IU、链霉素 100 万 IU 或将 0.1～0.3 g 依沙吖啶用凉开水 500～1 000 mL 溶解后冲洗子宫。

2. 仔猪水肿病

断奶仔猪感染溶血性大肠杆菌时易发生红眼病，营养状况好者多发。

主要症状：病仔猪眼睑红肿，结膜高度充血，重者头部、颈下、腹部水肿，拉稀，有神经主要症状。该病的死亡率高达 90%，急性者可在数小时内死亡。

治疗措施：

（1）用百利星 0.1 mL/kg，肌内注射，一日 2 次。

（2）用链霉素 0.5 g + 维生素 B_1 200 mg 一次肌内注射。

（3）用 20% 的安钠咖 20 mL、维生素 B_{12} 5 mL 混合一次静脉注射。

（4）用 0.1% 的亚硒酸钠 1 mL/kg，深部肌内注射。

（5）力克舒注射液 5～10 mL，加强力水肿灵注射液 5 mL，分别肌肉注射，每天 2 次，连用 3 d；或用猪水肿抗毒注射液，用量为 0.1 g/kg，肌肉注射。

3. 猪流行性感冒

主要症状：该病的潜伏期为 2～7 d，病猪体温突然上升至 40 ℃～41.5 ℃，最高可达 42 ℃。病猪的精神不好，减食或不食，有时呼吸急促、咳嗽、流清鼻涕。

防治措施：猪舍保持干燥，冬季防寒保暖。该病尚无特效治疗药物，一般采用对症疗法，防止断奶感染。可肌内注射 30% 的安乃近 3～5 mL 或口服阿司匹林 2～4 g；肌内注射 2% 的氨基比林 10 mL，或百尔定 5～10 mL，或青霉素 40 万～80 万 IU，或口服磺胺类药，也可用复方柴胡注射液或复方板蓝根注射液。

4. 猪蛔虫病

主要症状：病猪被毛粗乱，发育不良，贫血，消瘦，生长缓慢，腹泻。蛔虫多时可致肠阻塞、胆道阻塞，引起黄疸，还可引起肺炎，甚至肺衰竭死亡。诊断依据是在粪便中查出虫卵，或剖检死猪时在其肠、胆管内发现蛔虫。

预防措施：注意清洁卫生，定期驱虫。对于猪栏、用具、饲槽，每20 d用开水烫洗一次。粪便堆积经生物热发酵或进入沼气池处理后再施用。

治疗措施：净乐芬按0.3 mg/kg；左旋咪唑按8 mg/kg，一次喂服；甲苯达唑按10～20 mg/kg，混在饲料内喂服；打虫星按1g/kg喂给；驱虫精按20mg/kg使用；阿苯达唑按15mg/kg；如使用敌百虫，可按80～100 mg/kg计算。耳部驱虫涂液应根据药物使用说明掌握涂抹药量。中药驱虫可用使君子：对于体重为10～15 kg的仔猪，每次用5～8粒；对于体重为20～40 kg的猪，每次用15～20粒。生南瓜子按2 g/kg，连喂2次，效果较好。

5. 疥癣（猪癞、疥疮）

主要症状：病猪皮肤发炎。从皮肤细薄的头部、眼上窝、耳壳、腹下开始，逐渐延及全身。病猪摩擦、搔痒，使皮肤脱毛，出现丘疹、水泡、脱水、结痂、消瘦、贫血，精神委顿。如有细菌感染，还可形成脂脓状。该病根据皮屑的显微镜检查和临床主要症状很容易确诊。

治疗措施：净乐芬注射0.3 mL/kg。用1%的敌百虫液喷洒或擦洗猪体，每周重复1次。杀螨灵10 mL兑水3.5～6.5 kg（重症加水不宜多于4.5 kg）；将虱螨净稀释为2.5%的浓度，对圈栏，可按1∶10，即500 mL原药兑水5 kg喷洒；也可用柴油涂擦患处。

6. 食盐中毒

食盐有助于消化、增进食欲，但如果过量（如平均为3.7 g/kg），则可导致猪中毒死亡（致死量为120～125 g）。

主要症状：病猪极度口渴，口流白沫，呕吐，腹痛，便秘或下痢。有时多尿，有神经主要症状，阵发性或持续性颤抖、徘徊、转圈，步态不稳，视力锐减（有坑时也继续行走），眼球震颤，重者瞳孔散大、倒卧、四肢划动，呼吸困难，2～3 d死亡。

预防措施：慎用酱糟、泡菜水、咸肉水、剩余泡菜喂猪，人工加盐于配合饲料时不超过0.5%。

抢救措施：用大量清水灌服，或用10%的溴化钙10～30 mL加入10%的葡萄糖液中静脉注射，或用40%的硫酸镁10 mL静脉注射，也可用地西泮、氯丙嗪、苯巴比妥等镇静剂。

7. 猪亚硝酸盐中毒（猪饱潲症）

主要症状：病猪饱食后10～30 min突然倒地死亡。病猪狂躁不安，呕吐、流涎，腹痛，呼吸困难，转圈或撞栏，黏膜苍白，后变为青紫色，耳尖、肢端发凉，剪耳放血呈酱油色。剖检可见肝大，胃膨大，胃内容物多，胃、肠黏膜有出血性炎症，肺淤血、水肿，心肌有出血点。

预防措施：各种青饲料不可堆放在温度高于35 ℃的环境中超过1 h。

抢救措施：用1%的美兰液静脉注射，用量为1.3～2.5 mL/kg。用葡萄糖液300～500 mL+维生素C10～20 mg/kg静脉注射+尼可刹米2～4 mL皮下注射。耳尖、尾尖放血，放血量为1～2.5 mL/kg。

8. 中暑

主要症状：病初病猪不食，喜饮水，口吐泡沫，有的呕吐，继而卧地不起，头颈贴地，神智昏迷，或痉挛、颤抖，呼吸浅表、间歇、极度困难。

预防措施：栏舍内保持通风、凉爽，防止潮湿、闷热和拥挤。生猪运输尽可能安排在晚上，并做好各项防暑和急救准备工作，防患于未然。

治疗措施：立即将病猪放置于阴凉、通风的地方，先用冷水或冰水浇头或冷敷，灌肠，并让其饮用大量1%～2%的凉盐水。保持安静，加强护理；用2.5%的氯丙嗪肌内注射，用量为1 mg/kg；用十滴水10～20 mL一次内服，每天2次，配合上述药物治疗，对肥猪中暑效果明显。静脉输注洛克氏液（氯化钠为8.5 g，氯化钙为0.2 g，氯化钾为0.2 g，碳酸氢钠为0.2 g，葡萄糖为1 g，蒸馏水为1 000 mL）300～500 mL。

9. 母猪产后缺奶

主要症状：患病母猪的乳房松弛，甚至缩小，只能挤出少量或根本挤不出乳汁，乳汁稀薄如水。

防治措施：注意饲料搭配，在母猪喂奶期，多喂青绿多汁饲料，并加蛋白质饲料（如蚕蛹、鱼粉、豆粕等）。若母猪因过肥而缺奶，应减少玉米等碳水化合物的用量，多用青饲料，并用药催奶，如当归100 g、木通50 g、鲜柳树皮500 g煎水与小米粥混合喂给。

10. 防治"僵猪"

农村常见的"僵猪"又叫"老头猪"，一般多由寄生虫病严重、饲料单一、营养不良或管理不善引起生长缓慢或停止。可采取驱虫、健胃、补料等措施，促使其正常发育。

治疗措施：

（1）驱虫。常见的驱虫药有左旋咪唑、丙硫苯咪唑、晶体敌百虫、伊维菌素或阿维霉素等，按药品说明使用或投喂。

（2）健胃。驱虫2～3 d，用维生素B_2针剂4 mL（含硫加营素200 mg）和维生素B_{12}针剂2 mL混合后1次肌内注射。每5 d注射1次，连续注射3～4 d；或用复合维生素B液，每次在饲料中添加2～3匙，连服7～10 d。同时，在饲料中添加酵母片或其他健胃剂。

（3）补料。饲喂营养丰富的饲料，如在饲料中加入骨头汤或麸饼类（如豆饼、花生饼等）、骨粉、鱼粉、贝粉、生长素等，促使其正常发育。饲料可以稀一些，以利于"僵猪"

长大肚子。

(二) 传染病的预防与治疗

1. 猪免疫程序

预防为主是防治传染病的基本方针。传染病的预防是养猪业发展与成功的基本保证。除杜绝进入易感猪群和建立不易感猪群以外,最主要的防治措施就是,提高猪群对严重影响猪生长和效益的传染病的免疫力。猪免疫程序是一种有效阻止重大传染病发生的重要途径。如表2-1所示为预防猪传染病的免疫程序。

表2-1 预防猪传染病的免疫程序

序号	病名	疫苗或菌苗	免疫程序
1	猪瘟	猪瘟兔化弱毒冻干苗	首免为21~30日龄;二免为65~70日龄
2	猪伪狂犬病	猪伪狂犬病油乳剂灭活疫苗	仔猪断奶时肌内注射1.5 mL至出栏。种猪注射3 mL,种猪首免后4~6周二免。产前1个月加强免疫一次
3	猪传染性萎缩性鼻炎	猪传染性萎缩性鼻炎灭活疫苗	妊娠母猪产前1个月皮下注射2 mL
4	猪口蹄疫	猪O型口蹄疫油乳剂灭活疫苗	体重在50 kg以上的为3 mL/头,体重为25~50 kg的为2 mL/头,体重为10~25 kg的为1 mL/头
5	猪细小病毒感染	猪细小病毒病油乳剂灭活疫苗	初产母猪配种前20~30 d肌内注射3 mL
6	猪繁殖与呼吸综合征(蓝耳病)	蓝耳病灭活疫苗	后备母猪配种前2~3个月肌内注射2 mL首免,20 d后注射2 mL二免。生产母猪配种前60 d和产后6 d各肌内注射2 mL
7	猪流行性乙型脑炎	猪流行性乙型脑炎弱毒活疫苗	后备母猪配种前1~2个月首免,15 d后二免,各注1.5头份;生产母猪每年2—3月初首免1.5头份,15 d后二免1.5头份
8	猪传染性胃肠炎猪流行性腹泻	猪传染性胃肠炎、猪流行性腹泻二联灭活疫苗	配种前1个月肌内注射4 mL;10 d后再免一次
9	猪丹毒	猪丹毒弱毒活疫苗、猪丹毒氢氧化铝甲醛菌苗	仔猪断奶后进行,每隔6个月免疫一次,免疫期为6个月。若在哺乳期免疫,应在断奶后补充免疫
10	猪链球菌病	猪链球菌病活疫苗(多价)、猪链球菌病灭活疫苗(多价)	在流行季节或配种前50 d进行免疫,15 d后同样剂量再次免疫

续表

序号	病名	疫苗或菌苗	免疫程序
11	猪巴氏杆菌病（猪肺疫）	猪巴氏杆菌病弱毒苗	每年4月、10月各免疫一次
12	猪沙门氏菌病（猪副伤寒）	仔猪副伤寒单价灭活苗	应用本地区本场分离菌株的单价灭活苗免疫二次
13	猪大肠杆菌病（仔猪黄痢、白痢）	大肠杆菌黄白痢菌苗 K_{88} 或 K_{99}	母猪产前25～30 d肌内注射1头份，第一胎母猪产前20 d加强一次免疫
14	猪梭菌性肠炎（仔猪红痢）	C型魏氏梭菌氢氧化铝菌苗、仔猪红痢干粉菌苗	母猪临产前1个月肌内注射5 mL，14 d后再注射10 mL，可使母猪、仔猪免疫
15	猪支原体肺炎（气喘病）	猪支原体肺炎活疫苗	用灭菌生理盐水稀释后进行胸腔注射，1月龄的仔猪注射3 mL，大猪注射5 mL

2. 常见普通猪病的药物防治

常见普通猪病的药物防治如表2-2所示。

表2-2 常见普通猪病的药物防治

病名	主要症状	药物预防	临床治疗
支原体肺炎（猪气喘病）	体温不高，咳嗽，喘腹式呼吸	支原净、呼诺芬、呼乐芬、泰乐菌素、土霉素	卡那霉素与盐酸土霉素交替使用
胸膜肺炎	急性者体温高，咳嗽、喘，呼吸有拉风箱声	支原净、呼诺芬、呼乐芬、泰乐菌素、土霉素	呼诺芬、卡那霉素与盐酸土霉素交替使用
萎缩性鼻炎	歪鼻、鼻炎或流血，黑斑眼，脸变形	支原净、呼诺芬、泰乐菌素、磺胺类	呼诺芬、德利先、卡那、磺胺类
仔猪痢、白痢	1周内黄痢，1～2周白痢	呼肠舒、土霉素钙盐预混剂、多西环素、阿莫西林	泻痢净、兽友一针，或诺氟沙星、呋喃唑酮、痢菌净等
应激综合征、中暑	震颤、抽搐、体温高，呼吸困难，吐白沫	维力康、维多利、维生素C、矿物质添加剂	冷水浴、氯丙嗪、碳酸氢钠，补液，放血
不明原因高热	体温在41 ℃以上	藿香、板蓝根、氨基比林	弓形康、宁静、安乃近、青链霉素、复方胆汁
不明原因不食	食欲缺乏或废食	促胃健、碳酸氢钠、芒硝	宁静、青链霉素、复方胆汁、静补葡萄糖
流产	机械性、习惯性、疾病性流产	有流产先兆的，用黄体酮等保胎药	已流产的用催产素、肌内注射青链霉素、子宫内用药等

续表

病名	主要症状	药物预防	临床治疗
子宫炎、阴道炎	流出炎性或脓性分泌物	德利先、泰灭净	德利先、泰灭净、宫炎净、宫得康
产后感染	流出炎性或脓性分泌物，有时带血	德利先、青链霉素	德利先、青链霉素、宫炎净、宫得康等
产后瘫痪	后肢无力或倒卧不起	补钙	葡萄糖酸钙、维丁胶钙
产后泌乳障碍综合征	乳痛、乳腺硬化、瞎乳头、少乳或无乳	亚硒酸钠、维生素E、呼乐芬	催乳药、阿尼利定、葡萄糖、催产素、青霉素封闭疗法
便秘	粪便干燥或不排粪，起卧不安	促胃健、碳酸氢钠、芒硝	洗肠，灌服泻剂大黄、硫酸钠等，静脉注射葡萄糖，按摩
体内外寄生虫病	疥螨、蛔虫等	帝诺酚、净乐芬	敌百虫、左旋咪唑
僵猪	体重明显减轻，瘦弱，被毛粗乱	抗生素	维生素B_1+肌苷+血康
链球菌病	关节肿，神经主要症状	青霉素、磺胺类	头孢曲松钠、头孢噻肟、林格氏液、葡萄糖氯化钠溶液、琥珀酸氢化可的松、维生素C

思考题

1. 如何挑选健康仔猪和调教仔猪？
2. 断奶仔猪的饲养管理有哪些要求？
3. 简述妊娠母猪的饲养管理要点。
4. 仔猪贫血是如何发生和发展的？如何治疗？

第二节　家禽生产技术

知识目标

1. 了解鸡场的地址选择与鸡舍建设的要求。
2. 理解文昌鸡育成与育肥技术要点。
3. 掌握雏鸡挑选与运输的要求。

技能目标

1. 学会鸡的育雏技术。
2. 熟悉鸡场疫病防控技术。
3. 学会按技术要点完成文昌鸡的育肥。

一、养鸡技术

（一）鸡场的地址选择与鸡舍建设

1. 鸡场的地址选择

选择鸡场的地址时，既要考虑鸡场生产对周围环境的要求，又要尽量避免鸡场产生的气味、污物对周围环境造成影响。

（1）鸡场的地址应注意选择在比周围地段高的地方，比当地水文资料中的最高水位高1～2 m。在山区建场时，应选在缓坡上，坡面向阳，鸡场的总坡度不超过25%，建筑区的坡度应在2.5%以内。水源清洁，交通、电力方便，与其他养殖场的距离不少于800 m，离主干道大于400 m，附近无其他污染源，通风良好。

（2）鸡场的平面布局。

① 鸡场建筑物的种类。按建筑设施的用途，鸡场建筑物共分为5类：一是行政管理用房，包括办公室、接待室、会议室、图书资料室、财务室、门卫室，以及配电、水泵、锅炉、车库、机修等用房；二是职工生活用房，包括食堂、宿舍、医务室、浴室等房舍；三是生产性用房，包括各类鸡舍、孵化室等；四是生产辅助用房，包括饲料库、蛋库、兽医室、消毒更衣室等；五是粪污处理设施。

② 分区规划。根据功能，鸡场场区可分为行政管理区、职工生活区、鸡群饲养区、辅助生产区、病鸡和粪便污水处理区。通常将行政管理区和职工生活区统称场前区，要将其建在上风向。饲料库、蛋库和粪场均要靠近辅助生产区，但不能在辅助生产区内，因为三者需要与场外联系。场内道路应净污分离、互不交叉，出入口分开。

2. 鸡舍建设技术

（1）开放式鸡舍。开放式鸡舍的内部与外部直接相通，可利用光、热、风等自然能源，建筑投资低，但这种鸡舍易受外界不良气候影响，需要投入较多的人工进行调节。开放式鸡舍有以下3种形式：

① 全敞开式鸡舍。全敞开式鸡舍又称为棚式鸡舍，即四周无墙壁，用网、篱笆或塑料编织物与外部隔开，由立柱或砖条支撑房顶。这种鸡舍的通风效果好，但防暑、防雨、防风效果差，在低温季节需封闭保温。

② 半敞开式鸡舍。半敞开式鸡舍的前墙和后墙上部是敞开的，一般敞开1/2～2/3，敞

开的面积取决于气候条件和鸡舍的类型。可以在敞开部分装上卷帘，在高温季节便于通风，在低温季节封闭保温。房顶为拱形。

③有窗鸡舍。有窗鸡舍的四周用围墙封闭，前后墙设有较大的窗口用于采光和通风，能通过调节换气量在一定程度上调节舍温。这种鸡舍是目前采用最多的类型。

（2）全封闭式鸡舍。全封闭式鸡舍的基本结构与开放式鸡舍大体一样，但它对保温、降温和通风设备的要求更高。全封闭式鸡舍的造价极高，一般养殖户没有必要选用这种鸡舍。

（3）鸡舍建筑要求。

①鸡舍朝向。开放式鸡舍场区的排污需要借助于自然通风，利用主导风向与鸡舍长轴形成一定的角度，获得较好的排污效果。当取主导风向的入射角为30°～60°时，背风面涡旋区的长度减小，这样能以较小的鸡舍间距达到较好的排污效果。

②长度。长度应根据每栋鸡舍具体需要的面积与跨度来确定。大型机械化生产鸡舍的长度一般为66 m、90 m、120 m，中小型普通鸡舍的长度为36 m、48 m、54 m。鸡舍长度的计算公式如下：

$$平养鸡舍的长度 = \frac{鸡舍的面积}{鸡舍的跨度}$$

海南因受台风影响，一般鸡舍的长度以20～25 m为宜。

③跨度。根据选址情况，普通开放式鸡舍的跨度不宜太大，否则鸡舍内的采光与换气不良，一般以6～9.5 m为宜；采用机械通风的鸡舍跨度可为9～12 m。

④高度。从地面到屋檐口的距离在2.5 m以上。在跨度大、气温高的地区，采用多层笼养时可增高到3 m左右。

⑤地面。鸡舍内的地面一般要高出鸡舍外的地面30 cm，在潮湿或地下水位高的地区，应高出50 cm以上。地面坚固、无缝隙，多采用混凝土铺平，虽造价较高，但便于清洗、消毒，还能防潮，保持鸡舍干燥。笼养鸡舍的地面设有浅粪沟，浅粪沟深15～20 cm。

⑥墙壁。鸡舍的封闭程度不同，墙壁的有无、厚薄与面积大小依当地的气候条件和鸡舍的类型而定。在有墙砖砌鸡舍，应与地面一起抹上墙裙，便于冲刷、消毒和隔湿。

⑦窗。在有窗鸡舍，窗口的设置形式不一，除南北侧墙上部设面积较大的通风窗以外，有的鸡舍还在上部设天窗或在侧壁下部设地窗，起调节气流或辅助通风的作用。利用机械负压通风时，风机口是集中的排气口，窗口为进风口，其面积和位置应与风机的功率大小相一致，这样既可避免形成穿堂风，又可使气流均匀，防止出现涡流或无风的滞留区。

⑧屋顶。小跨度的鸡舍为单坡式，一般的鸡舍常用双坡式、拱形或平顶式。在气温高、雨量大的地区，屋顶的坡度要大一些，屋顶两侧加长房檐。屋顶上最好设置顶棚，其上放一层稻壳或干草，以提高隔热性能。

3. 鸡舍内布局

（1）平养鸡舍。按鸡栏排列与走道的组合，平养鸡舍可分为以下几种：

① 无走道平养鸡舍。这种鸡舍没有设置专门的走道，鸡舍内的面积利用率高。管理鸡群时，饲养人员进入鸡栏。这种鸡舍不如有走道鸡舍操作方便，也不利于鸡群防疫。

② 单列单走道平养鸡舍。鸡舍内的走道宽约 1 m，饲养人员在走道上操作，管理方便，不经常进入栏内，有利于鸡群防疫。

③ 双列单走道平养鸡舍。对于这种鸡舍，可分别管理两侧栏中的鸡群，饲养人员操作方便，提高了走道的利用率，如垫料或网上平养鸡舍多用这种形式。另外，也可将走道设在沿墙两侧，将双列鸡栏放置于鸡舍中部，集中使用一套喂料设备，便于管理鸡群，且开窗方便。

④ 三列两走道或四走道平养鸡舍。鸡舍内设置三列鸡栏，若有两列纵向沿墙排列，则用两走道。鸡舍内的面积利用率高，但开放式鸡舍中靠墙的鸡栏容易受外界气温和光照的影响，夏季开窗时，还容易因洒落雨水而弄湿垫料。另外，还可以采用三列四走道，走道的宽度控制在 60～80 cm，否则鸡舍内的面积利用率降低。

（2）笼养鸡舍。笼养鸡舍中鸡笼的列数与平养鸡舍的鸡栏形式完全相同，只是每一列鸡笼都必须在走道上操作，应留有一定宽度的工作道，半架笼组为单侧道，整架笼两侧都设走道。

4. 不同鸡舍的要求

（1）育雏舍。由于雏鸡需要的温度较高，因此，设计育雏舍时，应以隔热保温为重点。

（2）育成舍。育成舍是指饲养处于 6 周龄至产蛋前（转入产蛋笼）阶段的鸡的鸡舍。设计育成舍时，要求使鸡有足够的活动面积，以保证满足其生长发育的需要。

（3）种鸡舍。种鸡舍是指饲养产蛋种鸡的鸡舍。设计种鸡舍时，应根据当地的气候条件来考虑设计重点。在北方较寒冷的地区，应以保温为主；在南方较炎热的地区，应以通风、降温为主。

（4）商品肉鸡舍。根据饲养方式，可采用笼养和平养两种。北方冬季以保温为主，南方夏季以通风降温为主。

（二）鸡的品种

鸡的品种很多，在海南养殖数量较大的主要有下面几种。

1. 文昌鸡

文昌鸡属于肉用型地方优良品种，体型中等，具有"三黄""三短"的特征。其中，"三黄"是指嘴黄、脚黄、皮黄；"三短"是指嘴短、颈短、脚短。公鸡的体质结实，结构匀称，脚黄，四趾，胫短小，无胫羽，体型前宽后窄、呈 U 形；母鸡的体型中等、紧凑，脚黄，四趾，胫短小，无胫羽，体型前宽后窄、呈 U 形。

2. 广西青脚麻鸡

广西青脚麻鸡原产于广西，属于肉用型品种，体型具有"一楔""二细""三麻身"的特征。其中，"一楔"是指母鸡的身体呈楔形，前躯紧凑，后躯圆大；"二细"是指头细、脚细；"三麻身"是指母鸡的背羽面主要有麻黄色、麻棕色、麻褐色 3 种颜色。广西青脚麻鸡单冠直立，胫趾短细、呈黄色。公鸡的颈部长短适中。成年公鸡的体重为 2.4～2.8 kg，成年母鸡的体重为 1.9～2.1 kg。

3. 广东三黄鸡

广东三黄鸡原产于广东，具有体型小、外貌"三黄"（黄色羽毛、黄色腿胫、黄色皮肤）、生存能力强、产蛋量高、肉质鲜嫩等优点。其生产性能如下：成年公鸡的体重为 1.6～1.8 kg，成年母鸡的体重为 1.25～1.4 kg；开产日龄为 130～150 日龄；500 日龄时的产蛋数为 180～200 枚。

4. 金陵麻鸡

金陵麻鸡原产于广西南宁。公鸡的体型中等，身短、呈方形；颈羽呈红黄色，尾羽呈黑色且富有金属光泽，腹羽呈黄色并杂有麻黑色；胫短粗且呈青色。母鸡的体型较大，呈方形；羽色以麻黄色为主；胫稍长且呈青色。成年公鸡的体重为 1.95～2.1 kg，成年母鸡的体重为 1.65～1.75 kg。

5. 狼山鸡

狼山鸡原产于江苏，属于蛋肉兼用型。狼山鸡有黑羽和白羽两种，现在主要保存了黑色鸡种。该鸡的头部短圆，脸部、耳叶和肉垂均呈鲜红色，白皮肤，眼、喙、胫、脚底皆呈黑色。部分鸡有凤头和毛脚。狼山鸡年产蛋 135～175 枚，最高达 252 枚，平均蛋重为 58.7 g。

（三）育雏技术

1. 进苗前的准备工作

（1）育雏舍和器具消毒技术。

① 对于育雏舍的地面，可用 2% 的氢氧化钠冲洗，隔天用金碘、福尔马林＋高锰酸钾熏蒸消毒，进行 3～5 次消毒后，方可进苗。对一般空间的熏蒸消毒方法如下：1 m^3 的空间用福尔马林 75 mL、高锰酸钾 45 g，再用适量的水，将空间密闭好即可。在育雏舍周围，可直接撒放石灰粉进行消毒。

② 对于饮水器、饲槽（盘），可用百毒杀、新洁尔灭、威力杀、金碘、消毒灵等进行浸泡消毒。消毒后，再用清水冲洗，放在阳光下晒干或在室内晾干。需在进苗前数日做好准备。

③ 对于保温设施、燃料、垫料、饲料、药物、记录用具等物料，应提前做好使用计划或准备好。

（2）保温措施。

① 进苗前 6～12 h 开始加温，使室内温度达到预期温度。第一周保持 32 ℃～35 ℃，以后每周下降 2 ℃～3 ℃，直至达到常温。常用的保温方法有红外线灯和燃料供温，即烧柴或烧炭等。

② 温度控制要求。若温度过高，则雏鸡的新陈代谢受阻，食欲减退，大量消耗体内水分，引起生理机能失调，发育迟缓，体质软弱，死亡率增加，且容易发生呼吸道疾病或啄肛等恶癖；若温度过低，则雏鸡会因为怕冷而挤在一起，容易被压死，也减少采食和活动时间，体温

散失快，体能消耗大，同时，雏鸡增重慢，容易发生呼吸道疾病和诱发白痢等疾病。

③垫料选择和隔离注意事项。可作为垫料的材料有木糠、刨花、稻草、海河砂等。这些垫料各有利弊，进苗前应准备好，并注意防止发生对雏鸡不利的事项。如果选择木糠、刨花、稻草等潮湿后容易发霉的垫料，应选用新鲜的，使用前彻底晒干，并进行适当的消毒，如熏蒸消毒。如果选用木糠、海河砂作为垫料，应注意防止雏鸡误吃垫料，可在垫料上再铺一层牛皮纸或干净的报纸。

2. 雏鸡的选择

雏鸡应从声誉好、质量有保证的种鸡场引进。种鸡场必须有健全的防疫措施和制度，雏鸡必须经过高质量的必要免疫，个体大小一致，体重符合品种质量标准。雏鸡的选择方法如下：

（1）眼睛观察法。雏鸡精神活泼，眼大有神；羽毛富有光泽，长短正常；整齐度好，无瞎雏、瘫雏、残雏、畸形雏和弱小雏；喙、脚正常，两腿站立坚实；肛门清洁、无污物；喝水情况正常，不出现剧烈喝水或不喝、少喝现象。

（2）触摸观察法。雏鸡体重适中，感觉有膘、饱满，挣扎有力；腹部柔软，大小适中；脐环闭合良好、干燥，其上覆盖绒毛。

（3）听觉法。雏鸡叫声洪亮、清脆；无其他杂音，尤其是声音嘶哑或甩鼻的，因为近几年种鸡支原体病也是难以控制的疾病之一。此外，还要听雏鸡的排便声音，如有无大量排水声。

3. 雏鸡的运输

（1）尽可能早地（48 h 内）将雏鸡运回鸡场，以便适时开食。在运输途中，要保持一定的温度和湿度，并且有新鲜的空气，注意防晒、防雨淋和防风吹。

（2）夏季应避免在炎热的午后运输雏鸡，在箱与箱之间留出通风道，中途一般不许停车，以免造成损失。

（3）冬季最好用保温车运输雏鸡，要注意通风，以免雏鸡因缺氧而窒息死亡。

（4）若到市场上买鸡苗，原则是买完其他东西后再抓鸡苗，并尽快运回鸡场。

4. 雏鸡的饲养管理技术

（1）适时开饮、开食，供给足够的饮用水、食槽位置。鸡苗到达育雏舍后，按先饮水、后喂料的原则进行，不可颠倒。

①开饮。雏鸡进舍后约 1 h 可开饮，再过 1～2 h 开食。

②开食。有 1/3 的雏鸡有啄食行为时便可开食。

③有足够的饮用水、食槽位置。每 100 羽用一个开食盘，每 100 羽用一个 2.5 L 的饮水器。

（2）通风换气，有适宜的湿度。处于育雏期的鸡体温高，呼吸快，代谢旺盛，耗氧量大，室内有害气体（如硫化氢、二氧化硫、氨气、二氧化碳）的浓度上升很快，容易超过安全值，所以在每天中午外界温度较高时，适当进行通风换气。通风时，应注意维持适当的育雏温度，防止贼风。雏鸡的周龄与舍内相对湿度的关系如表2-3所示。

表2-3 雏鸡的周龄与舍内相对湿度的关系

周龄	相对湿度
1	70%～75%
2	65%
3及以上	55%～65%

（3）预防用药。在育雏第1～3 d，交替使用食盐、多维素，同时适当地使用抗生素（如庆大霉素、土霉素、诺氟沙星等）。在雏鸡达到8～12日龄切喙前后，适当投服维生素K、速补14等。15日龄后，应投服抗球虫药（如氯苯胍、氨丙啉、球虫粉、马杜拉霉素、硝苯酰胺等）。抗球虫药应交替使用，以防产生耐药性。以后可根据日龄、季节气候、疫情、当地鸡群状况等因素，适当地使用抗生素、抗病毒药、抗球虫药和多维素等。

（4）及时切喙，防止喙癖。切喙是防止喙癖的最有效措施，又是减少饲料浪费的方法之一。切喙的适宜时间为7～12日龄，可根据雏鸡的品种、健康状况等选定具体时间。切喙时必须长度适当，一般做法为上喙切1/2，下喙切1/3。为防止出血，切喙前后，应在饮用水中加适当的维生素K、多维素。若第一次切喙失败，可在50日龄后进行第二次切喙。

（5）饲养密度与饲养方式。

① 饲养密度。饲养密度与雏鸡的日龄、品种、饲养方式和季节等有关。垫料地面平养的饲养密度如表2-4所示，仅供参考。

表2-4 垫料地面平养的饲养密度 单位：只

日龄	品 种			
	快大肉鸡	中等体型鸡	种用快大鸡	本地鸡
1～10	40	50	35	60
11～20	30	40	25	50
21～40	20	30	15	40
41～50	15	25	8	30

② 饲养方式。饲养方式通常包括笼养、网上平养、地面平养等。

（6）光照时间和强度。光照包括自然光照和人工光照。雏鸡日龄与光照时间和强度的关系如表2-5所示。

表 2-5　雏鸡日龄与光照时间和强度的关系

日龄	光照时间 /h	光照强度 /（W/m²）
0～7	24	3
8～14	20	2
15～21	16	1
22～28	14	1
29 及以后	逐渐过渡到自然光照	

注：采用地面平养时，在育成期需要弱光，以免雏鸡夜间受惊而被压死，光照强度为 0.3～0.5 W/m²，光照不能太强，否则会引起啄癖。

（7）饲料选择与营养需要。应选择质量有保证的厂家进料，避免进劣质饲料用于饲喂。肉鸡饲料营养需要（推荐标准，文昌鸡标准）如表 2-6 所示。

表 2-6　肉鸡饲料营养需要（推荐标准，文昌鸡标准）

营养成分	雏鸡料 0～4 周龄	中鸡料 5～9 周龄	大鸡料 10～17 周龄
粗蛋白（≥）	20%	18%	16.5%
精纤维（≤）	9%	9%	9%
粗灰分（≤）	7%	7%	7%
钙	1%	0.8%～1.4%	0.8%～1.4%
总磷	0.6%	0.4%～0.8%	0.4%～0.8%
食盐	0.4%	0.3%～0.8%	0.3%～0.8%
蛋氨酸	0.4%	0.36%	0.35%
赖氨酸	1%	0.85%	0.8%

雏鸡在 1～7 日龄时自由采食，分 8 次喂，以后逐渐过渡到每天 4～5 次。坚持每个周末称重，以观察雏鸡的均匀度和增重等情况。

（8）日常管理。经常观察雏鸡的精神状态、粪便，注意保持环境卫生，及时清洁饲料桶、饮水器，及时扩围、分群、脱温，定期称重，注意通风换气，保持垫料干燥，防止饲料在桶内积压过久，以免发霉等。注意防鼠，防止意外应激。

（9）免疫接种方法和注意事项。

① 免疫接种方法。免疫接种方法有饮水法、滴眼或鼻、肌内注射、皮下注射、气雾法和擦肛法等。

② 注意事项。这里只介绍饮水法和滴眼或鼻的注意事项。

饮水法的注意事项如下：

A. 免疫期间，水、饲料中不得含有抗菌、抗病毒药物。

B. 饮水免疫前必须停止供水 24 h。

C. 饮用水中应加入 0.1% ～ 0.3% 的脱脂奶粉。

D. 饮水量如下：小鸡为 5 ～ 12 mL/ 只，中鸡为 10 ～ 20 mL/ 只，大鸡为 20 ～ 30 mL/ 只。

E. 疫苗稀释后 1 ～ 2 h 全部饮完。

F. 饮水器不得用金属制品，同时不得置于阳光下。

滴眼或鼻的注意事项如下：稀释液必须用蒸馏水、生理盐水，也可用凉开水，切忌用热水或未煮开的凉水，保证疫苗被吸收后再将鸡放开。

商品肉鸡的免疫程序（仅供参考）如表 2-7 所示。

表 2-7 商品肉鸡的免疫程序（仅供参考）

日龄	疫苗	用法	用量 / 羽份
7	鸡新城疫、传染性支气管炎二联活疫苗（La Sota 株 +H120 株）	滴眼或鼻	1
12 ～ 14	鸡传染性法氏囊病灭活疫苗（首免）	滴眼或鼻	1.2
20	鸡新城疫、传染性支气管炎二联活疫苗（La Sota 株 +H52 株）	饮水法	1.5 ～ 2
28	鸡传染性法氏囊病灭活疫苗	饮水法	2
35	禽流感疫苗	皮下注射	1
45 ～ 50	鸡新城疫 I 系活疫苗	肌内注射	1

（四）文昌鸡育成与育肥技术

1. 育成场地要求与管理技术

（1）场地的选择。育成场地离村镇、畜禽场、屠宰场、畜产品加工厂、交通要道 500 m 以上。地势高燥、略倾斜，排水、排污良好，土壤为沙质土、透水性强，水源充足、卫生，有电源保证，有足够的树木遮阴，青草覆盖率在 50% 以上。育成棚舍要有塑料防风帘。

（2）鸡舍面积。1000 只鸡需要 50 ～ 60 m²，每 100 羽用 1 个 5 kg 的料桶和 1 个 5 L 的饮水器。

（3）保持饮用水不断，实行放牧饲养，让鸡采食自然界中的虫蚁、草籽、野果、矿物质。

（4）保持鸡舍清洁卫生，每天清洁料槽、水槽，每周对水槽进行一次消毒，带鸡消毒一次。

（5）在饮用水中定期投放多维素、鱼肝油等，以增强鸡的抗病力。根据疫情、日龄和气候等因素，定期投放抗菌、抗病毒药物预防。

（6）若遇到刮风下雨、天气寒冷或者夜间天凉，应放下塑料防风帘，以遮风挡雨。

2. 育肥期的饲养管理技术、免疫接种和药物预防

放牧饲养 120 d 左右，再上笼饲养 30～60 d 即可育肥。育肥 30～60 d 后，鸡体重可达 1.4～1.7 kg。

（1）育肥期的饲养管理技术。

① 密度。每平方米笼养 12～15 只。鸡舍应建在林荫下，以利于遮光和防止中暑。

② 饲料配合和喂法。育肥期饲料的主要原料是鲜甘薯、大米、花生饼、米糠和猪油等，前期 25 d 的配方一般为鲜甘薯约占 25%，大米约占 10%，花生饼约占 25%，米糠约占 40%，猪油占 0.5%，食盐约占 0.1%；后期 25 d 的配方一般为鲜甘薯约占 30%，大米约占 10%，花生饼约占 30%，米糠约占 30%，猪油约占 2%，食盐约占 0.1%。饲料经煮熟后，用人工或机械搅拌、捣烂并混合均匀，使其湿度达到手掌握料时手指间有少量水滴即可，并须热喂。如使用粉料，须用开水搅拌后趁热湿喂，每天 7：30 左右和 16：00 左右各投料一次。每只每天平均喂料量为 80 g（以干料计）。另外，也可用饲料厂直接加工好的育肥料。

（2）免疫接种和药物预防。

① 将 120 日龄左右、体重为 1.2～1.5 kg 的肉母鸡抓进笼中饲养，并于当晚肌内注射 4～6 羽份鸡新城疫Ⅳ系活疫苗。

② 第 4～6 d 用抗菌、抗病毒药物（如复方禽菌灵、喉毒灵等）混料，预防消化道和呼吸道疾病。第 7 d 用驱除线虫和绦虫的药物（如丙硫苯咪唑）混料。第 8 d 用大黄苏打片混料，开胃、助消化。

（五）鸡场疾病控制技术

1. 鸡场疫病防控原则

鸡场疫病按照预防为主、防治结合的原则开展防控。

（1）平时的预防措施。

① 加强饲养管理，做好卫生消毒工作，增强鸡体的抗病力。

② 制定并执行定期免疫接种和药物预防计划。

③ 定期杀虫、灭鼠，妥善处理粪便和死亡禽只。

④ 肉鸡场最好采用全进全出的饲养方式，种鸡场应自繁自养。

⑤ 经常及时了解邻近鸡场的疫病情况，做好检疫工作。

（2）发生疫病时的扑灭措施。

① 经常观察鸡群，及时发现、诊断和上报疫情。采取措施将疫病控制在最小范围内，及时扑灭。

② 迅速隔离有病鸡群，禁止无关人员进入，并进行必要的场地消毒。

③ 进行紧急接种或及时药物治疗。

④ 妥善处理死亡和需要淘汰的病鸡。

⑤ 应对病鸡处理完毕后的栏舍和设备进行严格清洁、消毒，并空置一定时间，避免新

进入的鸡群发生同样的疫病。

2. 鸡常见传染病的防治

鸡常见传染病的防治如表2-8所示。

表2-8　鸡常见传染病的防治

病　名	主要症状及诊断	预　防	治　疗
禽流感	采食量下降，饮水减少；鸡脚鳞片下呈紫红色或紫黑色；鸡头肿胀，冠和肉髯发紫；体温升高，流泪，流鼻液，下痢，粪便呈黄绿色并带大量的黏液或血液；呼吸困难；产蛋量急剧下降，蛋壳变薄、褪色、蛋畸形	（1）免疫接种。选择与当地流行毒株血清型相匹配的疫苗。（2）场区用1%～2%的菌毒灭+2%～3%的氢氧化钠；门口消毒池用1∶500的洁康。带鸡消毒时，可选用1∶50的洁净每天消毒1～2次。粪便、垫料和各种污物要集中进行无害化处理，可用1∶250的洁净。（3）用0.1%的复方免疫多糖和0.05%～0.2%的高力维他或强力补14提高免疫效果（用法：用3 d，停3 d，再用3 d）	添加抗菌药物雷米高红霉素、新霉素、多西环素、康农等防止继发感染
鸡新城疫（亚洲鸡瘟、伪鸡瘟，我国俗称鸡瘟）	冠和肉髯呈暗紫色或紫黑色，怕冷，打瞌睡，身体蜷缩，站立不稳；嗉囊积液，嘴角流涎，排黄绿色粪便；张口呼吸，发出"咯咯"喘鸣声或怪叫声；成鸡产蛋量突然下降5%～12%，严重者可下降50%以上，蛋壳的颜色变淡，畸形蛋增多；后期个别病鸡出现神经主要症状，如斜颈、转圈、退后行走等	（1）接种疫苗。活苗与灭活苗结合使用。减少应激因素。1月龄内的雏鸡用3～5倍量鸡新城疫Ⅳ系疫苗，肌内注射；超过1月龄的可用2倍量鸡新城疫Ⅰ系活疫苗，肌内注射。（2）综合性预防措施。严格执行防疫消毒制度；加强鸡传染性法氏囊病、鸡慢性呼吸道病、鸡大肠杆菌病、鸡马立克氏病、鸡白痢、鸡球虫病的防疫；加强营养	肌内注射高免蛋黄液（适当加抗生素）；提高舍温3℃～5℃，补充多种维生素和电解质
鸡传染性法氏囊病	行动摇摆，毛松怕冷，头颈震颤，伏地昏睡，拉黄白带绿色水样稀粪；法氏囊肿大、表面水肿，随着病程延长，法氏囊萎缩变小，囊壁变薄，黏膜肿大，并可见弥漫性出血性病变。囊腔内有灰黄色黏性渗出物或豆渣样物；腿肌和胸肌颜色灰暗，肾脏苍白、肿大，常见尿酸盐沉积，呈花斑状	用鸡传染性法氏囊病灭活疫苗通过饮水或滴眼预防；发生此病时，每天上下午用洁净或洁康进行1次带鸡消毒；改善饲养管理和消除应激因素，根据当地疫病的发生情况，制定合理的免疫程序	高免卵黄抗体紧急注射，用量为1～2 mL/只；全群饮水用0.1%的复方免疫多糖+康农可溶性粉控制继发感染，连用5～7 d

续表

病　名	主要症状及诊断	预　防	治　疗
鸡马立克氏病	逐渐消瘦，冠萎缩、色淡，羽毛松乱，有时会跛行，拉绿粪；肝脾肿大，或有灰白色肿瘤结节	自繁自养，采用全进全出的饲养方式，避免不同日龄的鸡混养；出壳后 24 h 内接种马立克氏病疫苗；做好育雏舍的消毒和隔离，以及种蛋、出雏器和孵化室的严格消毒；饲料或饮用水中补充 0.05%～0.2% 的强力补 14（或维他富），及时淘汰病鸡和阳性鸡	
鸡传染性支气管炎	张口呼吸，打喷嚏，咳嗽，流鼻液；精神沉郁，羽毛松乱，拉白色水样稀粪；产蛋率明显下降；饮水量增加，死亡率较高	加强消毒（参考禽流感），降低鸡群密度；紧急接种；对鸡肾型传染性支气管炎，降低饲料中动物蛋白的含量，并注意补充肾肿解毒灵	在饲料或饮用水中添加抗生素雷米高红霉素、新霉素、多西环素、复方乐泰88（小鸡可用速可治），防止继发感染
鸡痘	（1）皮肤型。在身体无毛或毛稀少的部分，特别是鸡冠、肉髯、眼睑和喙、脚，有结痂病灶。 （2）黏膜型（白喉型）。此型鸡痘的病变主要是在口腔、咽喉、眼和气管等黏膜表面出现痘斑。 根据鸡冠、肉髯和其他无毛部分的结痂病灶，以及口腔和咽喉部的白喉样假膜即可做出初步诊断	用鸡痘疫苗免疫接种。一般采用2次免疫（第一次在10～20日龄，经3～5周接种第二次），以加强免疫效果。鸡紧急接种鸡新城疫Ⅰ系或Ⅳ系活疫苗，以干扰鸡痘病毒的复制，达到控制鸡痘的目的	对于皮肤型，可涂紫药水；对于黏膜型，如咽喉假膜较厚，可用2%的硼酸溶液洗净，再滴1～2滴5%的氯霉素眼药水。用广谱抗生素，如雷米高红霉素+新霉素+多西环素饮水，连用 5～7 d
鸡球虫病	精神沉郁，鸡冠苍白，毛松翼垂，食欲减退，渴欲增加；病初拉水样稀粪，随后拉血样稀粪；鸡盲肠球虫病见盲肠肿胀，色暗红，内充满凝固或新鲜的血液；鸡小肠球虫病见小肠肠管胀大，外表可见小出血点或小白点，肠内充满带血的黏液或豆渣样物	可用氯苯胍、氨丙啉、硝苯酰胺（球痢灵）、莫能霉素、盐霉素（球虫粉、优素精）、地克珠利、马杜拉霉素（抗球王、杜球、加福）、尼卡巴嗪交替拌料预防	可用预防药物加大药量进行治疗，注意交替使用药物

续表

病　名	主要症状及诊断	预　防	治　疗
鸡白痢	精神委顿，缩头，翅下垂，拉白色糨糊状稀粪，肛门常被粪便粘住，排粪时发出"吱吱"的叫声。成鸡多为隐性带菌，只有严重时见贫血和下痢，母鸡产蛋量明显减少	做血清学试验，检出并淘汰带菌种鸡；对孵化室、育雏舍、育成舍和蛋鸡舍的地面、用具、饲槽、笼具、饮水器等进行严格消毒。加强雏鸡饲养管理，注意用药物预防	可用诺氟沙星、呋喃唑酮、氯霉素和土霉素
禽霍乱	精神沉郁，羽毛松乱，缩颈闭眼，头缩在翅下，离群呆立；常有腹泻，排出黄色、灰白色或绿色的稀粪；体温升高到43 ℃～44 ℃，减食或不食，渴欲增加；呼吸困难，口、鼻分泌物增加；鸡冠和肉髯呈青紫色，有的病鸡肉髯肿胀，有热痛感；产蛋停止	用禽霍乱蜂胶灭活疫苗进行预防。可用磺胺类药物、氯霉素、红霉素、庆大霉素、环丙沙星、恩诺沙星、喹乙醇拌料预防	可用预防药物治疗，剂量要足，当鸡只死亡明显减少后，再继续投药2～3 d，以巩固疗效，防止复发

二、鸭鹅养殖技术

（一）鸭鹅品种

1. 适合在海南养殖的鸭品种

（1）北京鸭。北京鸭羽毛洁白，头大眼圆，颈粗且稍短，体长背宽，胸部丰满，前胸昂起，与地面约成30°角，两翅小而紧附于体躯，尾短而上翘。150日龄公鸭的体重约为3.786 kg，母鸭的体重约为3.681 kg，母鸭年产蛋量可达180枚。3周龄北京鸭的体重为1.001～1.073 kg，料肉比为2.02∶1；7周龄北京鸭的体重为2.928～2.998 kg，料肉比为3.27∶1。

（2）天府肉鸭。天府肉鸭体形硕大、丰满，羽毛洁白，喙、胫、蹼呈橙黄色。成年公鸭的体重为3.1～3.2 kg，成年母鸭的体重为2.7～2.8 kg，开产日龄为180～190 d（产蛋率可达5%），入舍母鸭年产合格种蛋230～250枚，蛋重85～90 g，受精率达90%以上。

（3）瘤头鸭。瘤头鸭俗称番鸭，公、母瘤头鸭的体重大小差异显著，成年公鸭的体重为4～5 kg，成年母鸭的体重为2.5～3 kg，母鸭年产蛋60～120枚，蛋重70～80 g，孵化期为35 d。

（4）绍兴鸭。绍兴鸭体躯狭长，颈细而长，臀部发达，腹部略下垂，站立或行走时与地面成45°角，体态匀称，结构紧凑，具有理想的蛋用鸭体型。绍兴鸭在22～25周龄时可达到产蛋高峰期，并能保持持续高产。

（5）金定鸭。公鸭胸宽背阔，体躯较长，喙呈草绿色，虹彩呈褐色，胫呈橘红色，爪呈黑色。母鸭的身体细长、匀称、紧凑，头较小、秀长，胸稍窄而深，喙呈古铜色，虹彩呈褐色，胫、蹼呈橘红色。成年公鸭的体重约为1.760 kg，成年母鸭的体重约为1.780 kg，母鸭年产蛋量可达260～300枚。

（6）四川麻鸭。四川麻鸭体型较小，体质坚实、紧凑，羽毛紧密，颈长，头清秀。在放牧的条件下，母鸭年平均产蛋150枚左右，500日龄时平均产蛋131枚，平均蛋重为72～75 g，蛋壳以白色居多。

（7）嘉积鸭（番鸭）。嘉积鸭具有红冠黄蹼，羽毛黑白相间。成年公鸭的体重约为3.45 kg，成年母鸭的体重约为1.85 kg。母鸭体型较圆，后躯略低重，肉瘤比公鸭小得多，年均产蛋量为80枚（60～100枚）。

2. 适合在海南养殖的鹅品种

（1）白莲鹅。白莲鹅头小颈细，体躯狭长、紧凑，躯干稍似瓦筒形，性情温驯。公鹅的特征是头大颈粗，体躯圆宽、硕大，躯干略呈船底形，头顶肉瘤发达，雄性特征明显，肉质结实。

（2）阳春鹅。公鹅的体型中等偏大，额上无肉瘤，颈粗短，成年时全身羽毛洁白。母鹅全身羽毛呈白色、暖橘黄色，头清秀，颈细长，肉瘤不太明显。阳春鹅的平均体重为5.84 kg（成年公鹅约为6.18 kg，成年母鹅约为5.51 kg），年均产蛋量为30枚。

（3）四川白鹅。公鹅的头颈较粗，体躯稍长，额部有一个呈半圆形的肉瘤。母鹅的头清秀，颈细长，肉瘤不明显，没有咽袋，颈部细长，叫声非常响亮。成年公鹅的体重为4.36～5 kg，成年母鹅的体重为3.41～4.1 kg，年均产蛋量达60～80枚。

（4）朗德鹅。朗德鹅的毛色呈灰褐色，颈部、背部毛色接近黑色，胸部毛色较浅，呈银灰色，腹下部毛色呈白色，也有部分白羽个体或灰白羽个体。成年公鹅的体重为7～8 kg，成年母鹅的体重为6～7 kg，年均产蛋量为30～40枚。

（二）鸭鹅舍的建设技术

1. 育雏舍

由于21日龄前，雏鸭鹅的体温调节能力较差，因此，育雏舍要有良好的保温性能，要求舍内干燥，空气流通，但不漏风，窗户面积与舍内地面面积的比例以1∶（10～15）为好，舍高2 m，舍内地面比舍外地面高25～30 cm，用水泥或三合土制成，有利于冲洗、消毒和防止鼠害。育雏舍前应设运动场，场地平坦且略向排水沟倾斜，以防雨天积水。

2. 肉鸭鹅舍

鸭鹅生长快，体格健壮，抵抗力强，饲养比较粗放。肉鸭鹅舍只要上面遮雨、通风良好，即可达到基本要求，在炎热季节要注意防暑。

3. 育肥舍

育肥舍要环境安静，舍内光线暗淡、通风良好，舍高2.5 m以上。地面采用夯实的泥土，将水槽放在排水沟上，以使溢出的水流入沟中，沟上铺铝丝网式木条，舍内分成若干小间，每间的面积为12 m²，可容纳50只鸭鹅。

4. 种鸭鹅舍

种鸭鹅舍要求通风防暑，光线充足。舍高2.5 m，每平方米可养种鸭鹅2～3只。陆上运动场与水面连接处须用石块砌好，用水泥做好斜坡，坡度为25°～35°，斜坡要深入水中，与枯水期的最低水位持平。

（三）鸭鹅苗的饲养管理技术

1. 育雏前的准备技术

（1）清洁和消毒。在雏鸭鹅进舍前半个月，将育雏舍的地面、墙壁、门、窗等处打扫干净，用热石灰水粉刷墙壁，把洗净的用具放入育雏舍，用0.2%的百毒杀喷洒1次后，再将福尔马林液（30 mL/m³）和高锰酸钾（15 g）混合，关好门窗，密闭熏蒸24 h以上。在雏鸭鹅进舍前2～3 d再对房舍场地用消毒威彻底消毒一次，舍门口处应设消毒池。

（2）温度和湿度。出壳后的雏鸭鹅绒毛短，体温调节能力差，一旦外界温度不适，成活率就会受到影响，舍内的湿度要与温度相对均衡。在雏鸭鹅进舍前2 d，在舍内铺好细木刨花、碎新鲜稻草等垫料。准备好250 W的红外线灯取暖设备，并检查所用设备是否完好。

（3）水盘和料盘。水盘和料盘按50羽雏鸭鹅配1个均匀摆放，调好高度。雏鸭鹅到达前2 h，在饮水器内装好配制的药液，如环丙沙星药液、维生素C、葡萄糖等。

（4）饲料、药品等。在雏鸭鹅进舍前，应准备好开食饲料或补饲饲料及相关药品。

（5）记录表格。在大中型养鸭鹅场，必须准备好记录表格，用于记录生产情况和管理工作情况，以便进行分析、总结。

2. 鸭鹅苗的选择技术

挑选健壮的鸭鹅苗。其特征是卵黄吸收好，脐部收缩完全，腹部松软，腿部粗壮有力，体重适中，精神活泼，眼睛有神，若用力一抓，能感到其挣扎有力、有弹性。

（1）品种选择。各地应根据本地区的自然习惯、饲养条件、消费者需求和市场销售情况，选择适合本地饲养的品种或杂交鸭鹅饲养。

（2）来源选择。鸭鹅苗必须来自健康无病、生产性能高的鸭鹅群，并且在适宜的采种期内。不要购买不知来源的鸭鹅苗，以就近知情购买鸭鹅苗为好。

（3）品质选择。选择的鸭鹅苗应具有该品种的特征。

① 看眼。眼睛要有神，眼流泪、干涩或瞎眼的不能选择。

② 听声。听雏鸭鹅的叫声是否清亮，声音沙哑的不能选择。

③ 动脚。雏鸭鹅的脚要粗壮且蹬动有力，脚软无力和拐脚的不能选择。

④摸脐。脐部要柔软、不碍手,脐部发硬或大肚脐的不能选择。

⑤看毛色。羽毛要蓬松发亮,羽毛干结无光的不能选择。

⑥试翻身。把雏鸭鹅仰面放(背朝下,脚朝上),能立即翻起的是老鸭鹅孵的,不能立即翻起的是用当年留种的新鸭鹅蛋孵的。

(四)鸭鹅的育雏技术

1. 0~21日龄肉用雏鸭鹅的饲养管理

(1)0~21日龄肉用雏鸭鹅的饲养技术。

①饮水。雏鸭鹅出壳后的第一次饮水俗称开饮或潮口,第一次吃料俗称开食。雏鸭鹅出壳24 h左右就可进行开饮。饲养数量少时,可将雏鸭鹅放入篮中,将鸭鹅篮浸入清洁的浅水中(以不淹到雏鸭鹅的胫部为宜),让雏鸭鹅自由活动和饮水3~5 min。然后,将鸭鹅篮提出水面放到温暖的地方,让鸭鹅理干绒毛。另外,还可以通过让雏鸭鹅的嘴接触水去喝的方法训练其饮水。第一次饮水时,在3 kg水中加入高锰酸钾3 g(微红)或加入适量的诺氟沙星,有利于预防白痢病的发生。另外,还可以加入5%的葡萄糖和维生素C,有利于蛋黄的吸收;加入黄芪多糖,可以提高雏鸭鹅的免疫力。

②开食。开饮后即可开食。开食的精饲料多为淘洗干净并用清水浸泡约2 h的碎米。饲喂前,将水沥干,或是煮得半生半熟,再将经水淘过且不黏、不烂的碎米、小米饭按20只加1个煮熟的蛋黄饲喂(开食后,最好使用鸭鹅专用配合饲料)。对于鹅苗,可加青饲料,青饲料要新鲜、幼嫩多汁,以婆婆丁、苦荬菜为最佳(切丝或粉碎的宽度要求如下:1~10日龄为1~3 mm,11~20日龄为3~5 mm,21~30日龄为5~10 mm)。开食后,每天给料一般分6~8次饲喂(夜间喂2~3次)。

③日粮配制与饲喂。雏鸭鹅从开食后的第2 d起便可按时饲喂。3日龄后可以适当补饲砂砾,以帮助消化(可设置一个专用放有细沙的槽)。根据当时的气温情况,从7日龄起可开始适当放牧,鸭苗以雏鸭料为主,鹅苗以青饲料为主,精饲料逐步从熟喂过渡为生喂,最好饲喂雏鸭鹅期专用饲料。大群饲养的必须饲喂雏鸭鹅期专用饲料。每千只雏鹅的日饲料消耗量如表2-9所示,0~21日龄雏鹅的饲料搭配和饲喂次数如表2-10所示。

表2-9 每千只雏鹅的日饲料消耗量　　　　　　　　　　　　　　　　单位:kg

饲料	日龄			
	1	3	7	10
精饲料	2.5~3.0	5.0	15.0	21.0
青饲料	5.0	12.5	37.5	75.0

表 2-10 0～21 日龄雏鹅的饲料搭配和饲喂次数

饲料和饲喂次数	日　龄			
	1	2～3	4～10	11～21
精饲料	40%	35%	30%	10%～20%
搭配青饲料	60%	65%	70%	80%～90%
饲喂总次数	6～8	6～8	6～8	8～9
夜间饲喂次数	2～3	2～3	2～3	2～3

（2）0～21 日龄肉用雏鸭鹅的管理技术。

① 保温。温度对雏鸭鹅的生长发育和成活率有很大的影响，根据雏鸭鹅的生理特点，必须给其创造适宜的环境温度条件。因此，保温是雏鸭鹅管理中最重要的工作。鸭鹅育雏温度的基本要求如表 2-11 和表 2-12 所示。

表 2-11 鸭鹅育雏温度

周龄	温度/℃
1	27～29
2	25～27
3	22～25
4	9～22

表 2-12 鸭鹅育雏参考温度

日龄	垫草 5～10 cm 处的温度/℃	育雏舍内的温度/℃
1～5	27～28	15～18
6～10	25～26	15～18
11～15	22～24	15
16～20	18～22	15
20 以上	脱温	环境温度

② 防湿。鸭鹅虽然是水禽，但也怕舍内潮湿，尤其是 30 日龄以内的雏鹅。潮湿对雏鸭鹅的健康和生长发育有不利的影响。

③ 分群与防堆。一般每群以 50～100 只为宜，分群时，还应注意密度。一般每平方米

雏鸭鹅的饲养数量如下：1～5日龄为20～25只，6～10日龄为15～20只，11～15日龄为12～15只，15日龄以上为8～10只。

雏鸭鹅喜欢聚集成群，温度低时更是如此，易出现压伤、压死现象。因此，饲养人员要注意及时赶堆分散，在天气寒冷的夜晚更应注意，应适当提高育雏舍内的温度。

④ 放水与放牧。在雏鸭鹅5日龄以后，条件适宜（夏季3—11月天气晴好，冬季12月至来年2月天气晴好）时即可放水和放牧。前3 d放水游泳的时间以0.5 h为宜。

⑤ 卫生防疫。卫生防疫工作包括环境消毒和卫生、人员与用具管理，以及雏鸭鹅的免疫与防病。雏鸭鹅易发生的疾病有小鸭鹅瘟、禽霍乱、鸭鹅球虫病等。

2. 22～70日龄肉用仔鸭鹅的饲养管理

（1）放牧饲养。放牧很重要，它是养好鸭鹅、降低成本、促进增重的环节。

① 放牧时间。冬、春季雏鸭鹅到10～15日龄，天气晴朗时可在中午放牧，在其他季节可提前到5～7日龄。首次放牧时间为1 h左右，以后逐渐延长。到30～40日龄，可全天放牧，并尽量早出晚归。放牧时可结合放水，时间从15 min逐渐延长到1 h，每天2～3次，再过渡到自由嬉水。

② 放牧场地的选择。放牧场地要有鸭鹅喜欢采食的丰富、优质牧草。鸭鹅喜爱采食的草类很多，一般无毒、无刺激性、无特殊气味的草都可供鸭鹅采食。放牧场地要开阔，可划分成若干小区，有计划地轮牧。放牧场地附近应有湖泊、小河或池塘，给鸭鹅提供清洁的饮用水和洗浴水源。放牧场地附近应有蔽荫、供休息的树林或其他蔽荫物（如临时荫棚）。农作物收割后的茬地也是极好的放牧场地。选择放牧场地时，还应注意了解附近的农田是否喷过农药。若喷过农药，一般要1周后才能在附近放牧。鸭鹅群所走的道路应比较平坦。

③ 放牧时的注意事项。

A. 放牧群一般以250～300只为宜，由2人放牧。当放牧场地开阔时，可增至500只左右，甚至高达1 000只，由3～4人管理。组群时，鸭鹅的日龄应相同，否则大鸭鹅走得快，雏鸭鹅走得慢，放牧不同步。当鸭鹅群太大时，走在前面的吃得好、吃得饱、发育快，而走在后面的吃得不好、吃不饱、发育慢，影响整群发育的均匀度。

B. 放牧时，应注意观察鸭鹅的采食情况。待大多数鸭鹅吃到七八成饱时，应将鸭鹅群赶入池塘或河中，让其自由饮水、洗浴。

C. 防止惊群。防止其他动物或颜色鲜艳的物品、喇叭声突然出现而引起惊群。

D. 放牧时，驱赶鸭鹅群的速度要慢，防止践踏致伤。

E. 避免在夏季炎热的中午、大暴雨等恶劣天气放牧（每天放牧不少于5 h，保证鸭鹅能采食到足够的草）。

④ 放牧鸭鹅的补饲。若放牧场地条件好，有丰富的牧草和收割后的遗谷可吃，采食的食物能满足生长的营养需要，则可不补饲或少补饲；若放牧场地条件较差，牧草贫乏，此时又不是收获的季节，营养无法满足生长发育的需要，就要做好补饲工作。补饲时，加喂青饲料和精饲料，每天加喂的数量与饲喂次数可根据体重增长和羽毛生长情况来确定。

（2）全舍饲饲养。全舍饲饲养采用专用鸭鹅舍，应用全价配合饲料饲养，日粮中代谢能为 11.7 MJ/kg，粗蛋白质约占 18%，粗纤维约占 6%，钙约占 1.2%，磷约占 0.8%。全舍饲鸭鹅的生长速度较快，饲养周期较短，但饲养成本较高。全舍饲饲养也是放牧鸭鹅后期快速育肥的一种方法。全舍饲育肥时，应饲喂富含碳水化合物的饲料，育肥期约为 1 周。

（五）种鸭鹅的育成与饲养管理技术

1. 种鸭鹅的选择技术

预选后备种鸭鹅宜在 70 日龄前后进行。挑选群中生长快、羽毛符合本品种标准、体格健壮、肥瘦适中、眼大有神、胸深而宽、背宽而长、腹部平整、胫较长且粗壮有力、两胫间距宽、鸣声洪亮的为公鸭鹅。要求母鸭鹅体型大而重，羽毛紧贴，光泽明亮，眼睛灵活，颈细长，身长而圆，前躯窄、后躯深而宽。

定种（定群）在开产前（180 日龄左右）进行，确定公、母鸭鹅的配种比例，淘汰不合格的公、母鸭鹅。

2. 鸭育成期的饲养管理技术

（1）育成期的重要意义。育成期的目的是保持鸭群的体重尽可能接近目标体重，因为体重过高或过低都有害于鸭群的产蛋量和受精率。每日饲喂量应由鸭群体重与目标体重相差的情况来确定。

（2）检查体重。对于 28 日龄的鸭，早晨饲喂前，每一栏各称公、母鸭 10%，计算每栏鸭的平均体重，并与育成期的体重曲线相比较，然后按每栏所需的饲料量给料。以后每周的第一天检查体重一次，根据实际体重与目标体重的差确定本周的饲喂量。此饲喂量一周不变，以确保鸭群的体重尽可能接近目标体重。

如果 28 日龄鸭的体重偏低，则用 28 日龄的喂料量喂至 35 日龄；如果 28 日龄鸭的体重偏高，则用 21 日龄的喂料量喂至 35 日龄；如果 28 日龄鸭的体重与目标体重一致，则用 25 日龄的喂料量喂至 35 日龄。

对于 35 日龄的鸭，早晨饲喂前，对公、母鸭再次抽测体重，并与目标体重相比较。若实际体重低于目标体重，则增加喂料量 5～10 g；若实际体重高于目标体重，且继续观察 1 周后仍高于目标体重，则减少喂料量 5～10 g；若实际体重达到目标体重，则喂料量不变。

需注意以下事项：每天早晨第一件事是饲喂鸭，按每栏分别称料，然后投放入饲槽内或均匀地撒在室内垫草或运动场上，让每只鸭都能同时吃上饲料。在育成期，每天喂料一次，但任何时候都不能缺水。如果母鸭的体重符合目标，而公鸭的体重过低，则稍微增加饲料，以保证公鸭的体重，而不过分增加母鸭的体重。

（3）分性别育成。从 1 日龄开始，公鸭群以 4.5 只公鸭、1 只母鸭的比例混群饲养，其余母鸭单独分栏饲养。在育雏的 28 日龄内，每天按固定的饲料量投喂。在 28 日龄至 18 周龄，根据公鸭的目标体重饲喂公鸭，根据母鸭的目标体重饲喂母鸭。公鸭群内必须混入少量母鸭，目的是使公鸭在生长过程中有"性的记忆"，这些母鸭通常被称为"盖印母鸭"。不需对公鸭栏内的"盖印母鸭"进行称重，也不需进行体重控制。

需要注意的是，分性别育成种鸭时必须加强饲养管理，特别是公鸭群的管理。"盖印母鸭"必不可少，否则会严重影响种鸭蛋的受精率。另外，公母鸭混合可在18～20周龄的任何时间进行。

（4）限制饲喂。对于实行圈养或者半圈养的蛋鸭，要采取与肉种鸭类似的限制饲喂方案。限制饲喂一般从8周龄开始，到16～18周龄结束。当鸭的体重符合本品种标准时，可以不限制饲喂。

3. 鹅育成期的饲养管理技术

（1）鹅生长至4～10周龄时，由于觅食能力、消化能力、抗病力增强，应主要以放牧为主，结合补饲中鹅料，并且应离开育雏舍，转入生长鹅舍。中鹅的放牧场地要有足够数量的青饲料，草质要求可比雏鹅低一些。鹅早出晚归，以适应其多吃快拉的特点。放牧和回舍时，赶鹅的速度要慢，特别是对于吃饱后的鹅。中鹅常以野营为主，搭建的棚舍以竹、木为好，要求建在水边高地，能避风遮雨。45日龄以下的中鹅羽毛尚未长全，要避免雨淋。在天气炎热的中午，应让鹅在树荫下休息，防止中暑。同时，做好定期驱虫工作。

（2）一般每天饲喂4～5次，其中晚上加喂1次。喂料时，可把牧草切碎并与精饲料拌和后放在食槽内，精饲料和牧草的比例为1∶4。精饲料可用自配料，配方如下：玉米粉粒约占45%，米糠约占15%，麸皮约占10%，豆粕约占22%，鱼粉约占4%，骨粉约占1.5%，贝壳粉约占1.6%，微量元素和维生素添加剂约占0.5%，食盐约占0.4%。

（3）配合饲料用量应随饲养日龄逐日增加，可将牧草切成1～2 cm长。如果没有水上运动场，饮水器内要不断清水，每天清洗2次。生长鹅舍每天打扫1次，勤换垫草。遇晴天时，可在运动场上加喂牧草，吃完后就添加，保持环境清洁、卫生、安全，让鹅充分生长。

（4）适当调整鹅群，将体弱幼小的鹅集中在一起，单独特殊照顾、饲养。对鹅群抽样称重，分析鹅群的生长情况。若鹅群生长过慢，要找出原因。28～60日龄为生长高峰期，60日龄以后，鹅群的生长开始减慢，到70日龄可上市。

（5）饲养人员必须加强巡栏，注意观察鹅的状态，发现早期病鹅，并及时对其进行隔离和治疗。检查和发现病鹅的最适时间是每天早晨天刚亮、中午、深夜和2次喂料之间，此时鹅群正处于休息、睡眠中，病鹅容易表现出各种异常状态，刚病或有轻微病症的鹅易被发现。

（6）在饮用水中加入抗菌药物，如诺氟沙星、恩诺沙星等，从1日龄开始，连用1～3 d，能有效地控制慢性呼吸道疾病、大肠杆菌病等。

（7）在仔鹅25日龄时，用吡喹酮按10 mg/kg驱绦虫。如果仔鹅食水草多，应全群服用驱虫药1次。

（8）做好消毒工作，减少禽出败、黄曲霉菌病的发生。一旦发现病鹅，应及时诊断、及时治疗。

4. 种鸭鹅产蛋前的饲养管理技术

在种鸭鹅产蛋前 1 个月开始补料。饲料采用成年鸭鹅专用配合饲料，再适量补加一些粗饲料（如稻糠、草粉等）。另外，也可以自己配料，配方如下：玉米约占 35%，豆饼约占 10%，麸皮约占 15%，米糠约占 15%，骨粉约占 2%，鱼粉约占 1.5%，酵母粉约占 2%，草粉约占 19%，食盐约占 0.5%。每天喂 2～3 次，使鸭鹅群的体质恢复、体重增加，在体内积累一定的营养物质。

5. 种鸭鹅产蛋期的饲养管理技术

临产母鸭鹅全身羽毛紧凑、光泽鲜艳，颈羽光滑、紧贴，毛平直，肛门呈菊花状，腹部饱满、松软且有弹性，耻骨距离增宽，食量加大，喜欢采食矿物质饲料。

在日粮配合上，采用种鸭鹅产蛋期专用配合饲料，饲料中的粗蛋白质占 16%～18%，代谢能为 11.3～11.7 MJ/kg。另外，也可以自己配料，配方如下：玉米约占 52%，豆饼约占 16%，鱼粉约占 5%，骨粉约占 1.5%，贝壳粉约占 4%，食盐约占 0.5%，多种维生素约占 1%，优质草粉约占 20%。喂料要定时、定量，先喂精饲料，后喂青饲料。中小型鸭鹅每天的精饲料饲喂量为 120～150 g，大型鸭鹅为 150～180 g，分 3～4 次饲喂。若没有青饲料，可加稻糠等粗饲料。产蛋母鸭鹅行动迟缓，放牧或平时驱赶不要急速，防止造成母鸭鹅的伤残。母鸭鹅的产蛋时间大多数在早晨，下午产蛋的较少。如果发现个别母鸭鹅鸣叫不安，腹部饱满，泄殖腔膨大，不肯离舍，应对其进行检查，其多为有蛋者，应将其留在舍内产蛋。在产蛋期要勤捡蛋，注意做好种蛋保存。为了保证产蛋期的高产、稳产，应注意维生素、矿物质的补充。在鸭鹅舍内，应有放矿物质的饲槽，经常放一些矿物质饲料任鸭鹅采食。此外，还要注意光照的补充，每天补充光照 2～3 h，以使每天的光照时间达到 16 h 为好。鸭鹅舍的垫草要保持干燥，也可采用厚垫草的方式饲养。公母种鸭鹅的配比根据品种确定，一般以 1 :（4～6）为宜。

6. 种鸭鹅停产期的饲养管理技术

在种鸭鹅停产期，日粮由精饲料改为粗饲料，即转入以放牧为主的粗饲期。此期的喂料次数根据季节情况逐渐减少到每天 1 次或隔天 1 次，然后改为 3～4 d 喂 1 次，到寒冷季节再逐渐加料。

（六）肉用鸭鹅的育肥技术

1. 肉用仔鸭的育肥技术

（1）生理特点。商品肉鸭在 22 日龄后进入生长育肥期。此时，鸭对外界环境的适应能力比雏鸭强，死亡率低，食欲旺盛，采食量大，生长快，体躯大而健壮。由于鸭的采食量增大，适当降低饲料中的粗蛋白质含量，仍可满足鸭体重增长的营养需要，从而达到良好的增重效果。

（2）饲养方式。由于鸭的体躯较大，其饲养方式多为地面饲养。由于环境的突然变化，鸭常易产生应激反应。因此，在转群之前，应停料 3～4 h。随着鸭体躯的增大，应适当降低饲养密度。适宜的饲养密度如下：4周龄为7～8只/m²，5周龄为6～7只/m²，6周龄为5～6只/m²。

（3）喂料和喂水。随着鸭的采食量增大，应注意添加饲料，但食槽内的余料不能过多。饮用水的管理也特别重要，应随时保持有清洁的饮用水。特别是在夏季，白天气温较高，鸭的采食量减小，应加强早晚的管理。早晚天气凉爽，鸭采食的积极性高，不能断水。

（4）垫料的管理。由于鸭的采食量增大，其排泄物也增多，应加强舍内和运动场地的清洁卫生管理，每天定期打扫，及时清除粪便，保持舍内干燥，防止垫料潮湿。

（5）上市日龄。不同地区或不同加工目的所要求的肉鸭上市体重不同，因此，上市日龄要根据销售对象来确定。肉鸭一旦达到上市体重，应尽快出售。商品肉鸭一般6周龄的活重可达2.5 kg以上，7周龄可达3 kg以上，饲料转化率以6周龄最高，因此，42～45日龄为其理想的上市日龄。但此时肉鸭的胸肌较薄，胸肌的丰满程度明显低于8周龄肉鸭。如果用于分割肉生产，则以8周龄上市最为理想。

2. 肉用仔鹅的育肥技术

肉用仔鹅在短期内经过育肥，可以迅速增膘长肉，沉积脂肪，增加体重，改善肉的品质。

（1）育肥前的准备工作。

① 分群。中鹅饲养期过后（70～80日龄），首先从鹅群中选留种鹅，定向培育，剩下的鹅组成育肥鹅群。为了使育肥鹅群生长整齐、同步增膘，须将大群分为若干小群。分群原则如下：将体型大小相近和采食能力相似的鹅混群，分成强、中、弱三等。在饲养管理中，根据各群的实际情况，采取相应的技术措施，缩小群体之间的差异，使全群达到最高育肥性能，一次性出栏。

② 驱虫。鹅体内的寄生虫较多，如蛔虫、绦虫、吸虫等。因此，育肥前，要进行一次彻底驱虫，这对提高饲料报酬和育肥效果极有好处。驱虫药应选广谱、高效、低毒的药物，混入饲料，连喂3 d。

（2）育肥方法。根据饲养管理方式，肉用仔鹅的育肥方法分为放牧育肥法、舍饲育肥法和填饲育肥法3种。

① 放牧育肥法。放牧加补饲是成本最低的育肥方法。根据育肥季节的不同，可在野草地、稻田等放牧。鹅采食草籽和收割后遗留在田里的粒穗，边放牧，边休息，定时饮水。如果鹅白天吃得很饱，则晚上或夜间不必补饲精饲料。如果育肥季节在秋前（籽粒未成熟）或秋后（收割季节已过），放牧时，鹅只能吃青草或枯黄草，那么晚上和夜间必须补饲精饲料，鹅能吃多少就喂多少。鹅吃饱后颈右侧会出现膨起，有厌食动作，摆脖子下咽，喙不停地往下点。补饲时必须用全价配合饲料，或压制成颗粒料，这样可减少饲料浪费。鹅必须饮足水，夜间不能停水。

② 舍饲育肥法。这种育肥方法不如放牧育肥法使用广泛，饲养成本较放牧育肥法高，但该法具有发展的趋势。这种方法的生产效率较高，育肥的均匀度较好，适用于放牧条件较差的地区或季节，最适于集约化批量饲养。仔鹅到60日龄时，从放牧饲养转为舍饲饲养。

舍饲育肥有以下两个特点：一是舍饲育肥主要依靠配合饲料达到育肥的目的，也可喂给高能量的日粮，适当补充一部分蛋白质饲料；二是限制鹅的活动，让鹅在光线较暗的舍内活动，以减少外界环境因素对鹅的干扰，让鹅尽量多休息。每平方米可放养4～6只，每天喂料3～4次，使鹅的体内脂肪迅速沉积，同时供给充足的饮用水，增进食欲，帮助消化，经过15 d左右即可上市。

③填饲育肥法。此法可缩短育肥期，育肥效果好，但比较麻烦。将配合日粮或以玉米为主的混合料（配方举例1：玉米、碎米、甘薯面约占60%，米糠、麸皮约占30%，豆饼约占8.5%，添加剂约占1%，食盐约占0.5%。配方举例2：甘薯面约占35%，大米约占21%，米糠、麸皮约占30%，豆饼、花生饼约占8.5%，棕油约占4%，添加剂约占1%，食盐约占0.5%）加水拌湿，搓捏成直径为1～1.5 cm、长度为6 cm的条状食团，阴干后填饲。

填饲是一种强制性的饲喂方法，分为手工填饲和机器填饲两种。手工填饲时，用左手握住鹅头，双膝夹住鹅身，用左手的拇指和食指将鹅嘴撑开，右手持食团先在水中浸湿，然后用食指将其填入鹅的食管内。开始填饲时，每次填3～4个食团，每天3次，以后逐步增加到每次填4～5个食团，每天4～5次。填饲时，要防止将饲料塞入鹅的气管内。机器填饲速度快、效率高，更适于大群仔鹅的育肥。填饲方法是，利用填饲机的导管将调好的食团填入鹅的食管内。对于填饲的仔鹅，应供给充足的饮用水，或让其每天洗浴1～2次，有利于增进食欲，使羽毛光亮。经过10 d左右的填饲育肥，鹅的体内脂肪迅速增多，肉嫩味美。

3. 肉用仔鹅育肥程度的影响因素

肉用仔鹅的育肥程度主要取决于如下因素：

（1）饲料情况。在放牧育肥的条件下，如果作物茬地面积较大，可放牧场地较多，脱落谷粒较多，则可适当延长育肥时间；如果没有足够的放牧场地或未赶上作物的收割季节，则可适当缩短育肥时间，抓紧出售，否则会出现因放牧不足而掉膘。在舍饲育肥的条件下，要有饲料供应，主要应根据养鹅户的资金、饲料供给情况等来确定育肥时间。

（2）增重速度。在育肥期间，仔鹅的体重增长速度反映了其生长发育的快慢，同时也反映了育肥期饲养管理的水平。一般而言，在育肥期内，放牧育肥可增重0.5～1 kg；舍饲育肥可增重1～1.5 kg；填饲育肥可增重1.5 kg以上。当然，仔鹅的体重增长速度与其品种、季节、饲料等因素有密切的关系。

（3）膘度。膘肥的鹅全身皮下脂肪增厚，尾部丰满，胸肌厚实、饱满、富含脂肪。膘肥的程度主要根据鹅翼下两侧躯体皮肤和皮下组织的脂肪沉积程度来鉴定。可摸到皮下脂肪增厚，有板栗大小、结实、富有弹性的脂肪团者为上等肥度；脂肪团疏松者为中等肥度；摸不到脂肪团，且皮肤可以滑动者为下等肥度。

（4）鹅填饲育肥。推荐配方：玉米、碎米、甘薯面约占60%，米糠、麸皮约占30%，豆饼（粕）约占8%，生长素约占1%，食盐约占1%。

初填 3 d 内不宜填得过饱，以后每天填 5 次，从 6：00 到 22：00，平均每 4 h 填饲 1 次。填饲后供给充足的饮用水，每天傍晚放水 1 次，时间约为 0.5 h。每天清扫圈舍，随时更换垫草，保持舍内清洁、干燥、卫生。填饲时间为 15～20 d，当鹅腹部下垂，行动迟缓，精神委顿，眼睛无神、半开半闭，呼吸急促，羽毛潮湿而凌乱，躯体与地面的角度从 45° 变成平行状态，出现积食和消化不良主要症状时，应停止填肥，即可上市。

（七）鸭鹅的主要疾病防治措施

1. 主要传染病防治措施

（1）小鹅瘟。

主要症状：病鹅精神委顿，缩头松毛，步行艰难，离群独处，打瞌睡，继而食欲废绝；喜饮水，严重下痢，排灰白色或淡黄绿色并混有气泡的稀粪；鼻孔流出浆液性分泌物，摇头，口角有液体甩出；呼吸用力，喙端色泽变暗，嗉囊中有大量气体或液体。有些病鹅临死前出现神经主要症状，颈部扭转，全身抽搐，两腿麻痹，1～2 d 衰竭死亡。

防治措施：

① 小鹅瘟主要是通过来自疫区的种蛋和雏鹅传播的，因此，对种蛋、雏鹅及所用的设备都要严加清洗、消毒，严格控制引进来自疫区的种蛋和雏鹅。

② 对当地收购的种蛋，要用福尔马林熏蒸消毒，孵化育雏的工具、房舍应经彻底消毒后才能使用。刚出壳的雏鹅不要与新引进的种蛋或成年鹅接触。

③ 对雏鹅注射抗小鹅瘟高免血清进行免疫是防治此病的一项关键措施。对于出壳 1～2 d 的雏鹅，每只皮下注射 0.5 mL，保护率可达 95% 左右；对于已发病的雏鹅，每只注射 0.5～1 mL，治愈率为 85%；对病鹅做紧急预防时，每只注射 0.5 mL，保护率可达 90%。必须注意的是，购回的抗小鹅瘟高免血清应放在 2 ℃～15 ℃ 的冷暗处保存，有效期一般为 1 年。

④ 注射小鹅瘟弱毒疫苗。在有条件的地区，应对农户的产蛋母鹅和育成鹅进行免疫接种。在母鹅产蛋前 1 个月，肌内注射 100 倍稀释的小鹅瘟弱毒疫苗 1 mL，用其所产的种蛋孵化，孵出的雏鹅体内含有母源抗体，可抵抗小鹅瘟的侵害。另外，也可采用给雏鹅皮下注射小鹅瘟活疫苗（SYG41-50 株）。

⑤ 对已发生小鹅瘟的病鹅群，可试用吗啉胍口服，每天 1～2 次，每次 1 片，有时会有一定的疗效。

（2）小鸭鹅流行性感冒。

主要症状：在发病初期，可见病鸭鹅的鼻腔不断流涕，有时还有眼泪，呼吸急促，甚至张口呼吸，常强力摇头，头向后弯，把鼻腔黏液甩出去，因此，在病鸭鹅身躯前部的羽毛上沾有鼻黏液。由于整个鸭鹅群都沾有鼻黏液，因此，体毛潮湿，农村传统上称为"拨油毛"。病鸭鹅缩颈闭目，体温升高，食欲逐渐减退。在发病后期，病鸭鹅头脚发抖，两脚不能站立，死亡前出现下痢，病程为 1～2 d，长时为 2～5 d。

预防措施：平时加强对鸭鹅群的饲养管理，饲养密度要适当。因为该病多发于冬、春季或多雨的初夏，因此，要注意防寒、防湿、保暖，保持舍内和垫草清洁、干燥、卫生。

治疗措施：

① 每只雏鸭鹅肌内注射青霉素 5 万～10 万 IU，每天 2 次，连用 2～3 d。

② 每只雏鸭鹅肌内注射氯霉素 12～15 mL，每天 2 次，连用 2 d。

③ 用磺胺类药物，按 0.2%～0.5% 的比例拌于饲料中饲喂；用磺胺嘧啶片，第 1 次口服半片（0.25 g），以后每隔 4 h 服 1/4 片；用土霉素等其他抗菌药物也有较好的疗效。

④ 口服中药。用红糖 500 g、车前草 500 g，加水 5～7.5 L，煎汁后将汁水拌入适当的饲料中，可供 200～300 只病鸭鹅服用，每天 2 次，连服 2 d。

（3）禽霍乱。

主要症状：病鸭鹅精神委顿，羽毛松乱，食欲减退或废绝，饮水量增加，常有下痢，排出黄色、灰白色或淡绿色的稀粪，有时混有血丝或血块，味恶臭，消瘦、贫血，腿关节肿胀和化脓，跛行，最后衰竭而死等。

预防措施：养鸭鹅场应建立和健全严格的饲养管理与卫生防疫制度，定期进行预防注射。用禽霍乱氢氧化铝胶灭活疫苗或禽霍乱弱毒活菌苗，一般免疫期为 5～6 个月，保护率为 60%～70%。

治疗措施：

① 用磺胺类药物，按 0.1%～0.5% 的比例拌于饲料中饲喂，连用 3～5 d。

② 用抗生素。成年鸭鹅每只肌内注射 8 万～10 万 IU 青霉素或链霉素，每天 2 次，连用 3～4 d。土霉素按 40 mg/kg 给病鸭鹅服用，每天 2～3 次，连用 1～2 d；大群治疗时，按 0.05%～0.1% 的比例混于饲料或饮用水中，连用 3～4 d。在治疗的同时，还要彻底更换、清洗、消毒用具和垫草等，并进行每天 1 次的全面消毒，连续 7 d。

（4）禽沙门氏菌病。禽沙门氏菌病又称为禽副伤寒，30 日龄的雏鸭鹅发病重，该病多为急性或亚急性型。

主要症状：病雏鸭鹅食欲消失，饮欲增加；下痢，粪便先呈稀粥状，后呈水样，肛门周围乃至后躯被粪便污染，干涸后封闭泄殖腔，导致排粪困难；精神委顿，羽毛松乱，缩颈不动。该病的死亡率为 30%。成年鸭鹅感染多呈慢性，表现为下痢、产蛋量减少等。

预防措施：加强雏鸭鹅饲养管理，保障饮用水、饲料、用具卫生，发现病鸭鹅时严格隔离，并做好清洗、消毒工作。

治疗措施：

① 用恩诺沙星。按每千克饲料加药 100 mg，连喂 7 d，或按每升水加药 50 mg，连饮 7 d。

② 用氟苯尼考。每吨饲料加 5% 的氟苯尼考 1 000 g，连喂 7 d，或每升水加 5% 的氟苯尼考 5 mg，连饮 7 d。

③ 用磺胺二甲基嘧啶。每升饮用水中加入 2 g，或在每千克饲料中加 4～5 g，拌和后

饲喂，连用3～5 d。另外，也可用诺氟沙星等其他抗菌药物。

（5）鹅卵黄性腹膜炎。鹅卵黄性腹膜炎俗称"蛋子瘟"，通常发生在母鹅产蛋期间。

主要症状：在发病初期，病鹅出现输卵管炎症，产软壳蛋与薄壳蛋，产蛋量下降。病鹅肛门周围羽毛上沾有污秽、发臭的排泄物，排泄物中混有蛋清和凝固样的蛋白或卵黄小块。在发病后期，并发腹膜炎，病鹅体温升高，食欲废绝，体形消瘦，眼球下陷，最后失水衰竭而亡。病程为1～2周。病鹅表现为外生殖器炎症、溃疡和结节。

预防措施：在流行地区，母鹅开产前1个月，每只成年公、母鹅胸部肌内注射鹅蛋子瘟氢氧化铝甲醛灭活菌苗1 mL，1年1次。母鹅开产前，每天每只用环丙沙星0.5 g左右拌入饲料饲喂2～3次，然后用氟苯尼考拌入饲料饲喂3～4 d进行预防。

治疗措施：

① 每只肌内注射庆大霉素8万～10万 IU，每天2次，连续注射3 d。

② 每只胸部肌内注射卡那霉素或链霉素8万～10万 IU，每天2次，连续注射3 d。

③ 每只胸部肌内注射20%的磺胺噻唑钠3～4 mL，每天1次，连续注射3 d。氟苯尼考的治疗效果较好。对于外生殖器有病变的公鹅，应及时淘汰。

（6）鹅的鸭瘟。该病又称为鹅病毒性溃疡性肠炎，是由鸭瘟病毒引起的。

主要症状：该病表现为突然发病，在发病初期，病鹅体温升高，垂头缩颈，食欲减退或废绝，常伏地不起，不愿下水，强行驱赶时表现出两腿麻痹无力、共济失调；拉绿色或灰白色稀粪，肛门四周被粪污染；眼睑水肿，流泪，眼结膜充血、出血，有的眼睑粘连、肿胀，鼻孔内有浆液或黏液性分泌物，呼吸困难。有的死后眼周围有凝固的血迹，头部、下颌部皮下明显水肿，临死前全身震颤，有的还见眼、鼻、口角溢血。成年鹅多表现出产蛋量下降、流泪、腹泻、跛行等症状，病程较长。

防治措施：

① 避免鸭鹅混养或共用同一水域。

② 该病常发地区的鹅应定期接种鸭瘟疫苗，成年鹅的接种剂量为15～20羽份，雏鹅的接种剂量不得少于5羽份，肌内注射。

③ 病鹅群应进行紧急免疫接种：15日龄以下的用鸭瘟疫苗15羽份，15～30日龄的用20羽份，30日龄以上的用25～30羽份，肌内注射。

④ 进行环境消毒。

（7）鹅副黏病毒病。

主要症状：该病的潜伏期一般为3～5 d，但对于日龄小的雏鹅，潜伏期为2～3 d；对于日龄大的鹅，潜伏期为6 d。病程一般为2～5 d，但对于日龄小的雏鹅，病程为1～2 d；对于日龄大的鹅，病程为2～4 d。在发病初期，病鹅拉灰白色稀粪，病情严重后，粪便呈水样，带有暗红色、黄色、绿色或墨绿色；精神委顿，常蹲地，有的单脚不时提起，少食或拒食，饮水量增加，体重迅速减轻；行动无力，浮在水面上，随水漂游。在发病后期，部分病鹅表现出扭颈、转圈、仰头等神经症状，饮水时更加明显。10日龄左右的病鹅有甩头、咳嗽等呼吸道症状。未死的病鹅一般于发病后 6～7 d 开始好转，9～10 d 康复。

防治措施：除了采取控制传染病的一般措施外，关键措施是对鹅群使用鹅副黏病毒病灭活疫苗进行免疫接种，这样可有效预防该病的发生。

（8）曲霉菌病。

主要症状：该病的特征是呼吸道发生炎症，尤其是肺和气囊，主要表现为呼吸困难。

预防措施：不使用发霉的垫草，不喂发霉的饲料，育雏舍内定期用福尔马林熏蒸消毒，保持垫草干燥，防止垫草和饲料发霉。

治疗措施：

① 每千克饲料加入 50 万～100 万 IU 霉菌素，连用 2～3 d。

② 每只雏鸭鹅口服 0.5 万～1 万 IU，每天 2 次，连用 2 d。

③ 用 1∶3 000 的硫酸铜溶液作为饮用水，连用 3～5 d。

④ 每千克饮用水中加入碘化钾 5～10 g，这也有一定的防治作用。

2. 主要寄生虫病防治措施

（1）鸭鹅绦虫病。

主要症状：病鸭鹅表现为消瘦，精神委顿，离群静坐；翅膀下垂，脚软，走路摇晃，甩头，运动失调，两脚做划水动作，麻痹由两脚开始，发展到全身，向后坐或倒向一侧而死亡；排出的灰白色稀粪中常见乳白色绦虫节片。

预防措施：成年鸭鹅与雏鸭鹅应分群放牧、饲养。不要在死水塘里放养鸭鹅，尤其是雏鸭鹅，以防止其与剑水蚤接触，减少感染机会。

治疗措施：可采用药物驱虫。

① 用阿苯达唑，按 30～40 mg/kg，一次拌料投喂。

② 用吡喹酮，按 30～40 mg/kg，一次拌料投喂。

③ 用氯硝柳胺，按 50～60 mg/kg，一次拌料投喂。

④ 用硫氯酚，按 90～110 mg/kg，把药片磨细后加水稀释，用胶头滴管灌入鸭鹅的食管或与精饲料拌匀，于早晨喂饲料后喂服。

⑤ 将南瓜子煮沸 1 h 后，取出脱脂，并晒干研成粉末。该法常用于鸭鹅，每只取南瓜子粉 25～50 g，拌料饲喂。由于绦虫的头牢固地吸附在肠壁上，往往后面的节片已被驱出，但头节还没有被驱出，经过 2～3 周，又重新长出节片变成一条完整的绦虫，所以第一次喂药后，隔 2～3 周再驱虫一次，这样才能达到彻底驱除绦虫的效果。其粪便须经堆积发酵腐熟杀灭虫卵后再作为肥料，以防该病传播。

（2）鸭鹅虱。

主要症状：病鸭鹅体上生虱，常见的有鸭鹅巨毛虱、鸭鹅颊白羽虱和鸭鹅羽虱 3 种。鸭鹅巨毛虱寄生在鸭鹅体上；鸭鹅颊白羽虱寄生在鸭鹅的外耳道、颈部和羽翼下的绒毛处；鸭鹅羽虱寄生在鸭鹅的翅部。一般在冬季，鸭鹅体上的虱大量繁殖，啃食鸭鹅的羽毛和皮肤。鸭鹅因受刺激表现出搔痒，用嘴啄毛，羽毛脱落，食欲减退，发育停止，从而影响鸭鹅的产蛋量和抵抗力。严重时，鸭鹅因贫血、消瘦而死亡。

防治措施：

① 内服灭虱药物灭虫灵（阿维菌素），鸭鹅一次内服 0.1～0.3 g/kg，15～20 d 再服一次，灭虱效果很好。

② 用 0.2% 的敌百虫或 0.3% 的杀灭菊酯晚上喷洒后鸭鹅体的羽毛表面，当虱夜间从羽毛中外出活动时沾上药物即被杀灭。对于鸭鹅颊白羽虱，可将 0.1% 的敌百虫滴入鸭鹅的外耳道，涂擦于鸭鹅颈部、羽翼下面进行杀灭。

③ 将虱癞灵（含 12.5% 的双甲脒乳油）配成 500 mg/L 溶液（在 1 000 mL 开水中加 4 mL 12.5% 的双甲脒充分搅拌，使之成为乳白色液体），在鸭鹅体和圈舍、场地喷雾或喷洒，灭虱效果很好，但不宜药浴。

在灭鸭鹅虱的同时，还应对鸭鹅舍、用具、垫料、场地进行灭虱消毒，以求彻底消除隐患。

（3）鹅球虫病。鹅球虫病是由艾美尔科艾美尔属和泰泽属的球虫寄生于鹅的肾脏和肠道引起的，是鹅的主要寄生虫病之一。

主要症状：按寄生部位的不同，可分为两种类型。

① 肾球虫病。该病由截形艾美尔球虫所引起。该球虫分布很广，对 3～12 周龄的鹅有致病力，死亡率高达 30%～100%，甚至引起暴发流行。该病发病急，病鹅精神沉郁、衰弱，拉白色稀粪，厌食；翅下垂，目光迟钝，眼睛凹陷。幸存者歪头扭颈，步态摇晃或以背卧地。

② 肠道球虫病。在寄生于鹅肠道的球虫中，以柯氏艾美尔球虫和鹅艾美尔球虫的致病力最强，它们能引起严重发病和死亡。其次为毒害艾美尔球虫，其他球虫的致病力较弱。鹅艾美尔球虫可引起出血性肠炎。病鹅厌食，步态蹒跚，下痢，衰弱。

防治措施：用于防治鹅球虫病的药物较多，可选用广虫灵、磺胺二甲基嘧啶、磺胺六甲嘧啶、优素精、氯苯胍、氨丙啉、球虫净、球痢灵、盐霉素、莫能霉素、速丹等。药物可按推荐量混料喂给，连用 5～7 d。当鹅群暴发鹅球虫病，出现临床症状时，如果药物在饲料中放置时间长，很难从饲料中查到足够的药量，此时可采用复方新诺明片逐只喂服，每只 0.25～0.5 片，每天 1 次，连服 3 d，效果较好。但当病鹅已出现废食症状时，其治疗效果差。因此，应做到早诊断、早治疗。

除了用药物做好防治工作外，在预防上应采取综合性措施。此病主要为害雏鹅，污染物和场地持续成为传染源。做好场地的卫生消毒工作是防止发病的主要措施。平时，应将雏鹅与成年鹅分开饲养，严格依照兽医卫生要求，防止饲料、饮用水、垫草被粪便污染，随时铲除、更换表土，进行定期消毒。要隔离病鹅，妥善处理尸体。在该病常发季节，更要做好预防工作，特别是在小鹅阶段，可适当用药物预防。

3. 主要普通病防治措施

（1）有机磷中毒。有机磷中毒是指鸭鹅因误食了施过有机磷农药的蔬菜、草或喝了被农药污染的塘水而发生中毒。有机磷农药的种类很多，如敌百虫、甲胺磷、马拉硫磷等。

主要症状：病鸭鹅突然停食，精神不安，运动失调，瞳孔明显缩小，流泪，大量流涎，频频摇头和做吞咽动作，下痢，呼吸困难，黏膜发绀，体温下降，足肢麻痹，最后抽搐、昏迷、死亡。

预防措施：严禁用含有有机磷农药的饲料和饮用水喂鸭鹅；不在喷洒过农药并在有效期内的草地、农田、菜地、沟塘里放牧、放水。

治疗措施：肌内注射解磷定，成年鸭鹅每只 40 mg；皮下注射硫酸阿托品，成年鸭鹅每只每次注射 0.5 mg，过 15 min 后再注射 0.5 mg，以后每 0.5 h 口服阿托品 1 片（0.3 mg），连服 2～3 次，并给予饮用水。仔鸭鹅每 0.5～1 kg 体重，口服阿托品 1 片（0.3 mg），15 min 后再服 1 片，以后每隔 0.5 h 服半片，连服 2～3 次。

（2）软脚病。

主要症状：如果饲料中缺乏钙、磷和维生素 D，或长期食用单一饲料或腐败饲料，则雏鸭鹅易发生软脚病。该病多发于秋、冬季和潮湿的环境中。病鸭鹅脚软无力，支撑不住身体，常伏卧在地上，生长缓慢。

预防措施：合理配制日粮中钙、磷的含量和比例，以及维生素 D。在育雏舍饲条件下，冬季让雏鸭鹅多晒太阳。

治疗措施：喂鱼肝油和钙片即可，鱼肝油每天 2 次，每只每次 2～4 滴；用维生素 D，每只内服 1.5 万 IU 或肌内注射 4 万 IU 效果也较好。

思考题

1. 如何按环保要求进行鸡舍选址和建设？
2. 如何挑选健康的鸡苗？
3. 养鸡场常发生的传染病有哪些？如何预防？
4. 雏鸭鹅主要有哪些传染病？如何防治？

第三节　山羊养殖技术

知识目标

1. 了解山羊的生物学特性和生活习性。
2. 知道场址选择、布局和建筑技术要求。
3. 清楚适合在海南养殖的山羊品种。
4. 熟悉山羊引种前的准备工作。

技能目标

1. 学会隔离期山羊的饲养管理。
2. 掌握山羊的繁殖技术。

山羊具有繁殖率高、早期生长发育快、适应性强等特点,特别是肉用山羊,全身肌肉丰满,产肉量多,肉质好,易管理。

一、适合在海南养殖的山羊品种

1. 海南黑山羊

海南黑山羊具有耐粗饲、耐高温高湿、抗病力强、性成熟早、肉用性能好等优点。其面部黑白纹相间,公、母羊均有须、有角,角向上后方伸展,并向两侧开张,被毛短而有光泽,额、背、腹、尾等部位的毛较长。海南黑山羊按体型高低,可分为高脚种和矮脚种。其中,高脚种的腹部紧缩,乳房不发达,多产羔羊,好走动,喜攀登;矮脚种的骨骼较细,腹大,乳房发育良好,生长快,产双羔多,采食稳定,不择食,产羔率为150%～200%。6月龄时,公羔羊的体重为15.4 kg左右,母羔羊的体重为13.1 kg左右。屠宰率在50%以上,体脂分布均匀,无膻味。

2. 成都麻羊

成都麻羊为肉皮兼用型。成都麻羊有两类:一类个体高大,体重在50 kg左右;另一类个体较小,体重为25～35 kg。公羊前躯发达,体形呈长方形。母羊后躯深广,背平直。被毛呈棕黄色,犹如赤铜,腹下呈浅褐色,两颊各具一个浅灰色条纹,具有黑色背脊线。周岁阉羊胴体重12 kg,屠宰率为48%,净肉率为35%,鲜肉色泽红润,柔嫩多汁,脂肪分布均匀。公羊到8～10月龄即可开始配种利用,母羊到6～8月龄即可开始配种繁殖。妊娠期为143～152 d,初产的产羔率为160%,经产的产羔率为210%。

3. 建昌黑山羊

建昌黑山羊体格中等,体躯匀称,头呈三角形,鼻梁平直,两耳向前倾立。公、母羊绝大多数有角、有髯,公羊的角粗大,呈镰刀状,略向后外侧扭转;母羊的角较小,多向后上方弯曲,向外侧扭转。被毛光泽好,大多为黑色,被毛内层生长有短而稀的绒毛。建昌黑山羊具有性成熟早、产肉性能好、皮板品质优等特性。成年公羊的体重为31 kg左右,成年母羊的体重为29 kg左右。公羊到8～10月龄、母羊到6～7月龄开始配种繁殖。母羊一般年产1.7胎,初产的产羔率为193%,2～4胎的产羔率为246%。初生重和双月重如下:公羔羊分别为2.35 kg、12.5 kg,母羔羊分别为2.22 kg、12.3 kg。

4. 南江黄羊

南江黄羊被毛呈黄褐色,毛短且紧贴皮肤、富有光泽,被毛内层有少量绒毛。公羊的颜面毛色较黑，前胸、颈肩、腹部和大腿的被毛深黑而长，体躯近似为圆桶形；母羊大多有角，无角个体较有角个体颜面清秀。成年母羊的体重为 44.7 kg 左右，最重可达 67 kg 左右。2 个月断奶时，公羔羊的体重为 11.5 kg 左右，母羔羊的体重为 10.7 kg 左右。在哺乳期，公羔羊日增重 154 g 左右，母羔羊日增重 143 g 左右。母羊的产羔率为 207.8% 左右。

5. 波尔山羊

波尔山羊的适应性极强，在热带、亚热带、内陆，甚至半沙漠地区均有分布。波尔山羊耐粗饲，抗病力强，性情温顺，活泼好动，群居性强，易管理。波尔山羊为短毛，头部一般为红褐色，并有广流星（白色条带），身体为白色，一般有圆角，耳大、下垂。体躯结构良好，四肢短而结实，背宽而平直，肌肉丰满，整个体躯圆厚而紧凑。波尔山羊的群体生产性能如下：母羊到 6 月龄性成熟，即能配种繁殖，平均产羔率为 180%～200%，大多产羔羊 2 只。早期断乳和适当的诱导发情可安排 1 年产 2 胎或 2 年产 3 胎。成年公羊、母羊的体重分别为 95～120 kg 和 65～95 kg。6 月龄时，公羊的体重可达 42 kg 左右，母羊的体重可达 37 kg 左右。周岁平均日增重在 200 g 以上。屠宰率在 52% 以上。与波尔山羊杂交改良的本地山羊表现出明显的杂交优势，杂交一代生长速度快、产肉多、肉质好，体重比本地山羊提高 50% 以上。推荐用波尔山羊作为杂交肉羊生产的终端父系品种。但是在饲养不良时，其生产性能和繁殖力均明显下降。

二、山羊的生物学特性和生活习性

1. 活泼好动，喜登高

活泼好动、行动敏捷、好登高是山羊的特点，东山羊更为突出。

2. 采食性广而强，耐粗性好

山羊嘴尖、牙利、唇薄，采食饲料种类广。

3. 喜合群，爱清洁

山羊喜欢群居和结伴野外采食，个体离群时会不安地鸣叫。山羊爱清洁，在采食前，总是先嗅后吃，对于被污染的草料，宁饿也不吃。

4. 爱干燥，厌潮湿

山羊适宜在干爽的地区生活，潮湿和污秽的环境易使其患各种疾病，如羔羊泻痢、腐蹄、烂嘴等。因此，建造栏舍时，应选择地势高燥的土坡上、背风向南、排水条件良好的地方。羊舍要设有栖架，不宜让羊栖息于地面上。每天放牧的时间不宜太早，应待太阳出来，放牧场地的雾水散失后才能放牧。如逢雨天，应在舍内割草饲养，以免引起各种疾病。

5. 抗病力强

山羊对疾病的抵抗力较强，不易发病。在发病初期，其临床症状一般不易被发现。一旦出现比较明显的症状，病情多半就很严重了。因此，在饲养过程中，要经常细致观察羊群中的细小变化，以便及早发现病情、及时防治。

6. 性顽强，易于调训

山羊胆子大，性顽强，机灵敏锐，悟性高，易于调训。在放牧时，个别羊离群后，只要放牧人员给予适当的口令，它便能很快地跟上羊群。因此，根据这一特点，在羊群中选择体大、灵活、富有"羊"望的羊，将其训练成头羊，这能对羊群的管理起很大的作用。

7. 繁殖快

山羊的性与体成熟都较早，一般在 1 岁左右即可生产第一胎（第一胎多为一羔）。东山羊一年能产 2 胎。母羊出生后 7~8 月龄便可配种。如果饲养管理好，并配羔羊补料，提早断奶，及早催情、配种，可达到 2 年产 4.5~5 胎。2~3 岁的经产母羊每胎可产羔 1~3 只，平均产羔 1.5 只，一年内生产 2 胎，共产羔 3 只。3~5 岁的母羊进入繁殖高峰，每胎多产羔 2 只。

三、场址选择、布局和建筑技术

1. 场地的选择

羊场和圈舍的修建要符合国家环保要求，应建在地势较高、排水良好的干燥处，交通方便，距离主要交通干线 2 km 以上。以坐北朝南为主，在南方，主要考虑日照和台风等因素，避免强烈的阳光照射和台风的正面袭击，要求通风良好、有害气体排出顺畅。

2. 羊舍的布局

（1）羊舍的环境要求。要求舍内干燥，空气流通，光线充足，冬季易于保温，夏季易于防暑，雨季易于防潮。一般采用长方形羊舍，屋顶中央有脊，为双坡式砖瓦结构。羊舍四周墙体下部 1~1.3 m 为实体封闭砖墙，以上部分为花窗式墙体，可以达到夏季通风、凉爽、防热、防潮和冬季防寒的目的。

（2）羊舍的建造要求。在海南，羊舍要建成楼式羊舍，采取单列式或对头双列式布置。顶高 3~4 m，檐高 2.5 m 左右。羊床距地面 1.3 m 以上，楼板用木条或竹片铺设，间隙为 1.5~2 cm（最好根据羊的大小而定）。羊舍一般建成半敞开式。在一般情况下，成年公羊为 1.2~2 m²/只，成年母羊为 1~1.2 m²/只，育成羊为 0.8~1 m²/只，怀孕母羊或带羔母羊为 2~2.3 m²/只。因为山羊喜爱运动，因此，要建造运动场地，其面积为羊舍的 2~3 倍。

3. 羊场建筑配制

（1）羊舍，包括基础母羊舍、种公羊舍、后备种羊舍、育肥羊舍。

（2）草料棚（加工、贮存间）、饲料加工车间。

（3）兽医室、人工授精室、饲料库、值班室、职工宿舍。

4. 舍饲养羊的主要设备

（1）铡草机，用于铡短鲜草，以便鲜喂或制作青贮饲料。

（2）饲槽，用于投放饲草或饲料，有固定式饲槽和移动式饲槽。

（3）活动栅栏，用于临时分隔羊群、预防注射等，可用木条、钢筋制成。

（4）药浴设备，用于羊群消毒，有药浴池和淋浴式药淋装置两种。

（5）羔羊补料栏，用于羔羊早期开食和补料。

（6）护仔栏，用于保护1周内的初生羔羊，防止羔羊夹脚、被羊群踩踏、吃不到初乳，提高羔羊的存活率。

（7）供水、供电设施。

（8）兽医器械和人工授精器械。

（9）饲料加工设备。

四、山羊的引种与管理技术

（一）引种前的准备工作

（1）确定引种地区和羊群。引种地区（场）应是无疫区或当前无传染病流行的地区。

（2）引种前，做好羊场栏舍准备。引种前，要对圈舍、运动场地进行彻底清扫。用2%的氢氧化钠溶液或20%的石灰乳溶液等对圈舍、饲槽、周围环境进行消毒，再用清洁的水将饲槽清洗干净。要求圈舍夏季通风良好、防潮、遮阴，冬季能防寒避风。

（3）确定引进的羊群进行过防疫注射。如果是农民的羊群或未进行过防疫注射的羊群，应补充注射，并待其产生免疫力后方可引进。

（二）运输

要注意地域环境差异和季节因素，减少运输应激造成的损失。引进种羊以秋、冬季为宜，因为此时天气较干燥，气温较低，有利于运输。运输前要做好如下准备工作：

1. 限制草料采食

在运输前一天，减少羊只的草料，限制采食量，以半饱为宜。

2. 抗应激处理

起运前，必须给羊只注射抗生素和安定剂，以降低运输给羊只带来的应激反应和并发症。

3. 起运时间

起运时间应以傍晚和清晨为宜，要避开中午炎热的时间装车。

4. 途中休息

在运输途中，尽量少停车。若需要停车，应安排在傍晚至8：00，停车地点宜选在无阳光直射的地方。短途运输的，停车时，可以给羊只供应淡盐水或清水；长途运输的，可增加少量的青草或树叶类草料。

（三）隔离期的饲养管理

由自然放牧变为舍饲养殖，养殖方式的改变使山羊的生活习性和食物结构发生了很大的变化。因此，新引种的山羊必须经过一个隔离期，隔离期为 45～60 d。在隔离期，要完成以下工作：

1. 饲喂

羊群经过长途运输会很疲乏，下车后，应先让其休息 30～60 min，避免其受到惊吓，待羊群稳定后再给予饮用水。饮用水要干净、新鲜，可加少量的食盐或维生素等。当羊群中的大部分都喝过水后（30～60 min），开始投喂草料。由于羊群长时间空腹，第一次饲喂量不要太多，要少量多次投入，喂至六七成饱，使其胃肠功能得到充分调理。如果放牧，则第一次放牧时间在 1 h 内，然后逐渐增加草料或放牧时间，3 d 后或转为自由采食草料。

2. 饲养过渡

由于引种地与饲养地的环境条件、饲养方式、饲养水平存在差异，故不能一下子改变养殖方式，应逐渐过渡，尽可能地减少应激，让羊群在较短的时间内适应当地的环境和饲养方式。每天应保持 2～4 h 的放牧，并给予少量人工栽培牧草、精饲料和舔砖供羊群自由采食，以后可逐渐减少放牧时间。这一过程需要 2～3 周，完成从自然放牧向舍饲养殖的平稳过渡。

3. 合理分群

待 2～3 d 羊群相对稳定后，对所有引进羊只进行清点、检查，按性别、年龄、个体大小和体质状况分群。对较瘦弱的羊只，适当增加精饲料量和特殊护理，使其尽快恢复体况。

4. 观察治疗

每天要仔细观察羊群的精神状态和采食、运动、饮水情况。若出现反常现象，则说明羊只已患病，要及时查找原因并给予治疗。刚引进的羊只常出现咳嗽、流鼻涕、轻微拉稀或拉大块粪便，这属于正常现象，一般只持续 1～2 d，时间长和较严重的应及时隔离治疗。

5. 驱虫和预防

要注意驱虫，根据具体情况分批进行，根据羊群结构、妊娠配种情况和羊只的体况灵活掌握。要驱除的寄生虫主要有肝片吸虫和疥螨，预防注射的重点是接种山羊传染性胸膜肺炎灭活疫苗、羊三联四防疫苗和羔羊痢疾氢氧化铝菌苗等。经过 45～60 d 的隔离观察，确定无传染病后，方可转入羊场。

五、山羊的繁殖技术

山羊是性成熟比较早的家畜。羔羊在 3 月龄断奶后就有性行为的表现，但公、母羊个体还小,体重不大,尚未达到体成熟的程度,一定要等到体成熟后才能让其配种。因此,山羊比较适合的初配年龄如下:公羊为 8~10 月龄,母羊为 7~8 月龄。

(一)种公羊的饲养管理技术

1. 单圈饲养,加强管理

单圈饲养便于实施统一的饲养管理,有利于减少种公羊之间的争斗。在配种前 1~1.5 个月,加强饲养管理。对于圈养的种公羊,除增加饲料中的蛋白质营养以外,还要加强运动,每天运动不少于 1 km。同时,做好精液品质检查。

2. 精心饲喂

对于种公羊,必须给予多样化的饲草、饲料,除放牧以外,还需要补喂一定量的精饲料,每天补精饲料 0.5 kg。日粮要求营养丰富、全面,特别要求蛋白质、维生素和矿物质饲喂充分。

3. 足够运动

种公羊每天最好有 3~4 h 的运动时间,以保证其能产生品质优良的精液。

4. 合理利用

自然交配时,每周必须保证休息 2 d;人工授精时,每天可采精 2~4 次,必要时,可采精 4~5 次。但要注意不可连续高频采精,以免影响种公羊的采食、性欲和精液品质。

5. 严格对种公羊进行免疫工作

种公羊留种数量少,配种压力大,要求精液品质好,因此,要对种公羊采取各种免疫防治措施。

6. 配种期种公羊的饲养管理技术

配种前的 1~1.5 个月为配种预备期。在配种预备期,应适当增加精饲料,按配种期喂料量的 60%~70% 补给,并逐渐增加至配种期的喂量。配种预备期的日粮组成大致如下:精饲料为 0.7 kg,鲜干草为 1.4~1.6 kg,胡萝卜为 0.8 kg,食盐为 10~15 g,骨粉为 5 g。在配种前 3 周开始采精,第一周每隔 2 d 采 1 次,第二周每隔 1 d 采 1 次,第三周每天采 1 次。让种公羊每天运动 6~8 h,采精前做驱赶运动 30~40 min。配种期的日粮组成大致如下:混合精饲料为 1 kg,鲜干草为 2 kg,胡萝卜为 1.5 kg,食盐为 15~20 g,骨粉为 10 g。在配种高峰期,每天可酌情加喂 1~2 枚鸡蛋。配种结束后的 1~1.5 个月为配种后复壮期。一般精饲料的喂量先不减少,可逐步减少运动,延长放牧时间,半个月以后再适当减少精饲料,逐渐过渡到非配种期的饲养水平,不能变换太快。

(二)空怀期母羊的饲养管理技术

1. 空怀期母羊的饲养目标

空怀期母羊的饲养目标是抓膘复壮,为日后的发情和妊娠储备营养。这一阶段的饲养应引起足够重视。

2. 母羊发情鉴定技术

（1）母羊发情的症状。一般母羊发情的症状都不太明显，其主要表现是兴奋不安，"咩咩"鸣叫，摇头摆尾，四处张望，主动找公羊或尾随公羊，翘尾，频频排尿，阴道潮红、充血肿胀并有透明黏液排出，愿意接受公羊交配。

（2）母羊发情的持续期。母羊每次发情的持续时间称为持续期。一般母羊发情的持续期都比较短，1.5 岁的母羊为 24～30 h，成年母羊为 30～48 h。一般多以母羊早晨发情、当天傍晚配种，下午或傍晚发情、次日早晨配种为宜。

（3）母羊的发情周期。母羊上次发情至下次发情的间隔时间称为发情周期。母羊的发情周期平均为 21 d（18～24 d）。

3. 山羊的配种方法

山羊的配种方法有自由交配、人工辅助交配和人工授精。

（1）自由交配。公、母羊的组合比例一般为 1:（15～20）。

（2）人工辅助交配。它是将公、母羊分群隔离饲养，在需要配种时，将公羊混入母羊群中进行交配。

（3）人工授精。它是用授精器械，采取公羊的精液，经精液品质检查和稀释及一系列处理后，再将精液输入发情母羊的生殖道内，从而达到使母羊受精的目的。

（三）怀孕母羊的饲养管理技术

1. 合理分群，分开饲养

母羊从开始配种怀孕到分娩的时间称为妊娠期，一般母羊的妊娠期为 145～150 d。根据配种时间的不同，将配种日期相近的母羊合为一群饲养，有利于合理、有效地利用饲料，便于饲养人员进行管理。

2. 妊娠前期（妊娠期前 3 个月）的饲养管理技术

在妊娠前期，因为胎儿发育较慢，需要的营养物质少，一般放牧或给予足够的青草，加上适量补饲即可满足营养需要。营养需要与空怀期大致相同，但应补喂一定量的优质蛋白质饲料。日粮中的精饲料比例可为 5%～10%。

3. 妊娠后期（产前 2 个月）的饲养管理技术

妊娠后期的能量和可消化蛋白质应在妊娠前期的基础上分别提高 20%～30%、40%～60%，钙与磷的比例为 2.25:1，日粮中的精饲料比例逐步提高，在产前 8 周达到 20%，在产前 6 周达到 25%～30%，严禁饲喂发霉、腐烂、变质、冰冻的饲料。在产前 1 周，适当减少精饲料的比例，以免胎儿体重过大，造成难产。

在管理上要特别精心，日常管理要有序，防止拥挤、滑跌，严防跳崖、跳沟，以防造成不应有的损失。应特别注意的是，不要无故捕捉、惊扰羊群，及时阻止羊之间的角斗，以防造成流产。

（四）产前和分娩管理技术

（1）母羊妊娠期结束后即进入分娩生产阶段，要提前对羊舍和分娩栏进行清扫、消毒，做好接产的准备。母羊的后腹两胁明显塌陷，两个乳头垂直、发硬，其常回头望腹部，发出鸣叫声，有时用蹄抓草，这些便提示母羊即将在当天分娩。这时，应做好助产、接羔和产后护理工作。

（2）断脐技术。在脐带距腹部 4～5 cm 处剪断或用手撕断，用 5% 的碘酒溶液浸泡消毒 1～2 min。夏季产羔时，更要注意充分消毒，以免脐带处感染。

特别地，东山羊属于海南黑山羊的高脚种，多产单羔，一般以一年产 2 胎为多。公羊的使用年限不得超过 4～5 年，母羊不得超过 5～7 年。

（五）哺乳期的饲养管理技术

母乳是羔羊生长发育所需营养的主要来源，特别是产后前 30 d，母羊的产奶量多，羔羊发育好、抗病力强、成活率高。如果母羊养得不好，不但母羊消瘦、产奶量少，而且会影响羔羊的生长发育。

（1）哺乳前期。母羊在产后 6 周内泌乳达到高峰。刚生产完的母羊腹部空虚，体质衰弱，体力和水分消耗很大，消化机能较差，此时要给予易消化的优质干草、精饲料、淡盐水。对膘情好的母羊，产后 3 d 内不补喂精饲料，以免造成消化不良或发生乳痈。产后 7 d 后增喂多汁饲料和精饲料，其中精饲料占 20%～25%，每天 21：00—22：00 喂 1 次。在哺乳前期，一般哺乳母羊每天需补混合精饲料 500 g。

（2）哺乳后期。母羊的泌乳能力逐渐下降，并且羔羊能自己采食饲草和精饲料，不依赖母乳生存，此时补饲标准可降低一些，一般每天所补的混合精饲料可减至 300～400 g。

（3）羔羊吃母乳时，防止将乳房吃偏。羔羊吃的次数多的乳房以后会变小，吃的次数少的乳房以后会变大。乳房过大、过小或下垂都将影响羔羊吃母乳，所以要人为控制，使羔羊均匀吸食两侧乳房，保持母羊的乳头大小、高低适中。断奶前，要减少供给母羊的多汁饲料、青贮饲料和精饲料的喂量，防止乳痈发生。对于母羊圈舍，要勤换垫草，经常打扫，及时清除污物，保持清洁、干燥。

六、山羊的育成技术

羔羊的培育主要是指 3 月龄以内处于哺乳期的羔羊培育。在此时期，羔羊的各种调节机能差，但新陈代谢旺盛，生长速度快。在培育过程中，必须满足其各方面的需要，这样才能使羔羊正常生长发育。

（一）过好初乳关，早吃初乳，吃好常乳

母羊产后第一周内分泌的乳汁叫初乳，以后的称为常乳。初乳营养丰富，容易吸收，尤

其是其中含有初生羔羊所需的抗体、酶、激素和丰富的矿物质元素等，可增强羔羊的抗病力。应保证羔羊在产后 15～30 min 吃到充足的初乳。

（二）把好补料关，尽早开喂

在羔羊出生后 7～10 d 开始调教其采食饲料，以促进羔羊的胃肠发育，使其消化机能尽早完善，增进食欲，增加采食量，增强体质，加快生长发育，提高成活率。

1. 并群

羔羊在产房经 7～10 d 与母羊单圈饲养后，将进入有较大群体的母仔羊舍，将 8～10 只母羊与羔羊并为一栏（过多时不易观察），此期羔羊以母乳为主。

2. 设补料栏

补料栏可用木条或钢筋制成栅栏状，栅栏高 1～1.2 m，面积为 2～4 m²，设一个补饲栅门，木条或钢筋间隔 7.5 cm，羔羊可自由出入，而母羊无法入内。在补料栏内放置补料槽和水桶，供羔羊自由采食和饮水。

3. 补饲

羔羊出生后尽可能提早补饲，最好在 10～15 日龄开始补饲。羔羊在出生后 7～10 d，跟随母羊放牧或采食饲料时，会模仿母羊的行为，采食少量的饲草与青草。

4. 补料

精饲料中的粗蛋白质含量在 20% 以上，以玉米、麸皮、炒黄豆、豆粕、鱼粉等为主，适当添加食盐、磷酸氢钙或骨粉和微量矿物质添加剂。精饲料具有香味，饲喂时，用开水拌成散沙状，既便于采食，又利于消化、吸收。

5. 合理运动

在羔羊出生后 5～7 d，选择晴天，让羔羊到运动场地上运动和晒日光浴，有利于羔羊的身体健康。

6. 加强缺奶羔羊的补饲和护理

对于无母羔羊和一胎多羔羊，采用寄养、挤其他母羊的乳汁哺喂或用牛奶人工补饲的方法。

寄养时，将代理母羊的尿液或乳汁、羊水擦抹于寄养羔羊的尾根、头、鼻等处，让其与母羊在一个圈内，这样一般都能顺利达到目的。放入羔羊时要注意观察，以免个别母羊不接收而撞伤、撞死寄养羔羊。

挤其他母羊的乳汁哺喂或用牛奶人工补饲时，若用奶盆喂乳汁或牛奶，将温热的乳汁或牛奶倒入盆内，将洗净的食指弯曲放入盆中，另一只手按定羔羊的头部，使羔羊吮吸沾有乳汁或牛奶的手指头，并慢慢诱至乳液表面，使其饮到乳汁或牛奶。经过两三次训练，多数羔羊均能适应此种喂法。若用奶瓶喂乳汁或牛奶，将食指从一侧伸入羔羊的口腔并轻压舌根，将奶嘴从另一侧伸入羔羊的口腔并挤入少量乳汁或牛奶，让其吞咽，一般很快就可让其学会吮吸。

（三）抓好断奶关

羔羊生长到一定时候，应该断奶，而以草料为主。发育正常的羔羊到 40 日龄就可以断奶，但东山羊一般是 50 日龄。

（1）合理分群。断奶要根据羔羊的体重分批进行，按体重分群。对体重大、发育好的羔羊，可以先断奶；对体重小、瘦弱的羔羊，可酌情延长哺乳期。

（2）断奶后的 2～3 周是关键时期，此时期羔羊的死亡率最高。要保持羊舍安静，减少对羔羊的惊扰，补充精饲料，让其自由采食。

（3）加强饲养管理和放牧。划出羔羊专用放牧场地，供放牧与羔羊运动。

（4）卫生防疫和保健。做好羔羊的驱虫和预防注射工作，加强羊舍及环境的消毒工作，保证羔羊的运动。

（四）育成羊的饲养管理技术

育成羊是指断奶至第一次配种这一阶段的幼羊。

（1）断奶后，按体重、性别分别组群和饲养，并做好日常传染病预防和驱虫、消毒工作。

（2）育成前期是指断奶后的前 3～4 个月，即断奶至 8 月龄。在此阶段，山羊生长发育快、增生强度大，对饲料条件要求较高。日粮应以精饲料为主，结合优质青干草和多汁饲料，其中的粗纤维含量以 5%～20% 为宜。

（3）在育成后期，即 8 月龄至配种，山羊的瘤胃消化机能基本上完善，可以采食大量的牧草和农作物秸秆，结合少量的混合粗饲料。粗劣秸秆（如玉米秸秆）不宜用于饲喂育成羊，即便要用，它在日粮中所占的比例也不得超过 20%，需合理加工调制。

七、山羊的饲养管理技术

（一）放牧管理技术

1. 羊群构成

山羊群一般分为基础羊群和商品羊群两大类。其中，基础羊群是由种母羊和种公羊按配种比例组合的羊群。这类羊群不宜太大，一般以 40～60 只为宜。商品羊群是指由断奶后的青年公羊（已阉割）和青年母羊（不配种怀孕）组合的羊群。这类羊群一般可大一些，根据放牧场地的实际情况，也可以 100 只为一群进行饲养。

2. 放牧原则

羊只放牧一般以晚出晚归为原则，即早上出牧不宜过早，应待太阳出来，放牧场地的雾水散失后才能出牧（以 9：00—10：00 为宜）。中午在牧点休息，下午直到太阳临近落山，天气凉爽，尽量让羊只自由采食，以17：00收牧为宜。雨天不宜放牧，应在舍内割草饲养。要根据放牧场地的实际情况、羊群的类型和数量进行合理的划区轮牧。每个牧区以牧养3~6 d为宜，每隔30~40 d轮一次，这样被采食过的牧草已能复苏，质地良好，既能常年满足羊群的营养需要，又能促使放牧场地质量的提高。

3. 放牧日常管理

每天出牧和收牧时要细心观察羊只状况，如发现异常羊只，应立即隔离观察，及早治疗或进行妥善处理，以保持羊群的安全生产。

（二）舍饲管理技术

1. 山羊舍饲

山羊舍饲既可解决日益突出的农牧矛盾，又可开辟饲草资源，使农作物秸秆综合利用，减少由焚烧秸秆造成的环境污染。与放牧相比，舍饲山羊生长快，出栏早，膘情好，出肉率较高，经济效益好。

2. 合理分群

在热带地区，山羊舍饲时，一定要做到公母、大小、强弱分群饲养。配种期的种公羊要单独关养，与母羊分开。公、母羊比例为1：(30~50)，每天早晚试情，采取人工辅助交配或人工授精方法。为防止近亲交配造成衰退，要注意换种。非配种期的种公羊可以小群关养，但要防止其相互打架和爬跨。种公羊要经常运动，每天适当运动和晒日光浴1 h。妊娠期母羊应与空怀期母羊隔开。每栏不宜太多，以12~16只为宜，以防止互相挤压，造成流产。对于哺乳期带羔母羊，可以根据栏舍大小关养，但数量不宜太多。对于断乳羔羊，要集中单独关养，避免其吃料时争不过大羊而吃不饱。对于体弱的羊，一定要单独饲养。

3. 日常管理舍饲山羊

生产必须做到"四定"，即定时、定质、定量、定人。定时是指在热带地区，山羊每天可按8：00—8：30和16：00—16：30投喂2次草料，中间补饲1次精饲料。对于公羊和妊娠后期、哺乳期母羊，可在中午和晚上适当补喂一些精饲料。山羊每天采食的干物质相当于其体重的2.8%~3.2%，以保证山羊的最佳体况和最好的饲养经济效益。舍饲山羊的草料不能放在地上，要放入草笼(架)或饲槽中。不可喂含露水过多的草、霉变的饲草及有毒植物。

（三）粗饲料制作技术

1. 秸秆青贮

将采收后的玉米秸秆晾晒1 d，铡成长0.5~2 cm的小节后青贮。

2. 微生物发酵

利用"百宝利"或"EM菌"发酵菌种，喷湿、拌匀粉碎好的农作物秸秆或农副产品(如麦秸、玉米秸、花生秧、花生壳、玉米芯粉等)，装入缸、桶或塑料袋内封存，经厌氧发酵后，即可让羊只食用。

（四）饲喂方式

将青贮玉米秸或发酵饲料放入饲槽中，让山羊自由采食，一天饲喂 2 次。水槽中不能断水，注意每天换水。同时，按照山羊的不同生长阶段，配制精饲料适当补充。一般对于育肥羊，秸秆饲草与精饲料的比例为 4∶1，妊娠羊为 5∶1，种公羊为 4∶1。

八、山羊的育肥技术

羊肉是养羊业的主要产品，凡不留作种用的成年和幼年公羊、羯羊、失去繁殖力的母羊，都应先经育肥再行屠宰。山羊的育肥是为了在短期内，用低廉的成本获得质好量多的羊肉。经过育肥的山羊屠宰率高，肉质鲜嫩，同时产肉多，可增加收入。

（一）育肥前的准备

1. 分群、编号和测重记录

育肥前，应按年龄、体重、性别和营养状况将山羊进行分群，每群数量为 5～10 只，一般不应超过 15 只，以便育肥羊均匀采食，防止抢夺料食，并做好山羊的编号、测重和记录工作，以便掌握增重情况和育肥进度。将不留作种用的断奶羔羊和淘汰的成年种羊全部编入育肥羊群。

2. 驱虫与防疫

寄生虫与传染病对山羊育肥的效果影响很大，育肥前，应对羊群进行一次全面驱虫和预防注射。在南方，寄生虫病主要有疥螨病、肝片吸虫病等，药物可用丙硫苯咪唑、伊维菌素等，预防注射的疫苗主要有口蹄疫疫苗、山羊传染性胸膜肺炎灭活疫苗、羊三联四防疫苗等。

（二）去势

对准备育肥的公羊必须去势。去势可采用结扎法，该方法适用于 1～3 周龄的公羔羊。将睾丸挤在阴囊底部捏紧，用消毒后的橡胶圈（可用自行车内胎制作）在距腹部 2～4 cm 处结扎精索，越紧越好。20～30 d 后，阴囊、睾丸因血液循环受阻而萎缩、干枯、自然脱落。

（三）选择饲料

山羊育肥饲料的种类很多，除优良的鲜、干青草以外，青贮饲料、根茎类饲料、加工副产品（如酒糟、豆饼、麸皮、糠、渣等）也都是很好的饲料，可根据当地资源进行选择。

九、山羊常见病害的防治措施

山羊的病害防治以预防为主、防重于治为原则。要做好日常卫生管理、定期消毒、定期驱虫、定期预防免疫和病羊隔离等工作，不喂发霉变质饲料和有毒杂草。对疾病要查明和消灭传染源，截断传播途径。

1. 口蹄疫病

主要症状：病羊精神不振，食欲减退，口腔黏膜及趾间、蹄冠、乳头、皮肤上有大小不等的水泡，水泡很快破裂而形成溃疡，遗留边缘整齐的红色烂斑。病羊大量流口水，跛行，站立困难。

防治措施：

（1）定期注射口蹄疫疫苗，发现疫情时，立即封锁疫区，对死羊要做好烧毁等无害处理。

（2）加强护理，隔离，人工饲养，多喂水。

（3）对症治疗。口腔烂斑可用冰片散或碘甘油涂擦，乳房可用消毒水洗后再涂上碘甘油或龙胆紫溶液。

2. 炭疽病

主要症状：病羊突然发病倒地，病势猛烈，呼吸困难，黏膜呈紫色，肌肉发抖，肛门、阴户等流出似酱油色的血液，不凝固。病羊在几十分钟内死亡，尸体很快腐败、膨胀，尸僵不全。

预防措施：每年定期注射Ⅱ号炭疽芽孢苗一次，以做预防。

治疗措施：注射抗炭疽血清 50～120 mL。12 h 后再注射一次，直至痊愈。

3. 山羊传染性胸膜肺炎

主要症状：在发病初期，病羊高热，体温为 41 ℃～42 ℃，咳嗽，呼吸困难，流浆性鼻漏，上唇呈铁锈色，孕羊流产。病期为 7～15 d，剖检肺一侧或两侧，有纤维素性肺炎，肺实质肝变，切面呈大理石样外观；胸膜变厚而粗糙，与肋胸膜、心包发生粘连；纵隔淋巴结肿大、多汁，有出血点；心包积液，心肌松弛、变软；肝脾肿大，胆囊肿胀；等等。

预防措施：在该病流行地区，接种山羊传染性胸膜肺炎灭活疫苗。

治疗措施：可选用泰乐菌素、诺氟沙星、土霉素（按药物说明使用）等。

4. 羔羊痢疾

羔羊痢疾是一种因卫生管理不善而由大肠杆菌、肠球菌、沙门氏杆菌、痢疾杆菌等多种病原菌感染，以及天气突变受寒、营养不良等所引起的疾病。此病多发于 7 日龄内的初生羔羊。

主要症状：病羔羊精神沉郁，食欲废绝，拉恶臭的白色、黄色以至绿色稀水样粪便，迅速消瘦，眼窝下陷，口流泡沫，被毛带血，最后虚弱死亡。

预防措施：注意清洁卫生，做好防寒保暖工作。加强哺乳期母羊的饲养管理，每年母羊皮下注射羔羊大肠杆菌病灭活菌苗。初生羔羊在 1～10 日龄要吮足初乳，以提高抗病力。

治疗措施：可用 0.5% 的高锰酸钾溶液 210～300 mL 灌服，第二天可再服一次，同时可用合霉素、金霉素、四环素和磺胺咪等药治疗，也可选用呋喃唑酮。

5. 羔羊双球菌病

羔羊双球菌病是一种由肺炎双球菌引起的羔羊急性传染病。当羔羊体弱，栏舍冷潮、拥挤，饲养管理不当时，该病易发生。

主要症状：该病的症状有 3 种类型。

（1）最急性型。病羔羊体温突然升高，打寒战，呼吸加快，有鼻液流出，黏膜充血，多在几小时内死亡。此型多发于初生数日龄的羔羊。

（2）急性型。病羔羊发热，精神不振，咳嗽，不食，关节肿胀，有时下痢，5～7 d 死亡。

（3）慢性型。此型多由急性型转变而来。病羔羊体温时高时低，咳嗽，有关节炎，间歇性下痢，逐渐消瘦，病情严重的多数死亡。

预防措施：

（1）加强饲养管理。

（2）隔离并治疗患有乳痈、子宫内膜炎的哺乳期母羊，不让其给羔羊哺乳。

（3）隔离病羔羊，以免互相传染。

（4）经常清扫，给羊舍消毒。

治疗措施：

（1）用青霉素或四环素。对于重症，可同时内服磺胺甲基嘧啶。四环素按 0.01～0.03 g/kg。青霉素用 80 万 IU，每天注射 2～3 次。

（2）可考虑配合使用退热、止咳、祛痰等药物治疗。

6. 羊传染性脓疱

羊传染性脓疱是由脓疱病毒引起的传染病。该病不分品种、年龄、性别，以羔羊为多，成年羊多为散发性的。

主要症状：在病羊的唇周围皮肤、口腔黏膜，有时在鼻孔和眼周围皮肤上发生丘疹，继而形成脓疱、溃疡，结成疣状厚痂，经 1～2 周脱落后康复。病性严重时，垢痂互相融合，嘴唇肿大外翻，呈桑葚状。病程达 2～3 周。该病一般为慢性消耗性疾病，也有的病羊因采食困难而衰弱死亡。

预防措施：首先除去垢痂，免疫接种羊传染性脓疱皮炎活疫苗，进行口腔黏膜内注射，剂量为 0.2 mL，每半年免疫 1 次。

治疗措施：用 3% 的灭菌氯化钠溶液或 0.2% 的高锰酸钾溶液冲洗患部，待脓疱液流尽后，再涂 2% 的龙胆紫或碘甘油溶液，或枯矾粉，或土霉素软膏，每天涂 1～2 次，连用 3 d 左右。为了防止继发感染，可肌内注射青霉素、链霉素或磺胺类药物。

7. 瘤胃膨胀

瘤胃膨胀的原因主要是吃了易发酵的多汁饲料（如青绿嫩草、槐茎等）或发霉变质的饲料，或有毒的植物。毒性使瘤胃机能减退或麻痹，使瘤胃内产生大量气体且不能正常排出体外。

主要症状：该病发病急，病羊食欲废绝，肷窝膨胀、紧张而有弹性，叩之如鼓音；精神沉郁不安，弓背呻吟，四肢张开，头颈伸直，呼吸急促。

预防措施：注意饲养管理，防止山羊吃有毒饲料。

治疗措施：

（1）用生烟叶 25～50 g（干烟 5～10 g）搓软，塞到病羊的舌根，让其自行吞下；用大蒜 3～5 个捣烂，加酒 25 g 及适量水灌服。

（2）用 10% 的澄清石灰水 100～150 g 灌服，以制止继续发酵。

（3）可用 16 号针头在左右正中刺入（要进行皮肤消毒）瘤胃，慢慢排出积气。

8. 传染性角膜结膜炎

传染性角膜结膜炎的特征是先侵害结膜，接着延及角膜，有时两者同时发病。

主要症状：病羊流泪、畏光，眼睑半闭，眼内角流出浆液或黏液性分泌物。上下眼睑肿胀、疼痛，眼结膜充血、潮红（左眼），结膜囊中有黏脓性分泌物，角膜混浊（右眼）充血。角膜边缘形成红色充血带。严重者，角膜增厚，并发生溃疡，形成角膜瘢痕。

治疗措施：用 4% 的硼酸水洗眼，每天洗 2～3 次；用四环素、土霉素、金霉素或者可的松眼药膏点眼，或者将氯霉素或土霉素粉吹入眼内，每天用药 2～3 次；用青霉素 10 万～20 万 IU 做眼睑皮下注射，每天注射 1 次。

9. 羔羊消化不良

羔羊消化不良多是由母羊妊娠期间营养不良、对羔羊的饲喂护理不当引起的。

主要症状：在发病初期，病羔羊不肯吃母乳，喜卧地，有时肚胀并腹痛，粪便开始较稠，以后变稀、呈灰白色，并带有气泡。严重时，病羔羊精神沉郁，绝食，呼吸急促，便稀如水，并混杂有黏液或血液，常常很快死亡。

预防措施：加强妊娠期母羊的饲养管理，做好羔羊的防寒保暖工作。

治疗措施：

（1）用乳酶生。羔羊每次 2～4 g 灌服，每天用药 3～4 次。

（2）用溶菌霉（鸡蛋清 1 份，生水 5 份，5% 的柠檬酸 1/10 份，混合成溶菌霉）。每只羔羊 1.5～10 mL 内服。在治疗期间，要加强护理，注意保温，供给足够的饮用水，并补加五维他口服溶液（B 什水溶液）配合治疗。

10. 疥螨病

疥螨病又称为癞，是由疥螨寄生于山羊体表而引起的慢性寄生性皮肤病，具有高度的传染性，往往引起羊群的大面积感染，为害十分严重。

主要症状：疥螨病一般始发于嘴唇、口角、眼圈、鼻面和耳根等处，之后以皮肤炎症向周围发展。该病初发时，病羊不断在羊圈的围墙、栏柱等处摩擦，皮肤出现丘疹、结节、水疱，甚至脓疮，之后形成痂皮和龟裂。

防治措施：做好定期预防和消毒。消毒时，用20%的生石灰洗刷或喷洒畜舍和用具。利用药浴或对羊栏和羊舍喷洒药物的方法，定期杀灭螨虫。治疗时，用克辽宁擦剂。

11. 肝片吸虫病

肝片吸虫病是由肝片吸虫寄生于羊的肝脏和胆管中引起的慢性或急性肝炎与胆管炎，同时伴发全身性中毒现象和营养障碍等症状的疾病。

主要症状：病羊表现为精神沉郁，食欲减退或废绝，体温升高，贫血，腹痛、腹泻，肝大、有压痛，有时突然死亡。病理表现为肝大2～3倍，质地松软，触之容易裂开。肝呈深红色，可见大片出血，有腹膜炎病变。切开胆管后，可发现灰白色的胆汁和活的肝片吸虫。

预防措施：定期驱虫，处理粪便，饮用水和饲草要卫生，消灭中间宿主椎实螺等。

治疗措施：一般采用阿苯达唑、硫氯酚、四氯化碳（按药物说明使用）等，均有显著效果。

12. 有机磷中毒

有机磷中毒是由接触、吸入或误食某种有机磷制剂所致的。

主要症状：病羊表现兴奋，有的则精神沉郁，食欲减退或不吃，反刍停止，鼓气，粪稀或有便血；一般体温不升高，心搏减慢，有的加快；呼吸急促，呼出时有特殊的大蒜气味；流涎、流泪；瞳孔缩小，结膜呈暗紫色，眼球颤动；肌肉痉挛，先由头颈部开始，逐渐发展到全身。病情严重时，病羊卧地不起，后因全身及呼吸中枢麻痹，窒息而死亡。

防治措施：用阿托品治剂5～10 mg或静脉注射解磷定20 mL，每2 h用药1次，直至症状完全消失。

13. 氢氰酸中毒

氢氰酸中毒是由山羊采食富有氰苷的青饲料，在胃内产生游离的氢氰酸而导致的。

主要症状：病羊表现为腹痛不安，瘤胃胀气，呼吸加快，可视黏膜鲜红，口流白色泡沫状唾液；先呈现兴奋状态，很快转入沉郁状态，随之出现极度衰弱、步态不稳或倒地；严重者，体温下降，后肢麻痹，肌肉痉挛，瞳孔散大，全身反射减少乃至消失，心搏跳动徐缓，脉细弱，呼吸浅微，直至昏迷而死亡。

防治措施：禁止在含有氰苷作物的地方和露水地放牧。发病后，速用亚硝酸钠0.1～0.2 g，配成5%的溶液，静脉注射；然后用5%～10%的硫代硫酸钠溶液20～60 mL，静脉注射。

思考题

1. 如何挑选健康的山羊和调教山羊？
2. 简述妊娠期山羊的饲养管理要点。

3. 山羊常发生的传染病有哪些？如何防治？
4. 如何防治羔羊痢疾？

第四节　水产养殖类

知识目标

1. 了解水产养殖的池塘建设和消毒。
2. 掌握水产养殖的日常管理。

技能目标

1. 掌握水产养殖的饲料投放操作技能。
2. 熟知凡纳滨对虾海水养殖的病害防治措施。

海南的区位优越，海岸线曲折，滩涂广阔，港湾众多，有着丰富的生物资源，为发展海水养殖提供了天然场所，可供养殖的鱼、虾、蟹、贝、藻等品种繁多。据 2018 年海南统计年鉴记载，海南现有独流入海河流 154 条，淡水总面积是 13.7 万 hm^2，其中水库面积为 5.6 万 hm^2，海岸线长 1 944 km。随着水产养殖技术的不断改进和提高，目前已形成淡水罗非鱼养殖、对虾海水养殖和鲍鱼养殖三大支柱产业。下面主要介绍淡水罗非鱼养殖技术和凡纳滨对虾海水养殖技术。

一、淡水罗非鱼养殖技术

罗非鱼是一种热带鱼，原产于非洲，具有食性杂、生长快、适应性强、疾病少、雄性率高、群体产量高、肉质好等优点，是联合国粮食及农业组织推荐的优良养殖品种之一。罗非鱼的主要养殖品种有莫桑比克罗非鱼、尼罗罗非鱼、奥利亚罗非鱼以及各种组合的杂交后代等，当前主要养殖奥尼杂交种和尼罗罗非鱼经过选育的吉富罗非鱼。

在海南养殖罗非鱼有着得天独厚的优势，热带气候使得罗非鱼全年都可生长，海南是我国罗非鱼养殖和苗种繁殖自然条件最佳的地区。从水质来看，绝大部分水质都能达到国家渔业用水标准的一类水质标准。目前，海南罗非鱼已成为出口创汇的一类重要农产品。

罗非鱼的养殖方式主要有池塘养殖、流水养殖、网箱养殖、稻田养殖和海水养殖，其中采用最广泛的是池塘养殖。

(一)池塘建设和消毒

池塘要选择在水源充足、没有对渔业水质构成威胁的污染源、排灌方便、交通便利、通风向阳、东西走向的地方,面积最好在15亩以上,水深3~4 m。建造完善的进排水系统,进水口与出水口要尽量远离,呈对角分布,同时还要装有过滤、防漏、防逃设施。一般保持池塘水体中的溶解氧含量在3 mg/L以上,每10亩池塘配备一台功率为3 kW的增氧机。

选择并建设好池塘后,要进行清理、消毒。将池塘里的水尽量排干后,晒塘7 d左右,清理过多的淤泥,堵塞漏洞。放养前10 d,首先用生石灰消毒,当水深20~30 cm时,每亩用50~75 kg;当水深1 m时,每亩用100~150 kg。此外,还可以用漂白粉消毒,当水深20~30 cm时,每亩用1 kg;当水深1 m时,每亩用1.5~2.5 kg,化浆后全池泼洒,杀灭有害生物和病原生物。在清塘的第3 d进行池塘施肥,基肥主要是粪肥与绿肥(施用前需经过发酵腐熟,并用生石灰消毒),每亩施粪肥250~300 kg、绿肥200~300 kg。施肥后2~3 d,注水至1 m,待水色变成茶褐色或油绿色、透明度为25~30 cm时,即可放养鱼种。

(二)鱼种选择

要到信誉好、有资质的良种场购买鱼种,建议选择规格整齐,颜色鲜艳、有光泽,体表光滑、不粗糙,游动能力强,无损伤的罗非鱼种。另外,一般养罗非鱼时,还需要进行少量的混养,按照80∶20的养殖模式,可以搭配鳙鱼、白鲢以及少量的鲤鱼、鲫鱼等,有利于充分利用池塘空间和保持生态平衡。

(三)饲料投放

饲料投放量主要按照鱼苗的体重比例投放,一般小鱼的投放比例大,大鱼的投放比例小。在鱼种阶段,投放蛋白质含量较高的饲料,按体重的4%~6%;在成鱼阶段,按体重的2%~3%,体重在0.75 kg以上的按2%投放。对于投放次数,在鱼种阶段,每天投放3次,一般是8:00—9:00、11:00—12:00、17:00—18:00;在成鱼阶段,每天投放2次,一般是9:00—10:00、17:00—18:00。投料一般选择用投饵机进行投放,每15亩池塘配备1台,要求做到定时、定质、定量、定位,即固定投料时间、确定饲料质量、定量投放饲料、稳定投料位置。

饲料配方应科学、合理、营养全面,所选原料要符合标准,不得使用受潮、发霉、生虫、腐蚀、变质和受过污染的原料。在鱼种阶段,饲料的参考配方如下:豆粕约占55%,菜粕约占10%,玉米约占11%,鱼粉约占6%,麸皮约占15%,微量元素添加剂约占3%。在成鱼阶段,饲料的参考配方如下:豆粕约占45%,菜粕占约20%,玉米约占8%,鱼粉约占5%,麸皮占约12%,次粉约占10%。

（四）日常管理

要经常巡塘，观察池水的水色、透明度变化和罗非鱼的活动情况等，以便发现问题并及时解决。建立塘头档案，科学记录每天的放养数量、水温、投料量、用药、鱼病等情况，及时清除周边杂草。

池塘的透明度要求保持在 25～30 cm，一般每周施肥 1 次。在高温季节，要经常注入新水，一般每周换水 1～2 次，每次换掉池水的 20%～30%。另外，增氧机要定期开机，在天亮前和中午，每次开机 1～2 h。如果出现载鱼量大、气压低等现象，要延长开机时间。

每 20 d 要撒生石灰 1 次，每亩撒 10～15 kg，及时调节水体的 pH，增强水体的缓冲能力。隔天再施用硝化细菌等微生态制剂，有效降解水中的亚硝酸盐等有害物质，使水质清爽、溶氧高，有利于鱼类生长。

（五）成鱼起捕收获

一般来说，当成鱼的体重达到 0.5 kg 以上时即可起捕。

二、凡纳滨对虾海水养殖技术

对虾海水养殖是我国海水养殖的支柱产业，而凡纳滨对虾和斑节对虾、东方对虾被公认为最有前途的三大养殖虾类。

凡纳滨对虾又称为南美白对虾、白脚虾，属于热带性虾类，原产于南美洲沿海水域，具有生长快、适应性强、个体大、肉质佳、营养要求低、抗病力强等优点，近年来被广泛养殖。凡纳滨对虾于 20 世纪 80 年代引进我国养殖，经过几年的试养，凡纳滨对虾海水养殖技术日益成熟和完善，养殖规模快速扩大。凡纳滨对虾在低盐度环境中养殖的成功率较高，而在纯海水中养殖的成功率较低。

2001 年，海南省水产研究所从美国夏威夷引进了凡纳滨对虾原种亲本，经过两年时间，培育了优质亲虾近万对，其深受省内养虾专业户欢迎。海南的凡纳滨对虾虾苗除供应本省以外，还远销山东、天津、浙江、广东、广西等沿海地区。

（一）养殖场的选择

养殖场一般选择在海水高潮线以上，以能随时将池塘内的水体排干的区域为宜。养殖场周边无污染源，土壤无污染，土质呈中性或弱碱性，不易发酸；靠近健康水源地，进排水方便，背风向阳，光照充足，气温、水温相对稳定。同时，还要保证交通、通信方便，养殖物资采购方便，电力供应充足。

（二）池塘建设

池塘的面积尽量不要太大，可以用天砂透明砖、薄膜或水泥等进行铺底。放养前，必须做到清淤、消毒、暴晒。清除过多的污泥，保证塘深 3 m 左右，水深 2.5 m 左右。然后均匀撒上生石灰，杀灭池塘中的有害生物和病原生物。经 3～4 d 晒池后，冲洗池塘，将石灰水冲掉，再灌水 5～10 cm，使池水的 pH 保持在 8～8.5。再按 200～250 g/亩的用量全池喷施长效水体消毒剂、溴氯海因等，进一步灭杀病原生物。池塘里要建有蓄水池、污水和污物处理池，同时进排水系统要分开。另外，每亩池塘设置增氧泵 4 台，每台的功率为 15 kW，同时还应结合药物增氧等方式进行补充，保证池塘溶氧。经过建设和改造后，就可以打开进水口进行灌水。

（三）水质培育

水质培育前，要清理杂物，在蓄水池的进水门装 10 目筛网拦截杂物，在出水门装 40 目网袋。将水放入蓄水塘，用生石灰消毒后备用。池塘的养殖用水需要进行肥水处理，肥水配料有尿素、磷肥、肥水剂等，同时使用光合细菌、芽孢杆菌和 EM 菌等微生物制剂。在池塘的进水门装 40 目平板网，从蓄水塘放水入池塘，尽量一次性进满水。经过 3～5 d，当水色呈黄绿色或黄褐色、水池的透明度达到 40～50 cm 后即可投入虾苗。

（四）虾苗的选择和投放

选择健康优质、体形细长、大小相等、附肢齐全、光滑透亮、单体健壮、反应灵敏、无畸形、无斑点的虾苗，一般规格具体长为 1～1.2 cm，最好是体长 1.5 cm 以上。

凡纳滨对虾的最适生长水温为 22 ℃～35 ℃，放苗最好在早晚阴凉的时候进行，避免雨天、高温中午等时段。一般池塘按照 1.5 万～2 万尾/亩投放虾苗，具体放养密度根据池塘条件、气候特征等因素确定。

（五）饵料的投放

应选择正规厂家生产的高蛋白质含量优质配合饵料。在养殖前期，选用蛋白质含量为 45% 左右的饵料；在养殖中后期，选用蛋白质含量为 40% 左右的饵料。在投苗后 1 个月，每天投饵料 2～3 次，不宜过多。一般日投喂量以虾 60～72 min 吃完为原则，每天投饵料 3 次，可按 8：00、17：30 和 23：00 进行投喂。在养殖后期，每天投料次数增加到 4～6 次，具体投喂量要根据天气、水质、虾的摄食状况等灵活处理，做到少量多次，以检查不留残饵为原则。需要注意的是，在暴雨天、高温天、台风天、寒冷天少投喂，水质不好、缺氧、发病时少投喂。

（六）水质调控

水质变化对于凡纳滨对虾的生长和生存至关重要，一定要控制好水体的 pH、温度、溶解氧和亚硝酸盐含量等各项指标。一般来说，池塘中水体的 pH 控制在 8～8.5，温度保持在 22 ℃～35 ℃，溶解氧含量保持在 5 mg/L 以上，亚硝酸盐含量保持在 0.1 mg/L 以下。

先将海水放入蓄水池进行消毒，沉淀 3～5 d 再放入池塘。养殖早期（40 d 内）不换水，养殖中期（40～70 d）添水，养殖后期（70 d 以上）换水。同时，在进水和换水时，用生石灰或沸石粉调节 pH，使 pH 与换水前一样，保持水质稳定。

另外，也可以启动增氧泵调控水质。在养殖早期，视天气、对虾的生长情况开机；在养殖中后期，开机时间在 20 h 以上，保持溶解氧含量在 5 mg/L 以上。

当水质过肥时，用苔速净灭杀部分藻类，然后换水，再用光合细菌等有益菌分解有机物，降解水中的氨氮等；当水质过瘦时，施放单胞藻和利生素肥塘育水。

（七）病害防治

坚持预防为主的原则进行病害防治。经常检查对虾的取食、游动情况，检查其胰脏、肠胃是否发生病变。每 10 d 测一次对虾的生长健康状况。在大雨前后和虾养殖 30～70 d，施放光合细菌 10 mg/L、微生态制剂（EM）5 mg/L、西菲利 3～6 片/亩等生物制剂，使有益菌占优势，抑制病菌繁殖。

对于黄鳃病、烂尾病、断须病、黑鳃病等细菌性虾病，若水体的 pH 偏低，则先撒石灰提高 pH，再用二溴海因 0.3 mg/L 或聚维酮碘 0.2 mg/L 进行杀菌治疗；若水体的 pH 偏高，则可直接用二溴海因 0.3 mg/L 或聚维酮碘 0.2 mg/L 进行杀菌治疗。4 d 后，放入微生态制剂（EM）5 mg/L 调好水质。

对于红体病、白斑病等病毒性虾病，在调控池塘环境的前提下，平时拌喂光合细菌、虾用多维、虾肝宝、多糖等，并施放光合细菌、微生态制剂（EM）、西菲利等调控水质。若对虾大量发病，则及时捕虾，对虾塘进行彻底消毒。

思考题

1. 在海南养殖淡水罗非鱼的优势有哪些？
2. 在淡水罗非鱼养殖中，如何进行池塘消毒？
3. 处于不同生长期的淡水罗非鱼养殖饲料配方是什么？
4. 如何做好淡水罗非鱼池塘养殖的日常管理？
5. 凡纳滨对虾海水养殖地需要具备哪些条件？
6. 在凡纳滨对虾海水养殖中，如何进行水质培育？
7. 在凡纳滨对虾海水养殖中，如何投放饵料？
8. 在凡纳滨对虾海水养殖中，如何进行水质调控？
9. 在凡纳滨对虾海水养殖中，如何做好病害防治？

第三章 食用菌种植类

第一节 白玉菇种植技术

知识目标

1. 了解白玉菇的营养价值。
2. 了解白玉菇的生物学特性。
3. 掌握白玉菇的栽培场地建设。
4. 掌握白玉菇的培养料配方及其配制。

技能目标

1. 掌握白玉菇的灭菌操作技能。
2. 熟知白玉菇的菇期管理操作技能。

白玉菇，又称为白雪菇、白色蟹味菇、白色真姬菇等，属于伞菌目、口蘑科、白蘑属，是一种珍稀食用菌。白玉菇发源于欧洲、北美、西伯利亚等地，1986年被引入我国，因形如雪莲花，洁白如玉，故名白玉菇。白玉菇营养丰富，其蛋白质含量比一般蔬菜高，必需氨基酸所占的比例合适，还有多种微量元素等人体必需物质，同时含有大量多糖和各种维生素，具有提高免疫力、镇痛、止咳化痰、通便排毒等保健功效，经常食用还可改善新陈代谢，降低胆固醇含量。另外，白玉菇口感脆嫩鲜滑，味道鲜美，故其深受广大消费者喜爱。

白玉菇的子实体丛生，每丛包含15～50株，很少散生。菌盖的直径为1.5～2 cm，幼时呈半球形、白色，后渐平展，盖面平滑，有2～3圈斑纹，盖缘平或微下弯，稍呈波状。菌肉呈白色，质韧而脆、致密。菌褶呈白色至浅黄色，弯生，有时略直生，不等长，离生。菌柄中生，呈圆柱形，长3～12 cm。

一、菌种选择

从具有资质的科研院所选购优质高产、商品性能好的优良品种。

二、栽培场地

利用闲置房、温室、大棚、山洞、地窖和防空洞等进行栽培均可,只要保证这些场所有通风口和足够的散射光,如在山洞、地窖里,可以安装照明和通风设施,以满足白玉菇的生长需求。选择栽培场地后,还要搭建放置料袋的床架,远离污染源。菇房在使用前,特别是在地窖和防空洞等地,要用甲醛和高锰酸钾混合熏蒸或用硫黄点燃熏蒸等,也可用 5% 的福尔马林、新洁尔灭、石炭酸和敌敌畏喷雾消毒,完毕后开门窗通风,排出有毒气体。对于老菇房,还要用碱水洗刷床架,用石灰浆涂刷墙壁和地面。在生产期间,要及时清除地面上的杂草、积水,用农药喷洒,以免滋生害虫。

三、菌袋制备

(一)培养料配方

可参照的培养料配方有以下几个:

(1)杂木屑约占 74%,棉籽壳约占 24%,蔗糖约占 1%,石膏粉约占 1%,加水,使水含量为 60% ~ 70%。

(2)甘蔗渣约占 74%,棉籽壳约占 24%,蔗糖约占 1%,石膏粉约占 1%,加水,使水含量为 60% ~ 70%。

(3)杂木屑约占 78%,麸皮约占 20%,蔗糖约占 1%,糖酸钙约占 1%,加水,使水含量为 55% ~ 65%。

(4)棉籽壳约占 76%,麸皮约占 22%,蔗糖约占 1%,糖酸钙约占 1%,加水,使水含量为 55% ~ 65%。

一般要求以上材料新鲜、干净、干燥、无虫、无霉、无异味。

(二)培养料配制

培养料提前 1 ~ 2 d 充分预湿,按比例进行称重后混合并均匀翻料,加水充分搅拌,将料堆成圆形或长条形,盖上塑料薄膜。第 2 d 把料堆摊开,加入其他辅料,不断翻料,以抓一把料握紧时能滴 2 ~ 3 滴水为宜。再用试纸测 pH,调节至适宜程度。

(三)培养料装袋

栽培袋选用耐高温高压聚丙烯和低压高密度聚乙烯袋。在装填筒形塑料袋时,先装入少许培养料,套上一端颈圈(颈圈可以自制,用 1 cm 宽的编织带,剪成 15 ~ 18 cm 长,在火上接成直径为 3～4 cm 的圈），一边装料，一边压紧，装满后套上另一端颈圈，外加报纸封口。

四、灭菌、接种和培养

将装填完毕的栽培袋放入灭菌锅内进行高温灭菌。待已灭菌的菌袋温度降至 60 ℃ 左右时，及时将其移入已消毒的接种室。当菌袋冷却到 30 ℃ 以下时，按无菌操作规程接种。一般 750 mL 的菌种瓶原种可接 30 袋。

对于接种后的菌袋，要及时搬到发菌室培养，采用堆叠式或多层式排列，不宜堆砌，以免高温烧菌。保持室温为 22 ℃～25 ℃，发菌室的相对湿度控制在 60%～70%，二氧化碳浓度控制在 0.5% 以下，在黑暗或者弱光下发菌培养。气候适宜时，也可置于室外空地上发菌，注意遮阳。必要时，可用薄膜或者其他材料覆盖，以保温、防雨。一般经过 40～50 d，菌丝会长满菌袋，再培养 35～40 d 其才能生理成熟，此时正是出菇的时候。当菌丝由白色转为土黄色时，菌袋失水，质量变小，基质收缩，呈凹凸不平的皱缩状，没有病虫害，这标志着菌袋生理成熟。

五、菇期管理

（一）搔菌

轻揉菌袋两头，使料面与袋膜分离。解开袋口并拉直，用锯齿状小铁片搔去料面上的气生菌丝和厚菌皮，保留原有的接种块，让以后长出的幼菇向四周扩大，有利于形成优质菇。

（二）催蕾

搔菌后，向料面注入适量水，经过 2～3 h，将多余的水分倒出。在袋口覆上无纺布或报纸，进行喷水保湿，维持菇房的温度为 12 ℃～17 ℃，空气相对湿度为 90%～95%，二氧化碳浓度为 0.1%～0.2%，光照为 50～100 lx。一般照射 7～9 d，料面上就会长出一层浅白色的气生菌丝，形成一层菌膜。这时，要注意调控 9 ℃～10 ℃ 的昼夜温差，经 2～3 d，菌膜从白色变为灰色，此时可逐步加大湿度，提高光照强度为 100～300 lx。经过 3～5 d，灰色菌膜表面会出现细密的原基，并逐渐分化，形成小菇蕾。

（三）育菇

小菇蕾出现后，去除覆盖物，控制菇房的温度为 13 ℃～17 ℃。通过喷水，保持空气相对湿度为 85%～90%，不得直接向菇蕾喷水。每天通风 6～8 次，通风以勤、慢、小、常为原则，控制二氧化碳浓度在 0.1% 以下，光照强度为 300～600 lx，有利于菇蕾发育。从现蕾到采收，一般需要 15～18 d。

（四）培育第二潮菇

第 1 潮菇采收后，应及时清理料面，清除残留的菇根、烂菌丝、菌柄和死菇等，停止喷水 3 d，再盖上湿的无纺布，待料面上的菌丝恢复活性后，再喷水、保湿、催蕾，一般 13 d 后可形成第 2 潮菇。如果管理到位，有的还可以采收第 3 潮菇。

六、采收与分级

白玉菇的采收一般在低温时进行，避免白天采收。采收前 2～3 d，控制空气相对湿度为 80%～85%，以延长采收后的保鲜期。采收时，双手横抓菌袋并晃动菇筒，待菇丛松动脱离后再拔出，轻拿轻放，不得碰撞、挤压，避免白玉菇破损或变色。采收的鲜菇用泡沫箱或塑料周转箱小心轻放。

一般白玉菇可分为 3 个等级。一级菇的菌盖直径为 1～1.3 cm，菌柄长度在 7 cm 以下；二级菇的菌盖直径为 1.4～1.8 cm，菌柄长度在 12 cm 以下；三级菇的菌盖直径为 1.9～2.5 cm，菌盖长度为 15～20 cm。

思考题

1. 白玉菇的生物学特性有哪些？
2. 如何选择菇房并对其进行消毒？
3. 如何配制培养料并装袋？
4. 如何进行菇期管理？
5. 如何对白玉菇进行分级？

第二节 柱状田头菇种植技术

知识目标

1. 了解柱状田头菇的营养价值。
2. 了解柱状田头菇的生长特性和分布。
3. 掌握柱状田头菇的栽培场地建设。
4. 掌握柱状田头菇的培养料配方及其配制。

技能目标

掌握柱状田头菇栽培操作技能。

柱状田头菇,又名杨树菇、柳蘑、茶薪菇、茶树菇等,是属于担子菌亚门、伞菌目、锈伞科、田头菇属的食用菌。柱状田头菇味道鲜美、脆嫩可口,菇体中含有多种氨基酸和人体所需的矿物质元素,经常食用,可起到美容、抗衰老等作用,还能提高人体免疫力、增强治愈能力。

在自然条件下,柱状田头菇主要生长在油茶林腐朽的树根部及其周围,生长季节主要集中在春、夏季之交及中秋前后。由于油茶树木质坚硬,腐朽速度慢,因此,其菌丝体的生长周期特别长。另外,油茶树分布于酸性红壤和黄壤的中南亚热带常绿叶林带,所以柱状田头菇分布的范围主要在长江以南的山地和丘陵,以及云贵高原和黔桂山地。

柱状田头菇较抗高温,也能耐低温,所以它在很多地区都能够周年栽培,但为了获得高产,要选择适宜的栽培时间。柱状田头菇菌丝的生长温度为 10 ℃~35 ℃,最适温度为 20 ℃~28 ℃,原基分化温度为 10 ℃~16 ℃,子实体发育温度为 13 ℃~25 ℃,子实体形成的最适温度为 22 ℃~24 ℃。根据茶树菇的生物学特性要求,在海南,柱状田头菇的栽培时间一般选择以 10—11 月纸袋接种,12 月至来年 4 月出菇为宜。

一、栽培场地

柱状田头菇的栽培采用室内袋栽方式,也可根据不同的方式灵活选择,塑料大棚、空房、地下室和防空洞等均可作为栽培场地,有条件的可用专业菇房栽培。栽培场地要求周边环境卫生、无污染源、给排水方便、通风良好。栽培前,务必要对栽培场地进行全面杀虫和消毒,防治地下害虫和杂菌。

二、培养料

柱状田头菇是一种对木质素、纤维素分解能力较弱的木腐菌,生产中以杂木屑、棉籽壳为栽培主料,米糠、麸皮、豆饼粉、茶籽饼粉、花生饼粉作为辅料。

可参照的培养料配方有以下几个:

(1)杂木屑约占 74%,棉籽壳约占 24%,蔗糖约占 1%,石膏粉约占 1%,加水,使水含量为 60%~70%。

(2)甘蔗渣约占 74%,棉籽壳约占 24%,蔗糖约占 1%,石膏粉约占 1%,加水,使水含量为 60%~70%。

(3)杂木屑约占 78%,麸皮约占 20%,蔗糖约占 1%,糖酸钙约占 1%,加水,使水含量为 55% ～ 65%。

（4）棉籽壳约占 76%，麸皮约占 22%，蔗糖约占 1%，糖酸钙约占 1%，加水，使水含量为 55% ～ 65%。

一般要求以上材料新鲜、干净、干燥、无虫、无霉、无异味。

三、栽培流程

塑料袋栽培主要从配料开始，经过装袋、灭菌、接种、发菌，最后是出菇。下面主要介绍灭菌、接种、发菌和出菇。

1. 灭菌

常用高压蒸汽灭菌，温度升至 100 ℃左右，保持 15 ～ 20 h。

2. 接种

灭菌后，当料袋的温度降至 60 ℃～ 70 ℃时，将料袋搬入消过毒的接种室，待温度降至 30 ℃以下，即可接种。

3. 发菌

接种后，将菌袋搬入发菌室内培养。发菌管理中要注意调节温度，控制空气相对湿度（不超过 70%）、光照和通风等条件，用科学的方法促进柱状田头菇菌丝快速生长。要控制好菌袋的温度，防止烧菌。可采用翻堆和通风换气控制发菌室的温度，当气温高于 25 ℃时，要早晚各通风 1 次，每次通风 1 h。一般培养时间为 50 ～ 60 d。

4. 出菇

出菇可采用直立式出菇、卧式立体墙式出菇和覆土栽培 3 种方式，其中，卧式立体墙式出菇可以有效地利用空间；覆土栽培柱状田头菇的品质好、产量高，便于管理。待菌丝长满菌袋后，即转入生殖生长阶段。从菌丝长满到生理成熟需 10 ～ 15 d，在此期间，要进行催蕾。催蕾的关键是做好温差刺激、光照刺激和干湿交替刺激。具体做法是，放置好菌袋后，割开袋口，向地面喷水保湿，使柱状田头菇的子实体原基分化，控制菇房的温度为 18 ℃～ 25 ℃（白天可为 25 ℃，晚上为 18 ℃），空气相对湿度调至 95% ～ 98%，光照强度为 500 ～ 1 000 lx。柱状田头菇为好气性真菌，所以其在生长阶段需要充足的氧气，特别是在出菇期，因其出菇集中，袋内的二氧化碳浓度大，容易抑制子实体生长，特别是菌盖的分化，每天要通风 1 ～ 3 次，每次通风 15 ～ 20 min。在出菇旺季，一般要通风换气。

四、病虫害及其防治

在柱状田头菇生长期间，主要的病虫害是链孢霉、绿色木霉和菇蝇。高温高湿容易滋生链孢霉和绿色木霉，这是柱状田头菇的两种主要竞争性杂菌。防治措施是灭种要彻底，菇房的温度和湿度要控制得当，保持出菇场所干净卫生，注意通风换气。菇蝇主要为害菌丝，造成子实体萎缩，可以用 60 目纱网或双层纱布防止虫害侵袭，必要时，用安全卫生的农药进行扑灭。

五、采收

待菇蕾出现后 5～7 d，当菌盖边缘的颜色较淡、菌蕾呈半球形、菌膜未破时即可采收。采收时，抓住柱状田头菇菇脚，轻旋，将整个菇丛一起拔下，保持菇丛完整，注意及时包装保鲜。柱状田头菇一般可出 3～4 潮，第 1 潮和第 2 潮的产量可占总产量的 80% 以上，同时它们也是品质最优的。

思考题

1. 柱状田头菇的生长特性有哪些？
2. 柱状田头菇的栽培流程主要包括哪些步骤？
3. 柱状田头菇出菇的主要方式有几种？它们有什么区别？

第三节　平菇种植技术

知识目标

1. 了解平菇的生物学特性。
2. 了解平菇的类型。
3. 掌握平菇的栽培场地建设。
4. 掌握平菇的培养料原料及其配制。

技能目标

1. 熟知平菇菇期管理操作技能。
2. 掌握平菇灭菌和接种操作技能。

平菇，也称为侧耳、蚝菇、黑牡丹菇等，属于担子菌门、伞菌纲、伞菌目、侧耳科、侧耳属，是一种栽培范围广、产量高的常见食用菇。平菇由菌丝体和子实体组成，其中，菌丝体是营养器官；子实体是生殖器官，其所产生的孢子就是新的种子。菌丝体是由平菇菌丝组成的整体，菌丝体能从基质中摄取水分、无机盐和有机物，供平菇发育需要。子实体是菌丝体发育到一定阶段后的产物。平菇的子实体丛生或叠生，由菌盖、菌柄和菌褶3部分组成。菌盖呈扇形或肾形，直径为5～18 cm，颜色由淡紫色或黑褐色向浅灰色、白色或淡黄色转变；菌柄呈白色，中实，直径为1～4 cm，长3～5 cm，基部长有白色短绒毛；菌褶呈白色，长短不一，本身为一个薄页，质脆、易折，在菌褶片上，生有许多担子。平菇的生育过程从孢子开始，经历出生菌丝体、次生菌丝体和子实体3个阶段，再由子实体成熟后产生孢子，此为一个循环周期。

平菇是一种味道鲜美、营养丰富的食用菌。经常食用平菇对降低血压、减少胆固醇有明显作用，对贫血、植物性神经紊乱、肝炎等也有一定疗效。平菇含有真菌多糖，对肿瘤细胞有较强的抑制作用，并有提高人体免疫功能、增进人体健康、延年益寿等功效。

我国平菇栽培起步于20世纪40年代，主要以木屑为培养料，栽培数量小。后来人们尝试用棉籽皮栽培平菇获得成功，并在全国广泛推广。一直以来，平菇的产量都很大，它是人们日常生活中的一种重要食物。

一、品种选择

平菇种类繁多，不同的品种有不同的生长季节。一般根据子实体分化和发育的温度要求，把平菇分为低温、中温和高温3种类型。低温型的子实体分化温度最高不超过22 ℃，最适温度为13 ℃～17 ℃，如冻菌、P2-2等；中温型的子实体分化温度最高不超过28 ℃，最适温度为20 ℃～24 ℃，如凤尾菇、佛罗里达平菇、紫孢平菇等；高温型的子实体分化温度最高不超过30 ℃，最适温度为24 ℃～28 ℃，如鲍鱼菇、粉褶侧耳（红平菇）、侧五等。因此，要根据不同季节的温度变化，灵活选用不同温型的品种，适时栽培，确保全年都能生产。熟料栽培平菇的菇质滑嫩、品种好，它是规模化培养的主要模式。

二、栽培场地

平菇可以利用闲置房、温室、大棚、地窖和防空洞等进行栽培，只要保证这些场所有通风口和足够的散射光即可。例如，在山洞、地窖里，可以安装照明和通风设施，以满足平菇的生长需求。选择栽培场地后，还要搭建放置料袋的床架，远离污染源。菇房在使用前，特别是在地窖和防空洞等地，要用甲醛和高锰酸钾混合熏蒸或用硫黄点燃熏蒸等，也可用5%的福尔马林、新洁尔灭、石炭酸和敌敌畏喷雾消毒，完毕后开门窗通风，排出有毒气体。对于老菇房，还要用碱水洗刷床架，用石灰浆涂刷墙壁和地面。在生产期间，要及时清除地面上的杂草、积水，用农药喷洒，以免滋生害虫。

三、培养料

平菇熟料袋栽的首选原料是橡胶树的木屑，它最适宜平菇生长，栽培产量高。玉米芯原料的膨胀系数大、含糖量高，需要粉碎后加麸皮，进行发酵栽培平菇。栽培平菇的原料还有稻草、豆秸、甘蔗渣等，都需加上石灰进行发酵处理后栽培。选出新鲜、干燥、无霉的棉籽壳在阳光下暴晒 2～3 d，再加水搅拌均匀，使料的含水量达到 65% 左右，以用手紧握培养料，手指缝中有水珠渗出，但不滴下来为宜，或者用棉籽壳加 1% 的石灰水和 0.1% 的多菌灵，与水拌和均匀，使料的含水量达到 65% 左右，又或者用棉籽壳加 1% 的石灰水搅拌均匀，使料的含水量达到 65% 左右。

栽培袋选用耐高温高压聚丙烯和低压高密度聚乙烯袋。在装填筒形塑料袋时，先装入少许培养料，套上一端颈圈（颈圈可以自制，用 1 cm 宽的编织带，剪成 15～18 cm 长，在火上接成直径为 3～4 cm 的圈），一边装料，一边压紧，装满后套上另一端颈圈，外加报纸封口。

四、灭菌和接种

将填料完毕后的栽培袋放入灭菌锅内进行常压蒸汽灭菌，即将普通水升温到 100 ℃，沸腾后在锅内形成蒸汽，焖锅 8～10 h 后出锅，再进入无菌接种室或就地接种。注意不要将灭菌物排得过密，以保证灭菌锅内的蒸汽流通。开始要求以旺火猛攻，使灭菌灶内的温度尽快上升至 100 ℃，中途不能停火，经常补充热水，以防蒸干。

当袋温降到 30 ℃ 以下时，在无菌接种室，将菌种迅速放入，再扎好口。将接种后的菌袋及时移入发菌室，保持温度在 25 ℃ 左右，关注菌种萌发情况，及时挑出未萌发或被污染的菌袋。一般经过 24～30 d，菌丝会长满菌袋，然后将成熟的菌袋放入菇房的床架上进行栽培。

五、菇期管理

每天在气温最低时打开菇房的门窗 2 h，这样可以加大料面的温差，促使子实体形成。根据料面的湿度喷水，适当调节室内空气相对湿度至 80%。菌丝体生长到生理成熟期时，在适宜的环境条件下，就会扭结成很多白色小米粒状的菌蕾堆（子实体原基）。这时，可向空间喷雾，保持室内的空气相对湿度在 85% 左右，切勿向料面喷水，以免影响菌蕾发育，造成幼菇死亡。同时，去掉料面上盖的报纸，保持温度为 15 ℃～18 ℃。菌蕾堆形成后迅速生长，经过 2～3 d，菌柄延伸，当顶端有灰黑色或褐色、扁圆形的原始菌盖时，把覆盖的薄膜去掉，可向料面少喷些水，保持菇房和料面的湿度、温度、空气和光线。室内的空气相对湿度应保持在 85% ～ 90%。阴雨天少喷或不喷水，晴天干旱时多喷、轻喷水，一般每天喷水 2 ～ 3 次。此外，还要加强通风、透光。在平菇的整个生长期，从接菌开始到第 1 潮平菇采收需要 35 ～ 40 d。

六、适时采收

平菇采收要做到适时。采收过早时会影响产量，采收过晚时会造成平菇品质差。当菌面长到 5 ～ 7 cm、菌盖大小合适、商品外观好时为采收的最佳时期。

1. 平菇的生长特性有哪些？
2. 如何配制平菇培养料？
3. 如何进行平菇菇期管理？

第四节　真姬菇种植技术

知识目标

1. 了解真姬菇的营养价值。
2. 了解真姬菇的生长特性。
3. 掌握真姬菇的培养料配方及其配制。

掌握真姬菇栽培操作技能。

真姬菇，又名玉蕈、斑玉蕈，属于担子菌门、层菌纲、伞菌目、白蘑科、玉蕈属，外形美观，肉厚质韧，味道鲜美，具有海蟹味，故又称为"蟹味菇""海鲜菇"。真姬菇营养丰富，含有多种氨基酸和多糖，其子实体的热水和有机溶剂提取物有清除人体自由基的作用，所以常食真姬菇可以提高人体免疫力，预防衰老，延长寿命。

真姬菇属于低温变温结实性真菌，菌丝体生长需要较高的温度，适温为 20 ℃～ 25 ℃，而子实体生长需要较低的温度，适温为 13 ℃～ 17 ℃。真姬菇属于好气喜湿菌类，子实体生长需要新鲜空气，湿度要求达到 85%～90%，培养料的 pH 以 6.5～7.5 为宜，含水量为 65%～70%，同时，适度的散射光有利于子实体的分化和生长。

一、栽培场地

塑料大棚、空房、地下室和防空洞等均可作为栽培场地，有条件的可用专业菇房栽培。

二、培养料

常见的培养料配方有以下几种：

（1）木屑约占 77%，米糠（或麸皮）约占 20%，白糖约占 1%，石灰粉约占 1%，石膏粉约占 1%，加水 150% 左右，pH 为 7.5。

（2）酒糟（新）约占 70%，木屑约占 20%，玉米面约占 6%，石灰粉约占 3%，石膏粉约占 1%，加水适量，pH 为 8.5。

（3）木屑约占 77%，麸皮约占 20%，白糖约占 1%，石灰粉约占 1%，石膏粉约占 1%，加水 150%，pH 为 7.5。

（4）棉籽壳约占 85%，麸皮约占 10%，白糖约占 1%，石灰粉约占 3%，石膏粉约占 1%，加水 130%，pH 为 7.5。

（5）甘蔗渣（鲜）约占 95%，石灰粉约占 3%，石膏粉约占 1%，过磷酸钙约占 1%，加水 110% 左右，pH 为 8。

三、栽培流程

真姬菇栽培的主要方式有袋栽法和瓶栽法。袋栽法即用塑料袋栽培，从配料开始，经过装袋、套圈封口、灭菌、接种、菌丝培养、催蕾，最后是育菇，共 8 个步骤。

1. 配料

就地取材，灵活选取培养料的配方，合理配料。

2. 装袋

一般采用规格（长度×宽度×厚度）为 30 cm×15 cm×0.05 cm 的聚丙烯袋或者 17 cm×33 cm×0.05 cm 低压聚乙烯袋。装袋时，切记不要破袋。

3. 套圈封口

装袋完毕后，要及时用套圈封口，并用包装线扎紧袋口。

4. 灭菌

常用高压蒸汽灭菌，在高压下保持 2 h，然后降到常压下持续 10 h。

5. 接种

接种过程必须在无菌室内进行，按无菌操作规程接种。

6. 菌丝培养

接种后，将菌袋搬入发菌室内培养，采用井字形多层式摆放，切忌堆积，以免高温烧菌。发菌温度控制在 20 ℃～23 ℃，空气相对湿度调至 60%～70%，发菌室内的二氧化碳浓度控制在 0.4% 以下，在黑暗或弱光下发菌。经 40 d 左右，菌丝基本上长满，再培养 30 d 左右，菌丝分泌浅黄色色素时，才达到生理成熟。

7. 催蕾

将达到生理成熟的菌丝袋送到出菇房，然后打开袋口，去除料面上的老菌丝，再注入清水，2 h 后，倒去尚未被吸收的水。再在袋口盖上潮湿的报纸或者粗白布，降温至 13 ℃～15 ℃，增加通风量，促使菇蕾形成。一般经过 10～15 d，在料面上即可看见针头状的灰褐色菇蕾。

8. 育菇

菇蕾出现后，揭去覆盖物，菇房的温度保持在 14 ℃ 左右。采取向周围和地面喷水的方法保持 90% 的空气相对湿度，切勿直接向菇蕾喷水。加强通风，保持空气新鲜，并用 500 lx 左右的光照。一般经过 5～7 d，真姬菇即可育成。

瓶栽法与袋栽法的区别不大，只是袋栽法中用塑料袋，瓶栽法中用瓶。另外，使用瓶栽法时，将接种的菌料搬入发菌室后，要采用 6 行 6 层式排列。

四、采收

采收的时间选择和分类分级对提高真姬菇的商品价值至关重要。当真姬菇的菌盖长到 1.5～4 cm 时即可采收。采收时，要一手按住菌柄基部的培养料，一手握住菌柄，轻轻将整丛菇拧下。第 1 潮真姬菇采收完后，要及时清除料面上残留的菌柄、碎片和死菇，并进行补水，经过 15 d 左右，第 2 潮菇蕾就会逐渐形成。按上述方法进行采收和管理，可以陆续采收 3～4 潮，有的可采收第 5 潮。

对采收后的真姬菇要及时分级。一般地，一级菇的菌盖直径为 1.5～2.5 cm、菌柄长度在 4 cm 以下；二级菇的菌盖直径为 2.6～3.5 cm、菌柄长度在 4 cm 以下；三级菇的菌盖直径为 3.6～4.5 cm，菌柄长度在 4 cm 以下。

思考题

1. 真姬菇的营养价值有哪些？
2. 真姬菇的栽培流程主要包括哪些步骤？
3. 如何进行真姬菇的催蕾管理？

第四章 南药种植类

我国地域辽阔，南北方的气候、土壤、海拔具有较大差异。药物因生产环境不同，具有南药和北药之分。南药是我国传统中药的组成部分，主要分布在海南、广东、广西、贵州、云南、四川、福建等地。海南地处我国热带地区，自然条件优越，其药用植物资源丰富。

第一节 槟榔树种植技术

知识目标

1. 了解槟榔树的生态习性。
2. 了解槟榔树的选种要求。

技能目标

掌握槟榔树种植管理技术。

槟榔树，属于棕榈科、槟榔属多年生常绿乔木，是我国四大南药（槟榔、益智仁、砂仁、巴戟天）之一，具有固齿杀菌、消化积食、去水肿、消脚气等功效。槟榔原产于马来西亚，在我国主要分布于云南、海南和台湾等地。

槟榔树性喜多雨湿润气候，要求降水充足且分布均匀，以年降雨量为 1 700～2 000 mm、空气相对湿度保持在 80% 以上最为适宜，气温以 24 ℃～30 ℃最为适宜。槟榔树对光照强度的要求因生长阶段而异，小苗和幼树需适当的荫蔽，成龄树需要充足的光照，适宜生长在土层深厚、肥沃，有机质丰富，排水良好的土壤中。

一、繁殖方法

(一) 选种

1. 母树

尽量选择生长健壮的 20～30 龄树。每年有 3 个以上果穗，产果 250 个以上，产量稳定。叶片在 8 片以上，叶柄短，叶色呈青绿色且稍下垂。茎干粗壮，上下均匀，节间短。

2. 果穗

宜选 5—6 月开花、果大且多的第 2～4 穗果做种。

3. 果实

每年 5—6 月收果，果大饱满，果皮薄，种仁重，大小均匀，0.5 kg 鲜果有 9～11 个，果形以椭圆形和长卵形为最好。

(二) 催芽

海南槟榔树催芽常用的方法有堆积催芽法、苗床催芽法和箩筐催芽法 3 种，其中，堆积催芽法比较实用且节省成本，发芽率最高。下面主要介绍堆积催芽法。

在槟榔果收获后要进行 1～2 d 的晾晒，果皮变得略干后进行催芽工作。选择靠近水源、有树荫、通风、湿润的地方，将果实堆成高 15 cm、宽 80～100 cm、长 2～3 m 的果堆（约 75 kg 果实），盖上稻草，以不裸露种子。每天淋水 1 次，以保持湿润，日平均温度为 30 ℃～35 ℃，大约需要 10 d。待部分果实的果皮因发酵腐烂，即可冲洗，再盖上稻草淋水。一般经催芽 15～20 d，种子开始萌发，30 d 达到盛期，45 d 左右结束。在发芽期，每天需剥开果蒂检查，发现有白色小芽点的，即可取出育苗。

(三) 育苗

海南槟榔树育苗通常有营养袋育苗和地播育苗 2 种方法。营养袋育苗移植大田后，生长快，成苗率高，能较快进入生产期。下面主要介绍营养袋育苗。

用高 30 cm、宽 25 cm 的塑料袋，下部打 4 个孔。先装入 3/5 的营养土（表土和腐熟厩肥的比例为 6∶4），然后把发芽的种子移入袋中，芽点朝上，覆土超过种子 1 cm，再覆上一薄层河沙，以防表土板结。把塑料袋排列于苗畦上，最后淋水至袋土湿润。

二、栽培管理

（一）选地

选择土壤肥沃、疏松的熟地，或有机质丰富、质地疏松的新垦荒地，地块最好背风向阳、水源充足、靠近定植区。

（二）整地

选好地块后，应提早整地，以利于土壤风化和消灭杂草。在坡度超过15°的山地，要挖宽 1.5～2 m，向内倾 15°～20° 的环山行。行距为 2.5～3 m，株距为 2～2.5 m。植穴宽 60 cm、深 45 cm，穴施基肥后再回表土，待雨季定植。每亩约种植 100 株，周边可间作毛豆等，以提供荫蔽和绿肥。

（三）定植

具 6 片叶、高 60～100 cm 的 1～2 年生苗可出圃，可在 2—3 月或 8—9 月雨季时种植。用营养袋苗定植时，须除去袋子后才可种植。种植不宜太深，植后淋足定根水。

（四）施肥

肥料以有机肥为主，在幼龄期，每年可结合除草施 4 次速效肥。定植 2 年后，每次施尿素约 10 kg/亩或人粪尿 500～700 kg/亩，沿树冠外缘挖半月形、深 30 cm 的沟，施肥后用表土覆盖。在槟榔树结果后，每亩一次施堆肥 1 000 kg，并混施复合肥。为了促进花苞开放和幼果生长，还须增施 2 次肥。第一次在初春花苞开放前，每株施人粪尿 5～10 kg、尿素 20～30 g；第二次在秋季青果期，每株施绿肥或厩肥 15 kg，并加复合肥 25 g 或火烧土 2.5～5 kg。

（五）水分管理

槟榔树喜湿而忌积水，因此，要保证土壤中水分充足。遇到干旱时，及时进行灌溉，但在雨季汛期，要及时排除果园内的积水。

（六）土壤管理

槟榔树生长多年后会有根系裸露在外，要定期给槟榔树培土，以保证根系能够吸收土壤中的养分。

（七）除草

在幼龄期，每年除草 4 次，可将草作为绿肥堆放在槟榔树根圈。成龄槟榔林每年除草 3 次，除去杂树，保留矮小灌木、小草，以使其起到荫蔽作用，既可保持林下相对湿度，也能使光照充足。

三、病虫害及其防治

（一）病害

1. 炭疽病

主要症状：此病是槟榔树的主要病害之一，幼苗和成龄树都可发病。幼苗受害后，长势衰弱，叶色呈淡黄色，严重的整株死亡。成龄树受害后会造成落花、落果。此病的特征是病斑大，呈不规则形、灰褐色，具轮纹，边缘有双褐色线围绕，其上密布小黑点，后期病组织破裂。

防治措施：

（1）加强肥水管理，促使植株生长健壮，增强其抗病性。

（2）用1%的波尔多液或70%的甲基硫菌灵可湿性粉剂1 000倍液，或80%的代森锰锌可湿性粉剂800倍液喷雾。

2. 叶枯病

主要症状：此病主要发生在气温偏高、多湿的气候，幼苗至成龄树均可发病。病菌主要从叶尖侵入，并向叶基部扩散。病斑呈卵圆形或不规则形，大小不一，中央呈褐色，边缘呈深褐色，其上散生大量小黑点。

防治措施：

（1）加强田间管理，清除落叶。

（2）用1∶1∶100倍（1份硫酸铜、1份生石灰、100份水）波尔多液或50%的托布津可湿性粉剂1 000倍液，或75%的百菌清可湿性粉剂600～800倍液喷雾，每隔10～15 d喷一次，连续喷3次，可控制病害蔓延。

3. 黄化病

主要症状：此病是槟榔树的一种毁灭性病害。此病没有明显的中心病株，在多株同时发现黄叶。一种是在发病初期，植株中下层叶片开始变黄，逐渐发展到整株叶片黄化，心叶变小，花穗枯萎；另一种是病株顶部的叶片缩小，节间缩短，呈束顶状。

防治措施：

（1）加强肥水管理，及早除去病株，提高植株的抗病性。

（2）在酸性过强的土壤中施石灰，以中和土壤的酸性。

（3）在槟榔树抽生新叶期间，喷施20%的氰戊菊酯乳油、2.5%的敌杀死乳油1 500～2 000倍液。

4. 细菌性条斑病

主要症状：此病是槟榔树的主要病害之一，高温、多雨、高湿是导致此病发生的主要因素。在叶片上出现的病斑呈细条状，宽3～5mm，长1 mm，呈褐色、水渍状、半透明。后期病斑的宽度可扩大至 1 cm 以上，长度不一，有的病斑可延伸至整个叶片的长度。在高湿条件下，病部溢出蜡黄色、液滴状菌脓，最后叶片变为褐色而枯死，重病株濒于死亡。

防治措施：

（1）加强肥水管理，排除积水，及早除去病株。

（2）在槟榔树发病初期，喷洒药剂，可选择 88% 的水合霉素可湿性粉剂 1 000 倍液、12% 的绿乳铜乳油 600 倍液等，喷药时间要间隔 1 周，喷施 2 次。

5. 幼苗枯萎病

主要症状：此病是槟榔树的主要病害之一，夏、秋季雨水多是导致此病发生的主要因素。幼苗感病时，死亡率达 30% 以上。未开展或初开展的幼苗叶缘出现长条形、水渍状、淡褐色病斑，而后病斑扩展为不规则形、灰黑色，其上散生大量小黑粒。

防治措施：

（1）加强苗圃管理，排除积水，除掉已死亡的病株。

（2）喷施硫酸铜、生石灰、水的比例为 1∶0.5∶100 的波尔多液，或 50% 的多菌灵可湿性粉剂 800 倍液，或 50% 的托布津可湿性粉剂 1 000 倍液。

6. 果穗枯萎病

主要症状：此病发生较普遍，病穗枯萎，病果脱落。感病果枝呈暗褐色、枯萎；果实上的病斑呈灰褐色、略下陷，病部散生大量小黑粒。

防治措施：与炭疽病的防治措施相同。

7. 芽腐病

主要症状：虽然此病发生不多，但病株受害较重，损失较大，高温、高湿是导致此病发生的主要因素。幼苗和结果树受害后，病株的心叶褪绿、卷曲，而后出现不规则的红褐色斑块，幼芽腐烂或枯萎，有臭味；在高湿条件下，病部出现朱红色的黏性小点。

防治措施：在发病前期，喷施硫酸铜、生石灰、水的比例为 1∶1∶100 的波尔多液，或 50% 的多菌灵可湿性粉剂 1 000 倍液。

（二）虫害

1. 红脉穗螟

主要症状：红脉穗螟是为害槟榔树的重要害虫，主要钻食槟榔树的花穗和果实，导致开花、结果少。此外，幼虫还钻食槟榔树的心叶及生长点，导致整株死亡。幼虫在大田出现的第一个高峰期是 6 月下旬至 7 月，其主要为害花穗；第二个高峰期是 9 月底至 10 月上旬，其主要为害成果，引起严重落果。

防治措施：

（1）及早除掉被红脉穗螟为害的花穗和果实。

（2）用 2.5% 的敌杀死 3 000 倍液或 20% 的速灭杀丁 3 000～4 000 倍液喷雾，效果较好，可杀灭 98% 以上的幼虫。

（3）喷施 0.1% 的敌百虫或马拉硫磷杀虫剂。

2. 介壳虫

主要症状：介壳虫主要为害槟榔树的叶片。成虫或幼虫扒附在叶片背面，吸食叶汁，造成叶片上布满枯死斑点。介壳虫为害槟榔树时，容易传播病毒病和黄化病。

防治措施：可用 40% 的杀扑磷、48% 的氯吡硫磷 1 000 倍液喷杀。

思考题

1. 槟榔树的催芽方法有哪几种？
2. 槟榔树的病虫害防治措施有哪些？

第二节 牛大力种植技术

知识目标

1. 了解牛大力的生态习性。
2. 掌握牛大力定植技术。

技能目标

掌握牛大力种植管理技术。

牛大力，又名大力薯、山莲藕，其块根是主要的药用部分，具有补虚润肺、强筋活络的功效，可用于治疗腰肌劳损、风湿性关节炎、肺结核、慢性支气管炎、遗精、心脑血管疾病等。

牛大力喜光照、耐荫蔽，在较强的光照条件下，长势强，生长健壮，枝条粗且分枝多，产量大；在较荫蔽的环境下，枝条细弱且分枝少，不易高产。牛大力的最适生长温度为 22 ℃～32 ℃。牛大力喜疏松、透气的沙壤土和腐殖土，适宜的土壤 pH 为 4.5～7.5。牛大力喜湿润，但怕涝，栽培场地应排水良好。苗期积水会导致死苗，生长期积水会影响根系膨大，且使根系变为褐色，影响产品质量。

一、繁殖方法

牛大力的种苗繁殖方法主要有种子繁殖、扦插繁殖和组织培养繁殖 3 种。因为种子繁殖和扦插繁殖不利于规模化的种苗生产,故目前人们主要采用组织培养繁殖。

二、栽培管理

(一)选地

牛大力对土壤的要求不高,但以选择水源丰富,背风向阳,土壤肥沃、疏松,排水良好的沙壤土、砖红壤土和红壤土的丘陵、缓坡地为佳。

(二)整地

选好地块后,先喷施草甘膦除草,清理杂草后,耕地翻土。每亩撒施农家肥 1~2 t 加钙镁磷肥 100 kg,拌匀。根据地势,开挖排水沟,沿着等高线起垄,特别是起大垄、高垄(宽约 1.6 m,高约 0.6 m),并在垄上种植,有助于牛大力块根快速生长、提高产量和方便日后开挖。

(三)种苗出圃

牛大力种苗在圃内培养至 6 个月,具有 4~5 片叶,株高 20 cm 左右时,即可田间定植。出圃前进行断根处理,即将穿袋的根切断,正常管理 7 d。然后进行常规炼苗,即逐步加强光照,降低空气和基质的温度。出圃前 2 d,喷 50% 的多菌灵可湿性粉剂 500 倍液进行杀菌。

(四)定植

牛大力常年可定植,但以 11 月至来年 6 月定植效果最佳。定植密度按 1 m×1.8 m 的株行距,每亩种植 370 株左右。

(五)水分管理

土壤肥沃、疏松、湿润有利于牛大力旺盛生长,并达到一定的产量。但是要获得高产、缩短收获时间、提高经济效益,应加强肥水管理,特别是在地力较差、易干旱的地块。

(六)施肥

对牛大力施肥时,主要以基肥为主、追肥为辅,以有机肥为主、化肥为辅。

1. 基肥

一般整地时,每亩以 1~2 t 发酵腐熟的农家肥为主,与 100 kg 钙镁磷肥混合均匀后撒施于地面,便可起垄定植。

2. 追肥

种植后 1 个月,每株浇 200 倍的挪威复合肥 1 kg 左右;3 个月时,在垄上距离树头

20～30 cm 开浅沟，干施 1 次尿素 + 复合肥，用量为 100 g/ 株。以后每年修剪后沟施一次复合肥，用量为 150 g/ 株，施肥量年增 20%～30%，收获前半年左右不施肥。

三、病虫害及其防治

（一）病害

茎腐病是牛大力的主要病害，由丝核菌引起。

主要症状：植株地上部萎蔫，茎基部可见褐色病斑，后期根部腐烂。

防治措施：在基质中加入生石灰拌匀，地膜覆盖消毒 1 周后可用。移栽前，施用 50% 的多菌灵可湿性粉剂 500～800 倍液或 70% 的百菌清可湿性粉剂 500～800 倍液。移栽成活后，逐渐降低土壤湿度。如发现有植株发病，应立即除去病株，并用上述药剂淋湿周围基质。

在高温、多雨、阴湿的情况下会发生部分叶斑病和炭疽病，用 50% 的多菌灵可湿性粉剂 800 倍液防治即可。

（二）虫害

蚜虫是为害牛大力的主要害虫，牛大力幼苗易受鳞翅目害虫为害。

主要症状：孵化出的幼虫从幼叶开始啃食，然后是新叶，严重影响植株的生长。

防治措施：在发病初期，用 5% 的阿维菌素乳油、5% 的阿维毒死蜱颗粒剂、2.5% 的阿维·氟铃脲乳油等 1 000 倍液防治尺蠖、卷叶蛾等鳞翅目害虫，效果较好。在发病后期，虫体较大，害虫多隐藏于植株中，主要由人工在清晨捕捉。蚜虫应用 10% 的吡虫啉、2% 的啶虫脒等药剂 2 000 倍液防治。用药时机为新蔓抽芽与展叶期。

思考题

1. 牛大力的种苗繁殖方法有哪些？
2. 牛大力的病虫害防治措施有哪些？

第三节　益智种植技术

知识目标

1. 了解益智的生态习性。

2. 掌握益智的田间管理技术。

技能目标

掌握益智种植管理技术。

益智,属于姜科、山姜属,为多年生草本植物。益智仁是我国四大南药之一,味辛、性温,有温脾止泻、暖肾缩尿固精之功效。

益智属于半阴性植物,生长发育需要荫蔽,忌太阳直射,尤其是在幼苗期,需要60%～70%的荫蔽环境,成龄植株需要30%～50%的荫蔽环境;适温为24 ℃～28 ℃,年降雨量为1 700～2 000 mm,空气相对湿度为80%～90%,土壤含水量为25%～30%时较适宜生长。益智对土壤要求不高,以土质肥沃、疏松、透气、透水、保水性能好的沙质土壤最适宜,特别是富含腐殖质的森林土最适宜益智生长,适宜的pH为5.5～6.5。

一、繁殖方法

益智的繁殖方法主要有分株繁殖和种子繁殖两种,大规模生产基本上采用分株繁殖。下面主要介绍分株繁殖。

一般在收果后,即7—8月进行分株繁殖。分株繁殖时,宜选阴天,将益智丛中1～2年生、未开花结果的粗壮分蘖从母株上分离开来,留地上茎15～20 cm长,适当修剪老弱叶片和根,保留全部新芽,从中选取带有3～5个地上茎的根状茎作为种苗,直接移栽于大田。

二、栽培管理

(一) 种苗选择

选择生长良好、适应性和抗逆性强、高产的植株,经分株后,以宿根苗使用。

(二) 选地和整地

苗圃应选择在荫蔽、地势较平坦、土质好、排水好的地方。冬季深翻土壤,除净杂草、树根,施足基肥,并翻入土壤里。可做成宽1.1～1.3 m、高15～20 cm的畦,畦面上铺一层厚2～3 cm的细沙。

(三) 施肥

施肥时主要以有机肥为主、化肥为辅,以基肥为主、追肥为辅。每次中耕除草后宜施肥。种植后第 1 年应多施氮肥，以促进多分蘖，促使植株生产群体尽快形成。每亩穴施尿素 3～5 kg。种植后第 2～3 年开始开花、结果，每年施肥 2 次，第 1 次在 2—3 月春季花果期，以磷钾肥为主，每亩施过磷酸钙 10～20 kg、氯化钾 5～10 kg，混合适量堆肥，或施粪肥 600～1 200 kg、熏土 500～1 000 kg；第 2 次在收果后夏末秋初，以氮肥为主，促进植株复壮和新芽生长，每亩施尿素 10 kg，穴施或沟施于植株根际周边。

（四）排水和灌溉

益智为浅根系植物，忌干旱，喜湿润，需保持 25%～30% 的土壤湿度。尤其是在花果期，若遇低温、干旱，植株易落花、落果。益智的根系不耐涝，要注意排水，预防烂根。

（五）除草

在幼苗期，每年中耕除草 3 次左右，第 1 次在 3 月开花前，第 2 次在 8 月收果后，第 3 次在 11 月，主要除去杂草、灌木、株丛，外围宜深耕，周边宜浅耕，以免伤害根茎和嫩芽。在开花结果阶段，每年于 1—2 月和 8—9 月除草 2 次，并剪除枯、病株和结过果的老苗，清除丛内的杂草和枯枝落叶，清理园地，以减少养分消耗，促进萌蘖生长，预防病虫害。

三、病虫害及其防治

（一）病害

1. 立枯病

主要症状：立枯病属于真菌病害，主要为害叶片，是毁灭性病害，重病区的发病率高，死亡率高达 30%。病菌主要经水、肥料等传播。播种过密、通风不良、高温高湿均可增加发病率。

防治措施：

（1）选育抗病品种，加强肥水管理，提升植株的抗病性。

（2）播种前，用福尔马林进行苗床消毒。

（3）在发病初期，用 50% 的多菌灵可湿性粉剂 1 000 倍液，或硫酸铜、生石灰、水的比例为 1∶1∶100 的波尔多液，或 5% 的石灰水进行防治和土壤消毒。

（4）及时除掉病株并烧毁。

2. 根结线虫病

主要症状：根结线虫在幼苗根际结成虫瘿，导致根系发育不良、植株矮小、生长停滞。

防治措施：

（1）加强肥水管理，采用分株繁殖和种子繁殖的方法在新辟生荒地上建立种苗繁殖地，为益智生产提供无病种苗。

（2）选育抗病品种，从野生品种或栽培品种中选择亲本进行杂交，选育抗病性强、高产的优良品种。

3. 轮纹叶枯病

主要症状：轮纹叶枯病属于真菌病害，病斑上有排列呈轮纹状的小黑点，益智在整个生长期均会受害。感病后，往往老叶先发病，逐渐向上侵染，高湿高温会导致病株受害加重。

防治措施：

（1）加强肥水管理，降低土壤湿度，注意遮阴。

（2）在发病初期，应选用50%的代森锌可湿性粉剂800倍液，或硫酸铜、生石灰、水的比例为1∶1∶100的波尔多液，或50%的托布津800倍液等进行防治。

（二）虫害

1. 益智弄蝶

主要症状：幼虫为害叶片，将叶片卷成虫苞，在苞中取食，阻碍叶片的光合作用。

防治措施：人工除虫，摘除虫苞或杀灭幼虫；在幼虫孵出的早期，用90%的敌百虫粉剂1 000倍液进行喷杀防治，每5～7 d喷一次，连用2～3次。

2. 地下害虫

主要症状：地下害虫有地老虎、大蟋蟀等，幼虫、若虫、成虫咬食地下部分，造成植株生长不良或枯死。

防治措施：可在傍晚投毒饵诱杀或人工捕杀。

3. 益智秆蝇

主要症状：幼虫孵化后即从叶鞘侵入取食，吸吮心叶的汁液，受害植株形成空心。

防治措施：在幼虫发生初期，及早用90%的敌百虫1 000倍液喷施。

思考题

1. 益智的种苗繁殖方法有哪些？
2. 益智的病虫害防治措施有哪些？

第五章 果蔬贮藏保鲜类

为了保证新鲜果蔬的质量和减少损失，解决消费者的长期均衡需要与季节性生产之间的矛盾，必须对果蔬进行贮藏保鲜。新鲜果蔬常用的贮藏方式有简易贮藏、通风贮藏、机械冷藏和气调贮藏等。另外，还有一种方法是使用果蔬保鲜剂。果蔬保鲜剂既可在低温贮藏中使用，也可在常温贮藏中使用。贮藏冷库在采用常用措施的同时，也使用果蔬保鲜剂，更能达到延长贮藏期、减少损耗的目的。

第一节 果蔬贮藏保鲜方式与管理

知识目标

熟悉果蔬贮藏保鲜方式。

技能目标

掌握主要热带果蔬的贮藏保鲜方式。

一、机械冷藏

（一）原理和特点

机械冷藏是在一个专门设计的绝缘建筑（冷库）中，利用机械制冷系统的作用，将库内的热传递到库外，使库内的温度降低，并保持在有利于延长果蔬贮藏寿命范围内。机械冷藏的优点是不受外界环境条件的影响，可以终年维持库内所需要的低温，库内的温度、相对湿度和空气流通都可以调节，以满足贮藏果蔬的需要。但机械冷藏的费用高。

（二）使用和管理

1. 入库

入库前，要对冷库进行消毒杀菌，并对果蔬进行预冷。果蔬应分批入库，以避免库温上升太多。为了保证空气流通，有助于降温和保证库内的温度分布均匀，堆垛应离墙 30 cm 以上，与库顶约有 80 cm 的距离，垛与垛要有适宜的间距。

2. 温度控制

入库果蔬的温度与库温的差距越小，越有利于快速降到最适宜的温度。在整个贮藏期间，要保持库温适宜、稳定、均匀。

3. 湿度控制

大部分果蔬要求库内的湿度为 85% 左右。在冷库中，要维持相对湿度的稳定。当湿度过低时，可采取向地面洒水、向空气喷水雾等方法；当湿度过高时，可采取撒生石灰等方法进行吸湿。

4. 通风换气

通风换气可以把果蔬呼吸过程中释放的过多二氧化碳、产生的乙烯等气体排出库外，并带来一定量的氧气。通常在库内外温差最小的时候进行，避免由通风换气引起库内温度出现较大的波动。

5. 品质检查

要定期对果蔬的外观、颜色、硬度、风味进行检查，如发现异常情况，应及时采取相应的措施。

6. 出库

果蔬达到出库时间后要及早出库。出库前，要先进行缓慢升温，待库温升至与外界气温相差 2.5 ℃左右时即可出库。

二、气调贮藏

（一）原理和特点

气调贮藏是在冷藏的基础上，将果蔬放在特殊的密封库内，并改变贮藏环境中的气体成分的一种贮藏方法。在一定的范围内，降低氧气的浓度，提高二氧化碳的浓度，便可大幅度抑制果蔬的代谢活动，延长果蔬的贮藏寿命。

（二）分类

1. 塑料帐气调贮藏

将果蔬盛装在透气的容器里，堆成垛，底下先铺一层塑料薄膜，在薄膜上摆放垫木，再把容器堆成垛，最后用塑料帐罩住。帐子底边和垫底塑料薄膜四周相互重叠卷起并埋入垛四周的沟中，达到密封效果。

2. 塑料薄膜袋贮藏

塑料薄膜袋贮藏是将果蔬装在厚 0.02～0.08 mm 的塑料薄膜袋内，扎紧袋口或热合密封后置于库房中贮藏的一种简易气调贮藏方法。每袋规格如下：一般大袋约为 30 kg，小袋约为 10 kg。在贮藏过程中，要定期放气，即每隔一段时间将袋口打开，换入新鲜空气后再密封贮藏，以防出现袋中氧气浓度过低、二氧化碳浓度过高的情况。

3. 硅橡胶窗气调贮藏

硅橡胶窗气调贮藏是将果蔬贮藏在镶有硅橡胶窗的塑料薄膜袋内，利用硅橡胶特有的透气性，使密封袋内过量的二氧化碳通过硅橡胶透出去，而果蔬呼吸所需的氧气慢慢透进来，起到自动调节气体成分的一种贮藏方法。由于贮藏果蔬的种类、成熟度、数量、温度和所需要的气体不同，硅橡胶窗面积的大小略有差异。根据经验公式计算：

$$硅橡胶窗的面积 = \frac{果蔬质量 \times 释放的二氧化碳量}{硅橡胶二氧化碳的渗透系数 \times 预期的二氧化碳浓度}$$

（三）使用和管理

1. 入库准备

保证库房的气密性、制冷和调气系统工作正常，对库房及所有工具进行全面消毒，并对果蔬进行预冷，要求果蔬一次性全部入库。

2. 库房管理

这主要是对温度、湿度的控制和对气体成分的调节。气调贮藏期间的温度控制与机械冷藏相同。如果出现高湿情况，则可采用生石灰吸湿。气体成分的调节是气调贮藏的核心，根据不同果蔬的要求，通过调节气体成分，使气体指标快速达到规定的要求，并且整个贮藏过程中维持在合适的范围内。对于果蔬挥发出的有害气体和异味物质，需要增加空气洗涤设备，如乙烯脱除设备、二氧化碳洗涤器等。设备定期工作，以保证空气的清洁、干净。

3. 出库

果蔬贮藏结束后，要及时出库。出库前，要进行升温和通风处理，使库内通入新鲜空气，排出低氧、高二氧化碳的空气，以便于工作人员入库操作。

思考题

1. 果蔬贮藏保鲜方式有哪些？
2. 简述气调贮藏方法。

第二节　果蔬贮藏保鲜技术

知识目标

1. 熟悉涂膜保鲜技术。
2. 了解热处理保鲜技术。

技能目标

掌握涂膜保鲜技术的基本操作要点。

一、涂膜保鲜技术

涂膜保鲜技术是根据果蔬采收后生理变化的特点，科学地选用对人体无毒害作用的食用级抗氧化剂、护色剂、杀菌剂、抑菌剂、成膜剂复合成果蔬涂膜保鲜液，将该液浸、喷或涂于果蔬表面，即可形成一层透明质、半透气性、可食用的保鲜薄膜。它可以降低果蔬的呼吸强度，适当抑制其水分，从而防止微生物侵入，起减少损失、保鲜和美化外观的作用。

涂膜保鲜技术大致可分为浸涂法、刷涂法和喷涂法。其中，浸涂法最简便，即将涂料配成适当浓度的溶液，将果蔬浸入，蘸上一层薄薄的涂料后，取出晾干即可；刷涂法是用细软毛刷蘸上涂料，然后将果实在毛刷之间来回擦刷，使果皮涂上一层薄薄的涂膜；喷涂法是当果实由洗果机内送出干燥后，喷上一层均匀、很薄的涂料，一般涂膜厚度控制在 0.01 mm 左右，就能使果实处于半封闭状态。

涂膜保鲜技术的基本操作要点如下：

（1）选用新鲜、无损伤、无病虫害的果蔬进行保鲜。

（2）选用氧化型杀菌剂，对果蔬表面进行杀菌、消毒，去除表面残留的农药及各种病菌。

（3）进行果蔬表面涂膜后自然晾干或用风机吹干。

（4）涂膜后的果蔬应放在冷库、阴凉的房屋中，贮存果蔬的设施应在使用前进行必要的杀菌处理。

二、热处理保鲜技术

热处理是指果蔬采收后用适宜的温度（一般为 35 ℃～ 50 ℃）进行处理，杀灭或抑制病原菌的活力，使酶的活性降低，从而达到贮藏保鲜的效果。其方法简单、条件容易满足且无毒性，是目前使用较为普遍的物理贮藏保鲜技术。对不同品种的热带水果最适宜的热处理温度的研究日益增多，如香蕉经过 42 ℃的温室处理后，能显著减轻褐变；杧果用 50 ℃的热水浸泡 30 min 后，贮藏品质显著提高，在贮藏期间，炭疽病的发生得到了显著抑制。

三、生物保鲜技术

生物保鲜是利用微生物、天然提取物等改善果蔬品质、延长贮藏期的一种贮藏方法。该方法克服了其他保鲜方法的不利因素和弊端，绿色、安全，符合环保的要求。例如，链霉菌 112、有益真菌、啤酒酵母菌、木霉发酵液、"NH–10"菌株等对果蔬贮藏保鲜、防治病虫害都有显著的效果。

四、包装保鲜（新型包装材料保鲜）技术

合理的包装可明显减少热带水果贮运过程中由相互摩擦造成的机械损伤，延长贮藏保鲜期。常用的包装材料有包果纸、塑料薄膜、抗压托盘等。对于不同的热带水果，可依据其生理要求、果型、果皮的特点等，选择适合的包装材料。用常规聚乙烯材料母粒添加纳米银系材料制成的新型包装材料在马铃薯的贮藏保鲜中效果明显。日本的研究人员用一种"里斯托瓦尔石"作为纸浆的添加剂制成包装材料，这种材料由于可以吸附多种气体，且操作方便、成本低、使果蔬贮藏期长，受到了商家的喜欢。

除以上保鲜技术以外，热带水果还可使用加压保鲜技术、高压静电保鲜技术、辐射保鲜技术、臭氧保鲜技术等。

思考题

1. 果蔬贮藏保鲜技术有哪些？
2. 简述涂膜保鲜技术的基本操作要点。

第三节　常见水果贮藏保鲜方法

知识目标

了解常见水果贮藏保鲜方法。

技能目标

掌握香蕉、杧果、荔枝贮藏保鲜方法的基本操作要点。

一、香蕉贮藏保鲜方法

1. 塑料薄膜袋贮藏保鲜

香蕉采收后,用 1 000～2 000 倍的托布津浸果,装入厚 0.04 mm 的塑料薄膜袋中,在 20 ℃的常温条件下贮藏 3 个月,其仍能保持绿色。打开袋后,在一般条件下,香蕉即可自然转黄。

2. 防腐剂保鲜贮藏保鲜

采收八成熟的香蕉后,立即用(0.5～1)×10^6 μg/L 的甲基硫菌灵或多菌灵溶液洗果,可防止香蕉腐烂。洗后的香蕉在常温下可以保存半个月。

3. 冷藏保鲜

将采收后的香蕉放置在已经消毒的冷库中,库温为 11 ℃～13 ℃,香蕉入库后要保持库温稳定,相对湿度为 90%～95%。在贮藏保鲜过程中,要加入乙烯吸收剂,以脱除香蕉释放的乙烯。

二、杧果贮藏保鲜方法

1. 聚乙烯塑料薄膜袋贮藏保鲜

杧果一般在 28 ℃～32 ℃条件下只需 3～8 d 即可成熟,用聚乙烯塑料薄膜袋单果包装,并用 3% 的鲜蜡液处理果实,可延长贮藏期 15 d;单独使用聚乙烯塑料薄膜袋,可延长贮藏期 2～15 d。

2. 冷藏保鲜

经保鲜剂处理后的杧果用纸箱或木箱包装,置于 13 ℃下预冷,在冷库内堆码成垛,保持冷库内的相对湿度为 85%～90%。

3. 气调贮藏

将用保鲜剂处理后的杧果在预冷至 13 ℃后进行气调贮藏。气体成分如下:氧气占 5%～10%,二氧化碳占 2%～10%。这既可以在气调库内进行,也可以在普通冷库中加入塑料大帐进行。

4. 热药贮藏保鲜

在杧果刚达到生理成熟,果色由青绿色转为浅绿色时采收。在采收后 24 h 内,用 35 ℃ 的药液(含有 10^6 μg/L 多菌灵、10^6 μg/L 托布津和 10^6 μg/L 青鲜素)浸果 5 min。将杧果放在开孔的聚乙烯塑料薄膜袋中，装箱贮藏在温度为 13 ℃、相对湿度为 90% 的冷库中，20 d 后，杧果仍保持原有的色泽和硬度。

三、荔枝贮藏保鲜方法

1. 防腐剂保鲜贮藏

这种方法主要靠防腐剂的作用来达到保鲜的目的。用 1 000 mg/L 苯来特 +1 000 mg/L 乙磷铝浸果后，用厚 0.015 mm 的氯乙烯共聚物薄膜袋包装，在常温下可贮藏 7 ～ 10 d。

2. 冷库贮藏

将采收后的荔枝装入内衬塑料薄膜袋的木箱或框内，封口后放入冷库贮藏。在贮藏期间，每隔 15 ～ 20 d 进行一次通风换气，放出过多的二氧化碳，同时检查果实贮藏情况。

思考题

香蕉、杧果、荔枝的贮藏保鲜方法有哪些？

第四节　常见蔬菜贮藏保鲜方法

知识目标

了解常见蔬菜贮藏保鲜方法。

技能目标

掌握茄子、黄瓜贮藏保鲜方法的基本操作要点。

一、茄子贮藏保鲜方法

1. 冷库贮藏

茄子采收后装在筐中，置于 12 ℃～ 16 ℃的温度条件下预冷 12 ～ 24 h，然后放在温度为 12 ℃～ 13 ℃的冷库中贮藏，冷库的相对湿度在 90% 以上。

2. 气调贮藏

将准备好的茄子在库房里堆码成垛，用塑料帐密封，帐内的氧气浓度为 2%～ 5%，二氧化碳浓度为5%。这种低氧、高二氧化碳的条件可以防止果柄脱落，减少茄子腐烂，达到保鲜效果。

二、黄瓜贮藏保鲜方法

1. 塑料薄膜袋贮藏保鲜

把黄瓜摘下后，装在厚0.08 mm的塑料薄膜袋中，然后把袋装入筐中，码成垛，同时也可放在架上，置于冷库中。控制氧气浓度为3%～5%，二氧化碳浓度为8%～10%，可以贮存1个月。

2. 冷库贮藏

把黄瓜摘下后，剔除病果、伤果、残果，装入筐或箱中，及时运到冷库中，敞开箱口，在12 ℃～13 ℃的温度条件下预冷24 h。然后在库内将黄瓜装入小保鲜袋中（每袋装1～2 kg），同时加入保鲜剂和防腐剂，松扎袋口，并码成垛，在11 ℃～12 ℃的温度条件下贮藏即可。

思考题

茄子、黄瓜的贮藏保鲜方法有哪些？

第六章 生态循环农业

第一节 生态循环农业及其模式

知识目标

1. 了解生态循环农业的概念。
2. 熟悉发展生态循环农业的目的。
3. 掌握生态循环农业的成功模式。

技能目标

通过学习,能将国家发展生态循环农业的思路应用到工作中。

生态循环农业是运用循环经济理论、生态工程学方法,以节约能源资源、保护生态环境、促进农业可持续发展为目标,通过有效保护和合理利用资源环境,推行集约节约使用投入品和清洁化生产,促进废弃物综合利用,强化产品质量安全监管,实现经济效益、社会效益、生态效益同步提高的一种现代农业形态。简单地说,生态循环农业就是在良好的生态条件下所从事的"三高"(高产量、高质量、高效益)农业。生态循环农业应当遵循"3R"[减量化(reducing)、再利用(reusing)、再循环(recycling)]原则,做到低消耗、低排放和高效益。这里的效益不仅仅代表农作生产的经济效益,而是追求经济效益、社会效益和生态效益的高度统一。

中国共产党第十八届中央委员会第五次全体会议明确提出,实现"十三五"时期发展目标,破解发展难题,厚植发展优势,必须牢固树立并切实贯彻创新、协调、绿色、开放、共享的发展理念。生态循环农业正好契合新时代绿色发展的新理念、新要求,是一种以农产品闭合循环利用和资源高效利用为核心,以减少废弃物、污染物排放和产业链延伸、产业升级为目标,大量运用畜禽粪便综合利用技术、耕作制度节能技术、秸秆能源利用技术、农业主要投入品节约技术等节能减排技术的现代高效农业,具有资源利用节约化、生产过程清洁化、废物处理资源化和产业链接循环化的特点,是构建绿色农业体系,实现农业绿色发展,促进农民增收、奔小康的有力手段和有效渠道。

国际上的生态循环农业主要包括以下4种成功模式：

第一，物质再利用模式。这种模式主要对农作物秸秆、畜禽排泄物、农村生活污水等农业废弃物进行多级循环利用，实现污染物零排放，并使废弃物资源得到合理、有效利用，获得有机肥料、清洁能源和生物基料，达到农业资源再利用的目的。目前，这种模式主要应用在沼气综合利用、畜粪收集处理、有机肥加工利用，以及以秸秆为纽带的循环模式等方面。例如，日本爱东町地区发展油菜生产的生态循环农业，不仅将废弃食用油回收加工成生物燃油，而且把油渣经过堆肥或饲料化处理成有机肥料或饲料。又如，德国的绿色能源农业从甜菜、马铃薯、油菜、玉米等农作物中提取矿物能源和化工原料替代品，如乙醇和甲烷，既实现了农产品的循环再利用，又绿色环保、无污染。

第二，减量化模式。这种模式主要对化肥、农药、饲料和添加剂等进行规范使用，同时，还积极推广应用测土配方施肥、病虫害绿色防治等技术，提高农业投入品的利用率。例如，美国精准农业将全球定位系统（global positioning system，GPS）技术应用到农业生产领域，对土壤和农作物实行精准管理，最大限度地优化使用化肥、农药、种子等农业投入品，以最少的投入和最低的污染获得最高的收益。又如，以色列的节水农业普遍推广使用喷灌、滴灌、微喷灌和微滴灌等现代农业技术，形成节水农业体系，能够把水直接输送到农作物的根部，避免浪费，同时也能减少水土流失。

第三，资源化模式。这种模式主要将农业生产和生活废弃物转化为有机肥，是发展废弃物资源化的循环农业模式。例如，日本宫崎县菱镇的循环农业是世界上较早实现废弃物的高度资源化和无害化的一种生态农业模式。又如，英国的永久农业寻求尽可能节约使用土地资源，通过种植多样性的植物、使用绿色环保技术等手段，提高农业生态系统的自我恢复和净化能力，获得长久、稳定的经济效益。

第四，生态产业园模式。这种模式是通过龙头企业带动，若干中小型企业和农户参与，利用生态循环理念，建设农业生态产业园。最早成功的案例是菲律宾玛雅农场，它以农业资源为基础，以文化为灵魂，以创意为手段，以产业融合为途径，形成第一产业、第二产业、第三产业高度融合的农业发展模式。当下比较流行的休闲农业、共享农庄、民宿等都属于这种模式。

目前，国内应用比较广泛的生态循环农业模式主要包括以下几种：

第一，创意农业循环经济模式。这种模式以环境资源的合理利用和开发为核心，以生态、有机、绿色农产品为基础，结合开发休闲农业，走产业发展之路，积极进行种养殖，提供农产品，用于休闲旅游。这种模式其实就是生态产业园模式，典型的例子是农牧林生态农庄。

第二，立体复合循环模式。这种模式以蚕桑业、种植业、养殖业为核心，积极发展资源节约型、立体多功能化复合循环农业经济模式。例如，"鱼—桑—鸡"模式，即利用池塘养鱼，在池塘四周种上桑树，并在桑园里发展林下养鸡经济，达到资源利用的集约化和最大化。

第三，以畜禽粪便为纽带的循环模式。这种模式主要利用畜禽粪便沼气工程技术和畜禽粪便高温好氧堆肥技术，搭配农业生产技术、畜禽标准化生态养殖技术、生态林果种植技术等，构建以畜禽粪便加工为纽带的生态循环农业模式。例如，"家禽—沼气—食用菌—蚯蚓—鸡—猪—鱼—肥料"模式，即通过对家禽粪便和饲料残渣的加工利用，得到沼气或用于培养食用菌，用食用菌下脚料繁殖蚯蚓，用蚯蚓喂鸡，鸡粪发酵后喂猪，猪粪发酵后喂鱼，养鱼塘的泥作为肥料。

第四，种养加功能复合模式。这种模式是主要以种植业、养殖业、加工业为核心，通过种植、养殖和加工等方式进行清洁生产，实现农业规模化和副产品综合利用的一种循环农业经济模式。目前，这种模式主要用于一些传统农产品加工，如做豆腐、磨粉等，将加工过程中的豆渣、粉渣等下脚料喂猪，猪粪用于制沼气，沼肥用于种植农作物等。

第五，以秸秆加工为纽带的循环模式。这种模式以秸秆加工为纽带，突出对秸秆饲料、秸秆燃料和秸秆基料的综合利用，构建无污染、零排放的生态循环农业模式。例如，"秸秆—基料—食用菌""秸秆—燃料—农户""秸秆—饲料—养殖"等。

思考题

简述国际上发展生态循环农业的4种成功模式。

第二节 海南生态循环农业的发展模式

知识目标

熟悉海南发展生态循环农业的模式。

技能目标

理解海南生态循环农业的发展思路。

借鉴国际、国内一些比较成功的生态循环农业模式，结合海南农业投入品过量使用、农业产出率水平不高、农业废弃物问题亟待解决、生态农产品品牌杂乱且缺乏影响力等问题，以及丰富的光、热等热带农业资源的实际情况，我们要积极突破发展"瓶颈"，努力解决发展意识不到位、资金缺乏和生态循环农业政策、技术配套跟不上等问题，可以重点发展以下3种模式：

第一，物质循环利用模式。这种模式主要涵盖海南养殖业、种植业和种养结合产业，提倡对农业资源进行循环利用，降低农业生产成本，减少环境污染，提高农业效益。当前，海南主要发展了"猪—沼—果""猪—沼—瓜菜""猪—沼—热作""牛—发酵—蚯蚓"等模式，但生产规模都不大，利用率都不高。海南将重点发展畜禽废弃物、农作物秸秆等物质资源的综合利用和沼气工程，以及构建生态循环农业体系，积极推动生态循环农业技术落地，提高生产率和转化率，增强生态循环农业的科学性与系统性。

第二，产业立体复合循环发展模式。这种模式在实行果、林、地立体间套种，农户庭院立体种养等，最大限度地挖掘空间资源的基础上，提升综合效益。当前，海南一些县市出现了橡胶树、槟榔树、马占相思树、荔枝树等林下种蔬菜，林下养家禽，林下套种竹荪、南药，林下进行食用菌养殖，稻鱼共生，深海网箱养殖等，但应用还不够普遍，综合效益还有很大的提升空间。海南将进一步利用现有的林地资源和森林空间，大力发展林下养花、林下育苗、林下种药、林下养殖等立体复合循环发展模式的林下经济。

第三，生产清洁节约模式。这种模式讲究农业生产过程清洁化，追求农业投入品减量化，提倡农业资源消耗最低化。开展农业废弃物回收利用工程，大力推广应用标准地膜和可降解地膜。实施重大病虫害防治工程，对海南香蕉枯萎病、槟榔黄化病和柑橘黄龙病等实行全面监测，制定防控技术规程。建立"废弃物+清洁能源+有机肥料"三位一体的综合利用技术推广机制，实现美好海南、美丽乡村建设的可持续发展。

下面是海南生态循环农业的典型案例。

海南屯昌推进全县域生态循环农业建设初成规模

2016年，屯昌抢抓海南"多规合一"改革、推进全域旅游建设的重大机遇，依托当地的环境、区位和产业优势，积极实施以种养循环为主的全县域生态循环农业，不仅构建了功能互补、能量循环、高效生态的种养模式，而且极大地提高了农业资源利用率，初步建成了梦幻香山水肥一体化生态循环农业基地、枫木洋生态循环农业示范园区、屯昌国家农业公园、坡心镇专业合作社"猪—沼—菜"示范点、屯昌利富南药种植合作社等一批生态循环农业发展模式。2015年，屯昌被农业部认定为第三批国家现代农业示范区，海南省农业厅也将其列为全省首个现代生态循环农业发展试点县。

屯昌推进全县域生态循环农业建设的主要做法如下：

一是系统谋划，强化机制。屯昌成立了由县委书记任组长的推进全县域生态循环农业发展工作领导小组，研究制定并出台了《中共屯昌县委关于推进全县域生态循环农业发展的意见》（屯发〔2016〕3号）、《2016年屯昌县商品有机肥推广应用补贴项目实施方案》（屯府办〔2016〕105号）和《屯昌县"十三五"农田生产废弃物处理项目实施方案》（屯府办〔2016〕106号），积极整合各类财政资金和贴息贷款，初步建立了以生态发展为导向的财政补贴制度和政府投资、企业运营机制。

二是统筹推进，分步实施。2016年，海南印发了《屯昌县"十三五"全县域生态循环农业发展实施方案》，明确了时间表、路线图，要求对全县45家规模化养殖场进行环保改造升级，建成了一批农村生态养殖小区和林下养殖小区，以沼气工程为纽带，配套沼液输送管道和田头贮存设施，推广水肥一体化技术，实现了种养匹配、就近消纳、高效利用。

三是典型引路，品牌带动。屯昌立足推进农业供给侧结构性改革，引进大型龙头企业，积极培育农业合作社，以农民为主体，参与生态循环农业示范建设，建成了一批生态循环农业中循环示范区和以农业合作社、农民专业户为主体的种养结合小循环示范基地，初步形成了具有屯昌特色、全县域的种养结合生态循环农业体系，创建了屯昌黑猪、枫木苦瓜和屯昌香鸡等农产品品牌，完善了农产品追溯体系建设，形成了生态循环农业屯昌模式。

四是创新思路，协同攻坚。坚持生态循环农业建设与脱贫攻坚双促进、共发展，全面推广养殖小区带动贫困户、生态循环农业示范区帮扶贫困户的扶贫方式，采取"合作社＋贫困户""龙头企业＋贫困户"模式，将财政补贴与精准扶贫绩效考核相结合。据统计，截至2016年，屯昌已建成104个农村生态养殖小区和40个林下养殖小区，共带动贫困户294户。"十三五"期间，屯昌计划完成2 000个个体香鸡散养项目和100个黑猪养殖小区建设，逐步对具备产业脱贫条件的贫困户实现全覆盖。

思考题

简述海南发展生态循环农业的3种模式。

参考文献

[1] 海南省地方志办公室. 海南省志·农业志（1991—2010）. 海口：南海出版公司，2017.

[2] 符策强，孟卫东，云勇. 海南水稻集成高产栽培技术规程. 福建稻麦科技，2011（6）：20-22.

[3] 牛耀锋. 红薯高产栽培技术. 河南农业，2016（10）：35-36.

[4] 陈振洪，皇甫凌云. 红薯规模化优质高产栽培技术. 农民致富之友，2017（21）：5.

[5] 符燕. 无公害青皮冬瓜高产栽培技术. 蔬菜，2011（10）：18-20.

[6] 韩磊侠，张燚. 冬瓜无公害栽培技术. 安徽农学通报，2008（8）：121.

[7] 张倩. 新农村种植栽培大全. 天津：天津科学技术出版社，2014.

[8] 刘玉海. 黄瓜种植技术及病虫害防治. 农技服务，2016（16）：61.

[9] 许文，黄垂雄. 海南黄瓜高产栽培技术. 海南农业科技，2007（3）：17-18，29.

[10] 罗岚，姚永成，潘光大，等. 黄秋葵露地高产栽培技术. 西北园艺：蔬菜，2016（4）：14-15.

[11] 刘忠芹. 海南冬季瓜菜绿色生产技术. 北京：中国农业出版社，2014.

[12] 王光发，吴学步，符晓玲. 海南豇豆无公害高产栽培技术. 农业科技通讯，2010（11）：147-148.

[13] 云贤婵. 海南辣椒的栽培技术. 中国农业信息，2014（1）：53.

[14] 黄先知. 茶叶的种植技术. 新农村（黑龙江），2017（18）：90.

[15] 吴龙金. 浅谈无公害茶叶高效种植技术. 农技服务，2015（5）：226.

[16] 林道迁. 胡椒速生高产栽培技术. 中国热带农业，2007（3）：66-67.

[17] 张显努. 云南胡椒的种植. 农村实用技术，2005（1）：23-24.

[18] 李文俊. 浅谈云南小粒咖啡及其种植技术. 上海农业科技，2014（5）：90-91，79.

[19] 陶春燕，陶兴文，杨明清. 天然橡胶丰产栽培技术. 绿色科技，2018（7）：79-81.

[20] 王燕丽，李军. 猪生产技术. 2版. 北京：化学工业出版社，2016.

[21] 李和国. 猪的生产与经营. 北京：中国农业出版社，2001.

[22] 黄修奇，何英俊. 牛羊生产. 北京：化学工业出版社，2009.

[23] 周汉林，李琼，王东劲，等. 热区种草集约化养羊技术研究. 家畜生态学报，2005（2）：76-80.

[24] 史延平, 赵月平. 家禽生产技术. 北京：化学工业出版社, 2009.

[25] 吴竹梅. 山羊饲养管理的几项主要技术. 草业与畜牧, 2009（7）：54-55.

[26] 王东劲. 热带山羊饲养管理技术. 海口：海南出版社, 2010.

[27] 蔡明. 罗非鱼淡水养殖技术. 吉林农业（学术版）, 2011（9）：197.

[28] 邱文. 吉奥罗非鱼养殖技术操作规程. 海洋与渔业, 2015（11）：70-71.

[29] 梁越, 裴琨. 无公害南美白对虾养殖技术要点. 广西水产科技, 2006（3）：34-37.

[30] 吕晓滨. 食用菌栽培手册. 呼和浩特：内蒙古人民出版社, 2009.

[31] 温天赤, 刘国东, 蔡艳梅. 真姬菇栽培技术. 吉林蔬菜, 2014（7）：52.

[32] 李月桂, 阮晓东, 阮时珍, 等. 白玉菇代料高产栽培技术. 食药用菌, 2011（4）：51-53.

[33] 马求凤, 曾绩. 茶树菇简易栽培技术. 福建热作科技, 2015（3）：46-47.

[34] 徐立, 李志英. 牛大力种苗繁育及高产栽培技术. 北京：中国农业出版社, 2011.

[35] 杨和鼎, 陈良秋. 槟榔高产栽培技术. 3版. 海口：海南出版社, 三环出版社, 2007.

[36] 晏小霞, 王祝年, 王建荣. 海南槟榔产业发展现状分析. 中国热带农业, 2006（3）：12-13.

[37] 晏小霞, 王建荣. 益智、砂仁、巴戟天栽培技术. 海口：海南出版社, 三环出版社, 2014.

[38] 陈光能. 海南槟榔高产栽培技术. 中国果菜, 2017（3）：69-71.

[39] 陈益钦, 陈志钻. 槟榔高产栽培技术. 现代农业科技, 2010（22）：129, 133.

[40] 吴祖强, 曾武, 华列, 等. 益智的基本特性与丰产栽培技术. 中国热带农业, 2016（2）：38-39.

[41] 王鸿飞. 果蔬贮运加工学. 北京：科学出版社, 2014.

[42] 张秀玲. 果蔬采后生理与贮运学. 北京：化学工业出版社, 2011.

[43] 窦志浩, 谢辉, 张客鹄, 等. 海南主要北运蔬菜贮运保鲜技术. 海口：海南出版社, 三环出版社, 2010.

[44] 司振伟. 热带水果的贮藏保鲜. 北京农业, 2014（9）：208.

[45] 倪斌. 浅析海南发展生态循环农业的前景. 农业科技与结息, 2016（30）：7-9.

[46] 李军. 大力发展生态循环农业 推动海南农业转型升级. 今日海南, 2016（4）：8-15.

[47] 温国松, 钱建佐, 何成, 等. 海南生态循环农业发展研究：以屯昌全县域生态循环农业发展为例. 农业与技术, 2017（19）：168-171.

附 录

附表 1　种鸡、蛋鸡的参考免疫程序

龄期	接种的疫苗	接种途径	备注
1 日龄	鸡马立克氏病活疫苗（CVI-988 或 HVT）	皮下注射或肌内注射	
4～7 日龄	鸡新城疫（Ⅳ系或克隆 30）+ 传染性支气管炎（H120 等）二联弱毒疫苗	滴眼或鼻，或气雾	
8～20 日龄	鸡传染性法氏囊病弱毒疫苗	饮水或滴入口中	根据母源抗体高低确定接种时间
10～15 日龄	鸡新城疫（Ⅳ系或克隆 30）+ 传染性支气管炎（H120 等）二联弱毒疫苗	滴眼或鼻，或气雾	
10～15 日龄	鸡新城疫、禽流感（H5+H9 亚型）二联灭活疫苗	皮下注射或肌内注射	0.5 羽份剂量
12～14 日龄	鸡病毒性关节炎弱毒疫苗	肌内注射	
20～25 日龄	鸡新城疫（Ⅳ系或克隆 30）弱毒疫苗	滴眼或鼻，或气雾	
20～30 日龄	鸡痘活疫苗	皮肤刺种	
26～30 日龄	鸡传染性喉气管炎弱毒疫苗	点眼	
7 周龄	鸡传染性鼻炎疫苗	肌内注射	
8 周龄	鸡新城疫（Ⅳ系或克隆 30）+ 传染性支气管炎（H52 等）二联弱毒疫苗	点眼或鼻，或气雾	
8 周龄	鸡新城疫、禽流感（H5+H9 亚型）二联灭活疫苗	皮下注射或肌内注射	
12～14 周龄	鸡传染性喉气管炎弱毒疫苗	点眼	
12～14 周龄	鸡病毒性关节炎弱毒疫苗	饮水注射或肌内注射	
16 周龄	鸡新城疫（Ⅳ系或克隆 30）弱毒疫苗	点眼或气雾	需要时，可安排鸡毒支原体或禽出败灭活疫苗
16 周龄	鸡传染性脑脊髓炎弱毒疫苗	饮水	

续表

龄期	接种的疫苗	接种途径	备注
20～21周龄	病毒性关节炎、传染性脑脊髓炎、传染性鼻炎、传染性支气管炎灭活疫苗	皮下注射或肌内注射	根据需要，选择一种或几种疫苗联合使用
22～23周龄	鸡新城疫（Ⅳ系或克隆30）弱毒疫苗	点眼或气雾	
	鸡新城疫+传染性法氏囊病+减蛋综合征灭活疫苗	皮下注射或肌内注射	
	禽流感（H9+H5亚型）灭活疫苗	皮下注射或肌内注射	
30周龄	鸡新城疫（Ⅳ系或克隆30）弱毒疫苗	点眼鼻或气雾	
38周龄	鸡新城疫（Ⅳ系或克隆30）弱毒疫苗	点眼鼻或气雾	
44～46周龄	鸡新城疫（Ⅳ系或克隆30）弱毒疫苗	气雾	
	鸡新城疫+传染性法氏囊病灭活疫苗	皮下注射或肌内注射	
	禽流感（H9+H5亚型）灭活疫苗	皮下注射或肌内注射	
50～55周龄	鸡新城疫（Ⅳ系或克隆30）弱毒疫苗	气雾	

附表2　肉鸡（以100日龄上市为例）的参考免疫程序

龄期	接种的疫苗	接种途径	备注
1日龄	鸡马立克氏病活疫苗（CVI-988或HVT）	皮下注射或肌内注射	
4～7日龄	鸡新城疫（Ⅳ系或克隆30）+传染性支气管炎（H120等）二联弱毒疫苗	滴眼或鼻，或气雾	
8～20日龄	鸡传染性法氏囊病弱毒疫苗	饮水或滴入口中	根据母源抗体高低确定接种时间
20～30日龄	鸡痘活疫苗	皮肤刺种	
10～15日龄	鸡新城疫（Ⅳ系或克隆30）+传染性支气管炎（H120等）二联弱毒疫苗	滴眼或鼻，或气雾	
	鸡新城疫、禽流感（H5+H9亚型）二联灭活疫苗	皮下注射或肌内注射	0.5羽份剂量
20～25日龄	鸡新城疫（Ⅳ系或克隆30）+传染性支气管炎（H120等）二联弱毒疫苗	点眼或鼻，或气雾	
26～30日龄	鸡传染性喉气管炎弱毒疫苗	点眼	需要时，可安排鸡毒支原体或禽出败灭活疫苗

续表

龄期	接种的疫苗	接种途径	备注
7周龄	鸡新城疫（Ⅳ系或克隆30）弱毒疫苗	滴眼或鼻，或气雾	在冬季或环境受到污染时使用
	鸡新城疫、禽流感（H5+H9亚型）二联灭活疫苗	皮下注射或肌内注射	

附表3 肉鸡（以49日龄上市为例）的参考免疫程序

日龄	接种的疫苗	接种途径	备注
1	鸡新城疫（Ⅳ系或克隆30）+传染性支气管炎（H120等）二联弱毒疫苗	滴眼或鼻，或气雾	
5	鸡新城疫、禽流感（H5+H9亚型）二联灭活疫苗	皮下注射或肌内注射	0.5羽份剂量
8~20	鸡传染性法氏囊病弱毒疫苗	饮水或滴入口中	
10	鸡新城疫（Ⅳ系或克隆30）+传染性支气管炎（H120等）二联弱毒疫苗	滴眼或鼻，或气雾	
20~30	鸡新城疫（Ⅳ系或克隆30）弱毒疫苗	点眼或鼻，或气雾	
	鸡新城疫（Ⅳ系或克隆30）弱毒疫苗	肌内注射	3~5羽份剂量

附表4 文昌鸡的参考免疫程序

日龄	接种的疫苗	用量和用法
1	马立克氏病液氮苗	1羽份，颈皮下注射
7	鸡新城疫（La系）支气管（H120）法三联弱毒苗	1羽份，滴眼或鼻
14	支原体油乳苗	1羽份，颈皮下注射
19	鸡新城疫（La系）支气管（H52）二联弱毒苗	2羽份，饮水
26	法氏囊中等毒力苗	2羽份，饮水
32	鸡传染性喉气管炎弱毒苗	1羽份，滴眼或鼻
62	鸡新城疫Ⅰ系中等毒力苗	1羽份，肌内注射
75	鸡传染性喉气管炎弱毒苗	1羽份，滴眼或鼻
120	（育肥鸡）鸡新城疫La系弱毒苗	4羽份，肌内注射
125	（育肥鸡）鸡传染性喉气管炎弱毒苗	1羽份，滴眼或鼻

续表

日龄	接种的疫苗	用量和用法
125	（种鸡）鸡传染性喉气管炎弱毒苗	1 羽份，滴眼或鼻
130	（种鸡）鸡传染性新支减三联油乳苗	1 羽份，肌内注射
300	（种鸡）鸡新城疫 La 系弱毒苗	4 羽份，饮水

注：本免疫程序仅供参考，可根据国家规定和疫苗进口国家（地区）的检验检疫要求调整免疫程序。

附表 5　种鹅的参考免疫程序

龄期	接种的疫苗	接种途径	备注
1 日龄	小鹅瘟高免血清或高免蛋黄液	肌内注射	
10～15 日龄	小鹅瘟高免血清或高免蛋黄液	肌内注射	
	禽流感（H5 亚型）灭活疫苗	皮下注射或肌内注射	按鸡的 1 羽份剂量
20～30 日龄	鹅的鸭瘟弱毒疫苗	肌内注射	
	小鹅瘟弱毒疫苗	肌内注射或饮水	
开产前 1 个月	小鹅瘟弱毒疫苗	肌内注射	
	鹅的鸭瘟弱毒疫苗	肌内注射	
	禽流感（H5 亚型）灭活疫苗	皮下注射或肌内注射	按鸡的 3～4 羽份剂量
以后每隔半年	小鹅瘟弱毒疫苗	肌内注射	
	鹅的鸭瘟弱毒疫苗	肌内注射	
	禽流感（H5 亚型）灭活疫苗	皮下或肌内注射	按鸡的 3～4 羽份剂量

附表 6　肉鹅（60～70 日龄上市）的参考免疫程序

龄期	接种的疫苗	接种途径	备注
1 日龄	小鹅瘟高免血清或高免蛋黄液	肌内注射	1 羽份
10～15 日龄	小鹅瘟高免血清或高免蛋黄液	肌内注射	1～2 羽份
	H5 亚型禽流感灭活疫苗	皮下注射或肌内注射	0.5 mL
20～25 日龄	鹅的鸭瘟弱毒疫苗	肌内注射	
	小鹅瘟弱毒疫苗	肌内注射或饮水	
约 30 日龄	H5 亚型禽流感灭活疫苗	皮下注射或肌内注射	1 mL

附表 7　种鸭的参考免疫程序（不包括番鸭）

龄期	接种的疫苗	剂量	接种途径	备注
1～3 日龄	病毒性肝炎高免血清或蛋黄液	0.5～1 mL	皮下注射或肌内注射	1. 也可接种弱毒疫苗。 2. 必要时，可接种鸭疫里默氏杆菌疫苗
10～15 日龄	H5 亚型禽流感灭活疫苗	0.5 mL	皮下注射或肌内注射	
3～4 周龄	鸭瘟弱毒疫苗	1 羽份	皮下注射或肌内注射	必要时，可接种鸭疫里默氏杆菌疫苗
10～12 周龄	H5 亚型禽流感灭活疫苗	1 mL	皮下注射或肌内注射	
开产前 1 个月	鸭瘟弱毒疫苗	1 羽份	皮下注射或肌内注射	在接种鸭病毒性肝炎弱毒疫苗后 1 周，再重复接种 1 次，对雏鸭有更高的保护率
	鸭病毒性肝炎弱毒疫苗	1 羽份		
	H5 亚型禽流感灭活疫苗	1 mL		
开产后每 3～12 个月	鸭瘟弱毒疫苗	1 羽份	皮下注射或肌内注射	
	鸭病毒性肝炎弱毒疫苗	1 羽份		
	H5 亚型禽流感灭活疫苗	1 mL		

注：该免疫程序仅在环境污染较严重、疫病较复杂的地方使用，在环境较干净的地方，可适当减少其中一些疫苗的接种。

附表 8　种番鸭的参考免疫程序

龄期	接种的疫苗	剂量	接种途径	备注
1～3 日龄	病毒性肝炎高免血清或蛋黄液	0.5～1 mL	皮下注射或肌内注射	1. 也可分别接种弱毒疫苗。 2. 必要时，可接种鸭疫里默氏杆菌疫苗
	番鸭细小病毒感染（三周病）高免血清或蛋黄液	0.5～1 mL		
	番鸭花肝病高免血清或蛋黄液	0.5～1 mL		
10～15 日龄	H5 亚型禽流感灭活疫苗	0.5 mL	皮下注射或肌内注射	
2～3 周龄	番鸭花肝病灭活疫苗	1 羽份	皮下注射或肌内注射	

续表

龄期	接种的疫苗	剂量	接种途径	备注
3～4周龄	鸭瘟弱毒疫苗	1羽份	皮下注射或肌内注射	必要时，可接种鸭疫里默氏杆菌疫苗
10～12周龄	H5亚型禽流感灭活疫苗	1 mL	皮下注射或肌内注射	
开产前1个月	鸭瘟弱毒疫苗	1羽份	皮下注射或肌内注射	在接种鸭病毒性肝炎弱毒疫苗后1周，再重复接种1次，对雏鸭有更高的保护率
	鸭病毒性肝炎弱毒疫苗	1羽份		
	番鸭细小病毒感染（三周病）弱毒疫苗	1羽份		
	番鸭花肝病灭活疫苗	1羽份		
	H5亚型禽流感灭活疫苗	0.5～1 mL		
开产后每3～12个月	鸭瘟弱毒疫苗	1羽份	皮下注射或肌内注射	
	鸭病毒性肝炎弱毒疫苗	1羽份		
	番鸭细小病毒感染（三周病）弱毒疫苗	1羽份		
	番鸭花肝病灭活疫苗	1羽份		
	H5亚型禽流感灭活疫苗	0.5～1 mL		

注：该免疫程序仅在环境污染较严重、疫病较复杂的地方使用，在环境较干净的地方，可适当减少其中一些疫苗的接种。

附表9　肉番鸭（约60日龄上市）的参考免疫程序

龄期	接种的疫苗	剂量	接种途径	备注
1～3日龄	病毒性肝炎高免血清或蛋黄液	0.5～1 mL	皮下注射或肌内注射	1.也可分别接种弱毒疫苗。2.必要时，可接种鸭疫里默氏杆菌疫苗
	番鸭细小病毒感染（三周病）高免血清或蛋黄液	0.5～1 mL		
	番鸭花肝病高免血清或蛋黄液	0.5～1 mL		
约10日龄	H5亚型禽流感灭活疫苗	0.3 mL	皮下注射或肌内注射	

续表

龄期	接种的疫苗	剂量	接种途径	备注
2～3周龄	番鸭花肝病灭活疫苗	1羽份	皮下注射或肌内注射	
3～4周龄	鸭瘟弱毒疫苗	1羽份	皮下注射或肌内注射	必要时，可接种鸭疫里默氏杆菌疫苗
约30日龄	H5亚型禽流感灭活疫苗	0.5 mL	皮下注射或肌内注射